职业教育"十二五"规划教材——计算机类专业

数据库应用基础
——Access 2007

主　编　李林孖

副主编　杨志刚

参　编　梁丹丹　李佳凝　张　航

机械工业出版社

本书以 Access 2007（中文版）为开发平台，内容包括数据库的基本理论；数据库及数据表的创建与维护；结构化查询语言（SQL）基础；查询、窗体、报表的创建与维护；Web 发布和 OLE 应用；宏及 VBA 模块设计；应用系统设计与项目开发以及实验实习项目等。本书在内容编排上强调实际操作，每章均配备大量实例进行讲解演示，使初学者迅速上手，容易掌握；同时，每章均包含课后练习题，以供读者巩固所学知识，提高实际操作能力。为方便读者学习和教师授课，本书还配有电子课件，读者可登录机械工业出版社教材服务网 www.cmpedu.com 注册下载，或联系编辑（010-88379194）咨询。

本书既可作为职业院校计算机类专业数据库基础课程教材，也可以作为培训学校数据库课程教材，还适用于广大计算机爱好者自学使用。

图书在版编目（CIP）数据

数据库应用基础：Access 2007 / 李林孖主编. —北京：机械工业出版社，2014.6

职业教育"十二五"规划教材. 计算机类专业

ISBN 978-7-111-46771-7

Ⅰ. ①数… Ⅱ. ①李… Ⅲ. ①关系数据库系统—高等职业教育—教材 Ⅳ. ①TP311.138

中国版本图书馆 CIP 数据核字（2014）第 102888 号

机械工业出版社（北京市百万庄大街22号 邮政编码100037）

策划编辑：梁 伟　　责任编辑：蔡 岩
版式设计：常天培　　责任校对：肖 琳
封面设计：马精明　　责任印制：刘 岚

北京中兴印刷有限公司印刷

2014 年 6 月第 1 版第 1 次印刷

184mm×260mm·17 印张·401 千字

0 001—2 000 册

标准书号：ISBN 978-7-111-46771-7

定价：36.00 元

前　　言

Access 2007（中文版）是 Microsoft Office 2007（中文版）办公软件的重要组件之一，具有强大的数据库处理功能，可以有效地组织、管理和共享数据库的信息，并将数据库与 Web 有机地结合起来。它具有快速开发应用程序、面向对象和客户/服务器、网上发布与网上查询等强大功能，是目前使用较广、功能较强的小型关系型数据库产品，也是优秀的数据库管理系统之一。

本书的编写旨在为培养计算机应用技能型人才打好基础。在编写上，淡化理论，强调实践操作，尽可能做到从实际问题出发，通过对问题的分析，引出必要的概念和操作方法。为了方便学习，本书配备了大量的图片、表格，直观性强，易于学习。

本书根据职业院校的教育特点和要求，以实用、够用为原则，以Access 2007为平台，在叙述上采用通俗易懂的语言，由浅入深地讲述了关系型数据库的基本原理，并详细介绍了Access 2007的主要功能、使用方法和应用技巧，特别突出了实用性的特点。

本书共 14 章，从数据库的基础理论开始，由浅入深地介绍了 Access 2007 各种对象的功能及创建方法，并依据"教学管理"实例进行讲解，条理清楚，注重实际操作技能的训练。各章主要内容如下：

第 1 章，介绍数据库基础知识、数据模型、关系型数据库等基本理论；

第 2 章，简单介绍 Access 2007 数据库系统的发展、运行环境、基本功能，以及各种对象的基本功能和界面组成等；

第 3 章，介绍创建 Access 2007 数据库的基本原则、创建、打开和关闭数据库以及数据库对象的使用方法等；

第 4 章，介绍创建数据表、维护、调整和使用方法；

第 5 章，介绍 SQL 的基本结构和使用方法；

第 6 章，介绍创建及使用查询的各种方法；

第 7 章，介绍创建窗体及在窗体中数据的处理方法等内容；

第 8 章，介绍创建及美化修饰报表的方法；

第 9 章，介绍将 Access 2007 的对象发布于 Web 页以及在对象中使用 OLE 对象的方法；

第 10 章，介绍 Access 2007 中宏和宏组的基本知识，宏和宏组的创建、调试和运行；

第 11 章，介绍 Access 2007 模块和 VBA 的基础知识和基本操作；

第 12 章，介绍应用系统的开发流程；

第 13 章，介绍 Access 2007 数据库管理系统综合设计；

第 14 章，介绍 Access 2007 实验实习项目。

本书由李林孖任主编，杨志刚任副主编，参加编写的还有梁丹丹、李佳凝和张航。其中，第 1 章、第 3 章、第 4 章和第 6 章由李林孖编写，第 7 章、第 8 章、第 11 章和第 14 章由杨志刚编写，第 9 章和第 10 章由梁丹丹编写，第 12 章和第 13 章由李佳凝编写，第 2 章和第 5 章由张航编写。全书由李林孖负责统稿。

本书是作者根据多年的实际教学经验编写而成，由于 IT 技术的不断发展，加之作者水平有限，书中难免有疏漏和不妥之处，敬请读者和专家批评指正。

编　者

目　录

第 1 章　数据库系统概述

学 习 目 标

知识：1）数据库的基本概念；

　　　2）数据模型；

　　　3）关系数据库；

　　　4）数据完整性。

技能：1）理解信息、数据和数据库的含义；

　　　2）了解数据模型；

　　　3）理解什么是关系数据库；

　　　4）了解数据完整性的相关含义。

随着信息技术的飞速发展与广泛应用，人类社会正处于信息化时代。数据库技术是计算机科学的一个重要分支，产生于 20 世纪 60 年代中期，它的出现极大地提高了人们分析数据、管理数据的能力，在许多领域数据库技术得到了广泛应用。本章将概括地介绍数据管理及数据库的基本概念，为学好 Access 2007 打好理论基础。

1.1　数据库的基本概念

1.1.1　数据与信息

提起数据，人们首先想到的是数字，其实数字只是一种最简单的数据。数据具有很多种类，包括文本、图形、图像、声音和视频等。

数据实际上是数、字符及一切能够为计算机接受和处理的符号集合。在日常生活中人们用自然语言来描述事物，而在计算机中，要存储和处理这些事物就必须把事物的特征抽象出来，用一个记录来描述。在图 1-1 中每一行就是一条记录，其中的各种符号和标识就是数据。可以看出数据的形式本身不能完全表达出事物的内容，它需要语言描述才能被用户理解。

学号	姓名	性别	班级	出生日期	特长	政治面貌	联系电话	籍贯	邮政编码
20110001	曲波	男	计算机1131	91-02-13	篮球	群众	02445612355	辽宁沈阳	110136
20110002	张海平	男	计算机1133	92-06-09	足球	团员	01034567890	北京	100058
20110003	吴东	男	计算机1131	90-07-11	足球	团员	04356224567	吉林通化	710136
20110004	钱士鹏	男	计算机1132	92-12-19	足球	团员	04113366778	辽宁大连	190136
20110005	王晓君	女	计算机1131	92-11-07	羽毛球	党员	04194567891	辽宁辽阳	113136
20110006	方洪进	男	计算机1132	90-05-05	跆拳道	团员	02177585858	上海	210136
20110007	刘军	男	计算机1131	91-07-16	柔道	团员	02445688889	辽宁沈阳	110146
20110008	顾天翼	男	计算机1131	91-09-09	乒乓球	团员	02144445612	上海	200778
20110009	赵真	女	计算机1132	91-08-17	游泳	团员	01085670001	北京	100111
20110010	王丽丽	女	计算机1131	91-01-23	篮球	团员	02165893011	上海	200010

图 1-1　数据和记录

信息是人们通过对这些数据的接触、分析和理解后所得到的感知，是经过加工的、能对接收者的行为和决策产生影响的数据。通常也可以认为信息是通过对数据处理后得到的有用的"数据"。例如：从图 1-1 中可以看到，每个学生都有自己的特长，从这些"数据"（篮球、足球等）可以知道在这 10 名学生中特长是足球的有 3 人，如果样本（记录）足够多，且具有代表性，那么就可以得出在校学生擅长足球运动这一结论。那么上面提到的"10"和"3"还有"擅长足球运动"，这些就可以认为都是信息。

数据本身没有好坏之分，它只是对客观事物的如实反映。而信息是在对数据进行处理后得到的，数据的数量和准确程度直接决定信息的准确性，信息也受到知识水平、开发工具的先进程度等条件制约，同时也受到开发人员的影响。

1.1.2　数据库

数据库（Database，DB）实际上是为了实现一定的目的，可以存储在计算机中，并按某种规则组织起来的数据的集合。在图 1-2 中的"教学管理"数据库包括"学生基本情况表""教师基本情况表""教师授课表""学生选课表"。这些表中所存储的数据是在教学管理中所用的最基本的数据，这些数据的集合就是一个数据库。

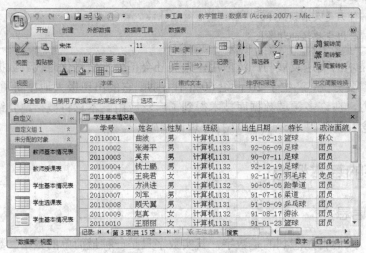

图 1-2　"教学管理"数据库

1.1.3　数据库管理系统

数据库管理系统（Database Management System，DBMS）是由数据的集合和一组用于访问这些数据的程序组成的，这个数据集合通常称作数据库。访问这些数据的程序通常称作数据库应用程序（Database Application Program）。数据库管理系统应该处于操作系统和用户之间，是用户用来建立、操纵和管理数据库的数据管理软件集合。有时也把数据库管理系统称为数据库系统，因此通常所说的数据库系统主要是指 DBMS，而不是指存放数据的具体数据库，也就是说，图 1-2 中大家所看到的那些表还不能被称作 DBMS，不过这些数据表和 Microsoft Access 2007 结合后便构成一个最基本的数据库管理系统。

一个数据库管理系统应具备以下 4 项功能：

1．数据定义功能

数据库管理系统为用户提供定义各种数据类型的功能。在 Microsoft Access 2007 中包括"文本""备注""数字""日期/时间""货币""自动编号""是/否""OLE 对象""超链接"和"附件"等数据类型。这些数据类型的定义可以更方便用户建立和管理自己的数据库，并使数据的表达更准确。

2．数据操作功能

数据库管理系统还为用户提供了对数据进行基本操作的功能。这些功能包括：查询、插入、删除和修改等，同样，Microsoft Access 2007 也具备这些功能，它的操作和其他的 Office 系列软件很相似，方便用户很好地使用它。

3．数据库的建立和维护

数据库管理系统要为用户提供设立数据库、初始数据输入、数据转换和导入功能，还要提供数据库的存储和恢复功能，方便用户在不同的系统中使用同一个库文件，提高建库效率，降低建库成本。Microsoft Access 2007 可以识别大多数主流的数据库管理系统，如 FoxPro、SQL Server 等。

4．数据库的运行和管理功能

在进行数据库的建立、运用、维护时，需要由数据库管理系统进行统一管理和控制，以保证数据的完整性、安全性。作为一套完备的数据库系统，Microsoft Access 2007 可以提供很强的数据库的运行和管理功能。

1.1.4　数据库系统

人们常说的"数据库系统"，在大多数情况下是指数据库管理系统（DBMS），但是严格地来说，数据库系统是指在计算机系统中使用数据库后的系统，一般由数据库管理系统、数据库管理员（Database Administrator，DBA）、用户（USER）以及相应的开发工具和应用系统构成。应当指出的是，数据库的建立、使用和维护等工作只靠 DBMS 远远不够，还要有专门的人员来完成，这些人员就是数据库管理员，如图 1-3 所示。

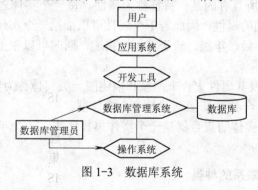

图 1-3　数据库系统

1.2　数据模型

模型是对现实世界的模拟和抽象，数据模型是对现实世界数据特征的抽象，计算机不可

能直接处理现实世界中的具体事物，所以必须把具体的事物转化成计算机能够处理的数据。在数据库中，就是用数据模型来抽象、表示和处理现实世界中的数据和信息。

数据模型应该满足三方面要求：一是能比较真实地模拟现实世界；二是容易为人所理解；三是便于在计算机上实现。

在数据库系统中针对不同的适用对象和应用目的，人们往往采用不同的数据模型。数据模型因其使用的目的不同可以划分成两类：一类是概念模型，也叫信息模型，它是按照用户的观点来对数据和信息建模，主要用于数据库设计；另一类是数据模型，包括网状模型、层次模型、关系模型等，它是按照计算机系统的观点对数据建模，主要用于数据库管理系统的实现。

1．数据模型的组成要素

数据模型通常由数据结构、数据操作和完整性约束 3 个部分组成。

数据结构是对系统静态特性的描述，它指明数据的类型、内容、性质以及数据之间联系的有关信息；数据操作是对系统动态特性的描述，指数据库中各种对象及其值所允许执行的操作以及和这些操作有关的操作规则的集合；数据的约束条件是一组完整性规则的集合，将在后面详细介绍。

2．概念模型

概念模型是从现实世界到机器世界的一个过渡，人们使用概念模型对具体信息进行抽象建模，是数据库设计人员进一步进行数据库设计的基础，是数据库设计人员与用户进行交流的语言。

3．实体描述

在现实世界中存在各种事物，事物与事物之间存在着某种联系，这种联系是客观存在的，是由事物本身的性质决定的。比如，学校有学生和教师，教师为学生授课等。

1）实体客观存在并可以相互区别的事物称为实体。实体可以指具体的事物，也可以指抽象的概念和联系。比如，一名学生、一名教师、学生的一次选课以及教师和学生的师生关系都可以称为实体。

2）实体的属性实体所具有的某一特征称为属性。每一个实体之所以能够区别于其他实体就是因为他们具有不同的属性，因此若干个属性可以描绘一个实体。比如，学生实体可以由姓名、学号、性别、年龄、年级、班级等属性描述，同时可以根据这些属性值的不同来区别每一个学生。

3）实体型用实体名及其属性集合来抽象和描述同一类实体称为实体型。比如，学生（姓名，学号，性别，年龄，年级，班级）就是一个实体型。

4）实体集相同类型实体的集合就是一个实体集。比如，一个学校的全体学生就是一个实体集。

4．实体间的联系及联系的种类

实体和实体之间的关系称为联系，它反映现实世界事物之间的相互关系。比如，一名教师可以教多名学生；一名学生可以被多名教师教。

实体间的联系种类可以归纳为三种形式，分别为一对一联系、一对多联系和多对多联系。

一对一联系表现为主表中的每一条记录只与相关表中的一条记录相关联。比如，一个班级只有一个班长，那班长和班级之间就是一对一联系。

一对多联系表现为主表中的每一条记录与相关表中的多条记录相关联。比如，一位教师教许多名学生，教师和学生之间就是一对多联系。

多对多联系表现为一个表中的多条记录在相关的表中同样有多个记录与其匹配。比如，如果几位教师教若干个班级的课程，则教师和班级之间就是多对多联系。

例：举例说明实体之间的联系。

学生实体和教师实体之间的联系；学生实体和班级实体之间的联系；教师实体和任课班级实体之间的联系等。实体内部联系主要指实体各个属性之间的联系。又如，姓名和学号之间的联系；科目和成绩之间的联系等。

5．数据模型

为了反映事物本身及事物之间的各种联系，数据必须具有一定的结构，这种结构用数据模型来表示。数据模型是数据库管理系统用来表示实体与实体间联系的方法。常用的数据模型有层次模型、网状模型、关系模型、面向对象模型，它们多用于数据库管理系统。

层次模型用树形结构表示实体及其之间联系的模型。

网状模型用网状结构表示实体及其之间联系的模型。

关系模型是用二维表的结构来表示实体与实体之间联系的模型。

面向对象模型是使用面向对象观点来描述现实世界实体（对象）的逻辑组织、对象间限制、联系的模型。

在以上 4 种数据模型中，关系模型对数据库的理论和实践产生了很大的影响，成为当今最流行的数据模型，它操作的对象和结果都是二维表，这种二维表就是关系。如前面介绍的图 1-1 "学生基本情况表" 就是一张二维表，展示了一个关系模型数据库的基本形式。

1.3　关系数据库

从 20 世纪 80 年代以来，新推出的数据库管理系统几乎都支持关系模型，Access 2007 就是一个关系数据库管理系统。

1.3.1　关系模型概述

关系数据库是支持关系模型的数据库系统。关系模型由关系数据结构、关系操作和关系完整性约束三部分构成。

1．关系模型结构

1）关系数据结构。关系模型的数据结构非常简单，都是由"关系"来表示的。在用户看来，这种数据结构就是一张二维表，如图 1-1 所示。

2）关系操作。关系模型中常用的操作分为查询操作和增加、删除、修改操作两大类。其中查询操作是最常用、最主要的部分，查询操作包括选择、投影、连接以及除、并、交、差等。关系操作的特点是操作的对象和结果都是集合，这种操作的方式也称为集合方式。例

如，在表 1-1 中所有的学生构成一个集合，要在这个集合中进行查询操作，找出所有的女生，则查询出的结果是所有女生，而所有的女生同样构成了一个集合。

3）关系完整性约束。关系模型定义三类完整性约束，分别是实体完整性、参照完整性和用户定义完整性。实体完整性和参照完整性是关系模型必须满足的完整性约束条件，它们由关系系统自动支持，而用户定义的完整性是在具体的应用领域里定义的约束条件。

2. 关系数据结构及形式化定义

在关系模型中，实体和实体间的联系都由单一的关系（表）来表示。关系实质上是一张二维表，在表中，每一行称为一个元组，每一列称为一个属性。

关系的 3 种基本类型：

1）基本关系（又称为基本表或基表）是实际存在的表，是实际存储数据的逻辑表示。

2）查询表是查询结果对应的表。

3）视图表是由基本表或其他视图表导出来的表，是虚表，并不是真实存在的数据。

下面介绍几个关系的术语。

元组：在一个二维表中，水平方向的行，称为元组。每一行就是一个元组，也就是一个具体实体或一条记录。在图 1-1 中给出了 10 个元组，也就是 10 条记录。

属性：二维表中垂直方向的列称为属性。每一列有一个属性名，与前面提到的实体属性相同。如图 1-1 中的学号、姓名、性别等字段名及其对应的数据类型。

关键字：属性或属性的组合，它的值能够唯一标识一个元组。比如，学号属性可以唯一地标识每个元组，它就是图 1-1 中表示的关系的关键字。

域：属性的取值范围。域是具有相同数据类型值的集合。比如，自然数、整数、实数、年龄大于 14 小于 19，都可以称为域。

关系模式：对关系的描述，表示为：关系名（属性 1，属性 2，……，属性 n）。图 1-1 中的关系可以表示为：学生（学号，姓名，性别，班级，出生日期，特长，政治面貌，联系电话，籍贯，邮政编码，入学时间）。

从集合的观点来定义关系，可以将关系定义为元组的集合。关系是命名的属性集合，元组是属性值的集合，一个具体关系模型是若干个有联系的关系模型的集合。

3. 关系的基本性质

1）每一列的值是同一类型的数据，来自同一个域。即同一个属性中的每一个值都必须是相同类型的数据。比如，如果规定学生的年龄必须是 14～19 的整数，那么年龄这个属性中每一个学生年龄都必须大于等于 14 并且小于等于 19。

2）不同的列可以具有相同的域，也就是不同的属性可以有相同的数据类型和取值范围，但是不同的列之间必须有不同的属性。

3）列的排列顺序可以互相交换。

4）任意两个元组不能完全相同，如果两个元组的所有属性完全相同，那么它们就被视为相同的元组，在数据库中会把重复出现相同的元组看作为冗余。

5）行的次序可以相互交换。每个元组在数据库中出现的位置是随意的，比如：有个学生的记录可以出现在表的任何一个位置，而对学生的各个属性没有影响。

6）每个属性的值都是不可再分的数据项。

1.3.2　关系运算

专门的关系运算包括选择、投影、连接等，理解好这些内容对于更好地理解查询、确定查询表达式很有益处。

1．选择

从关系中找出满足给定条件的元组的操作称为选择。选择的条件以逻辑表达式给出，使逻辑表达式的值为真的元组将被选取。比如，在学生基本情况表中找出所有"政治面貌"为"团员"的学生操作，就是一种选择操作。选择是从行号角度进行的运算，即从水平方向抽取记录。经过选择运算得到的结果可以形成新的关系，其关系模型不变，但其中的元组是原关系的子集。

2．投影

从关系模型中指定若干属性组成新关系的操作，称为投影。比如，学生基本情况表中我们选择"学号""姓名"和"政治面貌"三个属性，把这三个属性单独拿出来组成一个表，这样的操作就是投影。投影是从列的角度进行的运算，相当于关系进行垂直分解，经过投影运算可得到新的关系。其关系中包括的属性个数通常比原有关系要少，或者是属性的排列次序不同，这充分体现出在关系中属性的次序无关性这一特点。

3．连接

连接是关系的横向组合。连接运算将两个关系拼接成一个更大的关系模型，生成的新关系中包含满足连接条件的元组。连接是通过连接条件来控制的，在连接条件中将出现两个关系中的公共属性名，连接的结果是满足条件的所有记录。

说明：

选择和投影运算只是对一个表进行操作，相当于对一个二维表进行重新分割，而连接运算需要两个表作为操作对象，如果需要连接两个以上的表，则应当两两进行连接。有关具体的关系运算在以后的学习过程中会作详细介绍。

1.3.3　数据完整性

1．域完整性

域完整性是指数据库表中的属性也就是列必须满足某种特定的数据类型或约束，其中约束又包括取值范围、精度等。

2．实体完整性

实体完整性规定表中的每一行在表中是唯一的实体，基本关系的所有主属性都不能取空值，而且是关键字不能取空值。实体完整性规则是针对基本关系而言的，一个基本表通常对应现实世界一个真实的实体集。现实世界中的实体是可以区分的，它们具有能够唯一标识它们自己的属性组，在关系模型中以主关键字作为唯一标识。

3. 引用完整性

参照完整性是指两个表的关键字的数据要对应一致。它确保了有主关键字的表中对应其他表的关键字的存在，即保证了表之间的数据的一致性，防止了数据丢失或无意义的数据在数据库中扩散。

4. 用户定义完整性

不同的关系数据库系统根据其应用环境的不同，往往还需要一些特殊的约束条件。用户定义的完整性即是针对某个特定关系数据库的约束条件，它反映某一具体应用所涉及的数据必须满足的语义要求。

本章小结

本章主要介绍了数据库系统的相关知识，包括数据库的基本概念、数据模型和关系数据库等内容，重点介绍了关系型数据库的相关概念、关系的运算和数据完整性的有关约定，为进一步学习 Office Access 2007 提供了坚实的理论基础。

习题

1. 选择题

1）数据库 DB、数据库系统 DBS 和数据库管理系统 DBMS，三者之间的关系是（　　）。

    A. DBS 包括 DB 和 DBMS　　　　　　　B. DBMS 包括 DB 和 DBS

    C. DB 包括 DBS 和 DBMS　　　　　　　D. DBS 就是 DB，也就是 DBMS

2）在关系数据库中，用来表示实体之间联系的是（　　）。

    A. 树结构　　　　　B. 网结构　　　　　C. 线结构　　　　　D. 二维表

3）所谓关系是指（　　）。

    A. 各条记录中的数据彼此有一定的关系

    B. 一个数据库文件与另一个数据库文件之间有一定的关系

    C. 数据模型符合一定的二维表格式

    D. 数据库中各个字段之间彼此有一定关系

4）关系数据库管理系统能实现的专门关系运算包括（　　）。

    A. 排序、索引、统计　　　　　　B. 选择、投影、连接

    C. 关联、更新、排序　　　　　　D. 显示、打印、制表

5）关系数据库的数据及更新操作必须遵循的完整性规则是（　　）。

    A. 实体完整性和参照完整性

    B. 参照完整性和用户定义的完整性

    C. 实体完整性和用户定义的完整性

    D. 实体完整性、参照完整性和用户定义的完整性

6）以下不属于数据库系统（DBS）的组成的是（　　　）。

A．数据库集合

B．用户

C．数据库管理系统及相关软件

D．操作系统

7）在关系数据模型中，域是指（　　　）。

A．字段　　　　　　　B．记录　　　　　　C．属性　　　　　　D．属性的取值范围

8）从关系数据模型中，指定若干属性组成新的关系称为（　　　）。

A．选择　　　　　　　B．投影　　　　　　C．连接　　　　　　D．自然连接

2．简答题

1）什么是数据，什么是信息？

2）什么是数据库，建立它的目的是什么？

3）什么是 DBMS，它的主要功能有哪些？

4）数据模型的概念及种类是什么？

5）数据模型的组成要素是什么？

6）联系的含义和种类有哪些？

7）什么是关系数据库，关系数据库由哪几部分组成，每个部分的作用是什么？

8）关系有哪些基本性质？关系运算主要有哪些，并说明其含义。

第 2 章　Access 2007 数据库概述

学习目标

知识：1）Access 2007 的特点；

2）Access 2007 数据库对象；

3）Access 2007 数据库对象视图。

技能：1）掌握 Access 2007 的启动和退出方法；

2）熟悉 Access 2007 数据库系统各窗口的操作；

3）熟悉 Access 2007 帮助系统的使用。

Microsoft Access 2007 是 Office 2007 的一个重要组件，是目前广泛使用的桌面数据库管理系统之一，Access 2007 具有良好的用户界面。本章主要介绍 Access 2007 数据库管理系统的特点、功能、界面、窗口及其操作环境，用户通过学习可以对 Access 2007 的各部分功能有一个初步了解。

2.1　初识 Access 2007

2.1.1　Access 2007 的发展历史与特点

Access 2007 是美国微软公司推出，面向中、小型用户的数据库管理系统。它是关系型数据库管理系统，从 1992 年发布 Access（1.0 版本）至今，它已经被广泛使用，版本不断升级，功能越来越强大，而操作却越来越简单。Access 2007 的用户界面与 Word、Excel 非常相似，凡是使用过 Office 产品的用户都能够很快地掌握它。与 Access 2003 相比增加了以下功能：

1）改进的全新用户界面。Access 2007 采用一种全新的用户界面，此种界面是从零开始设计的，可以帮助用户提高工作效率。新界面使用"功能区"的标准区域来代替 Access 早期版本中的多级菜单和工具栏。

2）提供功能强大的模板。使用"开始使用 Microsoft Office Access"窗口可以快速创建数据库。用户既可以创建自己的数据库，又可以使用事先设计好的、具有专业水准的数据库模板创建模板，为初学者提供了极大的帮助。

3）提供了"布局"视图。该视图允许用户在浏览时进行设计更改，可以在查看实时窗体或报表时进行许多最常见的设计更改。"布局"视图支持新增的堆叠布局和表格式布局，这些布局是成组的控件，用户可以将其作为一个控件来操作，从而可以轻松地对不同字段、行和列重新进行布局。用户还可以在"布局"视图中轻松地删除字段或添加格式。

4）借助"创建"选项卡增强了快速创建功能。Access 2007 功能区中的"创建"选项卡

是新增的添加新对象的主要工具。使用它可以快速地创建新的窗体、报表、表、SharePoint 列表、查询、宏、模板以及更多对象。

5）使用改进的数据表视图快速创建表。Access 2007 可以帮助用户快速地创建表。用户只需单击"创建"选项卡中的"表"选项组中的"表"按钮，然后开始在改进的数据表视图中输入数据即可。Access 2007 会自动确定数据类型，因此，用户可以立即开始工作。Access 2007 新增的"添加新字段"功能指出了用户可以添加字段的位置。如果用户需要更改数据类型或显示格式，则可以使用功能区轻松地实现。用户也可以将 Excel 表格粘贴到新的数据表中，Access 2007 会自动创建所有字段并识别数据类型。

6）提供数据表中的汇总行。Access 2007 的数据表视图中新增了汇总行，用户可以为其添加合计、计数、平均值、最大值、最小值、标准偏差或方差等功能。用户只需指向所需要的功能并单击即可选择该功能。

7）用于创建新字段的字段模板。用户可以在 Access 2007 中查看新的"字段模板"窗格并可以将需要的字段拖动到数据表中。既可以在单用户环境下工作，又可以在多用户环境下工作，具有完善安全的管理机制。

8）提供了"字段"列表窗格。Access 2007 新增的"字段"列表窗格包括其他表中的字段，因此，比 Access 早期版本的字段选取器的功能更强大。在整个过程中，如果需要表间的关系，则程序会自动创建关系，或者对用户进行提示。

9）分割窗体功能。使用 Access 2007 新增的分割窗体功能可以创建合并了数据表视图和窗体视图的窗体。用户可以通过设置属性来通知 Access 将数据表放在窗体的顶部、底部、左部还是右部。

10）嵌入宏。使用 Access 2007 新增的受信任的嵌入宏可以不必编写代码。嵌入宏存储在属性中，是它所属对象的一部分。用户可以修改嵌入宏的设计，而不需要考虑可能使用宏的其他控件，因为每个宏都是独立的。用户可以信任嵌入的宏，因为系统会自动禁止它们执行某些可能不安全的操作。

2.1.2　Access 2007 的运行环境与安装

Access 2007 是 Windows 操作系统下的软件，因此，要安装 Access 2007，就必须有一台操作系统为 Windows 的 PC，Microsoft 公司将 Access 作为 Office 软件包中的一个组件同时发布，因此，Access 的运行环境实际上就是 Office 所需要的运行环境。

1. 安装 Access 2007 所需软、硬件条件

1）处理器 Intel Pentium 500MHz 或更快的处理器。

2）操作系统安装了 Service Pack 3（SP3）或更高版本服务包的 Microsoft Windows 2000、Windows XP 或更新的操作系统。

3）内存要求具有 128MB 以上内存，建议使用 256MB 或更大。

4）硬盘 1.5GB 可用空间（所需的硬盘空间可能由于系统配置的不同而有所改变；自定义安装选择可能会要求多于或少于 180MB 的硬盘空间）。

5）显示器 Super VGA（1024×768）或更高分辨率的显示器。

2. Access 2007 软件安装

如果是从老版本的 Access 升级到 Access 2007，则必须将老版本的数据库转换为 Access

2007 格式，这是为了更好地使用 Access 2007 强大的功能。

Office Access 2007 采用了一种支持许多产品增强功能的新型文件格式。当在 Access 2007 中创建一个新数据库时，默认情况下该数据库将使用这种新型文件格式并被赋予.accdb 文件扩展名。

这种新型文件格式支持多值字段和附件等新功能，因此，应尽可能地使用它。但这种新型文件格式不能用早期版本的 Access 打开，也不能与其链接，而且它不支持复制，也不支持用户级安全性。如果需要在早期版本的 Access 中使用数据库，或者需要使用复制功能或用户级安全性，则必须使用早期版本的文件格式。

 说明：

> 在安装 Access 2007 之前建议关闭其他应用程序，否则在安装的过程中会弹出一些窗口干扰安装的进行。

首先，将 Microsoft Office 2007 的安装光盘放入光驱中，在多数情况下系统会自动运行安装程序，如果系统没有自动运行，则进入放有 Office 光盘的光驱，双击其中的 Setup 命令图标，开始安装。

在全新安装的情况下，经过"输入用户信息""输入产品的密钥""按受协议""自定义安装"或"典型安装"等步骤，开始对 Access 2007 进行自动安装，此时将要等待一段时间。安装结束之后，系统通常会提示重新启动计算机，系统设置才会生效。

 说明：

> 如果 PC 上已经安装了 Office 2007 组件，则在刚开始安装时，屏幕会出现如图 2-1 所示的窗口，根据需要进行选择操作。

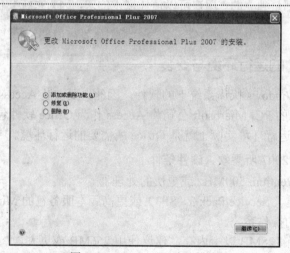

图 2-1　Office 2007 维护模式

2.1.3　Access 2007 的启动与退出

1. 启动方法

1）安装完 Access 2007 后，依次执行"开始"→"所有程序"→"Microsoft Office"→

"Microsoft Office Access 2007" 菜单命令，可启动 Access 2007。

2）双击桌面的 Access 2007 快捷图标，可启动 Access 2007。

3）双击扩展名为.accdb 的数据库文件，可启动 Access 2007。

2．退出方法

1）退出 Access 2007，单击标题栏上右边的"关闭"按钮即可。

2）如果只想关闭当前数据库文件，则单击 Access 应用程序窗口左上角的应用程序 Office 按钮→"关闭数据库"按钮。

3）使用快捷键<Alt+F4>。

2.2　Access 2007 的基本功能

Access 2007 作为一套数据库管理系统，它提供了对数据进行组织管理、查询统计、打印输出、数据共享以及超链接等操作，使用户在实际工作中能更好地应用。

1．组织数据

在实际工作中，使用数据库管理系统的目的是组织、管理各种数据，为人们的工作提供便利和帮助，获取更多有用的信息。Access 2007 将数据存储在若干个表中，同时还可定义与显示各表之间的关系，使各表之间有机地结合起来，如图 2-2 所示。

学号	姓名	性别	班级	出生日期	特长
20110001	曲波	男	计算机1131	91-02-13	篮球
20110002	张海平	男	计算机1133	92-06-09	足球
20110003	吴东	男	计算机1131	90-07-11	足球
20110004	钱士鹏	男	计算机1132	92-12-19	足球
20110005	王晓君	女	计算机1131	92-11-07	羽毛球
20110006	方洪进	男	计算机1132	90-05-05	跆拳道
20110007	刘军	男	计算机1131	91-07-16	柔道
20110008	顾天翼	男	计算机1131	91-09-09	乒乓球
20110009	赵真	女	计算机1132	91-08-17	游泳

图 2-2　数据表

2．建立查询

用户建立查询可以操作数据库中的记录对象，按照一定的条件从一个或多个表中筛选出所需要操作的字段，形成一个全新的数据集合，并显示在一个虚拟的数据表窗口中，图 2-3 为查询政治面貌为"团员"的学生记录信息。

学号	姓名	性别	班级	出生日期	特长	政治面貌	联系电话
20110002	张海平	男	计算机1133	92-06-09	足球	团员	01034567890
20110003	吴东	男	计算机1131	90-07-11	足球	团员	04356224567
20110004	钱士鹏	男	计算机1132	92-12-19	足球	团员	04113366778
20110006	方洪进	男	计算机1132	90-05-05	跆拳道	团员	02177585858
20110007	刘军	男	计算机1131	91-07-16	柔道	团员	02445688889
20110008	顾天翼	男	计算机1131	91-09-09	乒乓球	团员	02144445612
20110009	赵真	女	计算机1132	91-08-17	游泳	团员	01085670001
20110010	王丽丽	女	计算机1131	91-01-23	篮球	团员	02165893011
20110012	刘伟航	男	计算机1131	92-08-05	足球	团员	01072826781
20110013	李洪升	男	计算机1131	91-06-24	篮球	团员	02142004567
20110014	代进	女	计算机1131	91-06-24	乒乓球	团员	02178605566

图 2-3　查询学生表中政治面貌为"团员"的记录

3．创建窗体

窗体是数据库与用户进行交互操作的界面，可以对数据库中的数据进行各种操作，如删除、修改、统计等。同时用户还可以根据自己的爱好建立个性化风格的窗体，使数据操作的方式、方法更加丰富，如图 2-4 所示。

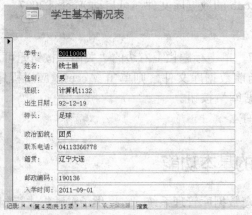

图 2-4　查询学生基本情况窗体

4．输出报表

报表是打印输出用户所需信息的一种有效的形式。用户可以控制报表上各对象的外观，按照所需要的方式进行显示信息，以便查阅信息。利用报表可以进行数据汇总、统计以及添加图片等操作，如图 2-5 所示。

学号	姓名	性别	班级	出生日期	特长	政治面貌	联系电话	籍贯	邮政编码	入学时间
20110001	曲波	男	计算机1131	91-02-13	篮球	群众	02445612355	辽宁沈阳	110136	2011-09-01
20110002	张海平	男	计算机1133	92-06-09	足球	团员	01034567890	北京	100058	2011-09-01
20110003	吴东	男	计算机1131	90-07-11	足球	团员	04356224567	吉林通化	710136	2011-09-01
20110004	钱士鹏	男	计算机1132	92-12-19	足球	团员	04113366778	辽宁大连	190136	2011-09-01
20110005	王晓君	女	计算机1131	92-11-07	羽毛球	党员	04194567891	辽宁辽阳	113136	2011-09-01
20110006	方洪进	男	计算机1131	90-05-05	跆拳道	团员	02177585858	上海	210136	2011-09-01
20110007	刘军	男	计算机1131	91-07-16	柔道	团员	02445688889	辽宁沈阳	110146	2011-09-01
20110008	顾天翼	男	计算机1131	91-09-09	乒乓球	团员	02144445612	上海	200778	2011-09-01
20110009	赵真	女	计算机1132	91-08-17	游泳	团员	01085670001	北京	100111	2011-09-01
20110010	王丽丽	女	计算机1131	91-01-23	篮球	团员	02165893011	上海	200010	2011-09-01
20110011	李洋	男	计算机1133	93-10-06	篮球	党员	02474560296	辽宁沈阳	116136	2011-09-01
20110012	刘伟航	男	计算机1131	92-08-05	足球	团员	01072826781	北京	100456	2011-09-01
20110013	李洪升	男	计算机1133	92-04-08	篮球	团员	02142004567	上海	200101	2011-09-01
20110014	代进	女	计算机1131	91-06-24	乒乓球	团员	02178605566	上海	200789	2011-09-01
20110015	林东东	女	计算机1132	92-08-18	羽毛球	群众	01072862035	北京	100666	2011-09-01

15

页 1 共 1

图 2-5　输出学生信息报表

5．超级链接 Web

超级链接是浏览器（如 IE）中一种特殊的 Web，单击超级链接，浏览器中的页面会跳转该链接所指向的对象。在 Access 2007 中，可以将某个字段的数据类型定义为超级链接，并将 Internet 或局域网中的某个对象赋予这个超级链接，当数据表或窗体中单击某个超级链接时就可以启动浏览器并进入链接所指定的对象，如图 2-6 所示。

6．建立应用系统

利用 Access 2007 提供的宏和 VBA 可以将各种数据库对象进行有机结合，从而形成一套完整的数据库应用系统，来完成用户指定的各种操作，提高工作效率。同时 Access 2007 还提供了"切换面板管理器",将已建立的各种数据库对象连接,形成所需要的数据库应用系统。建立应用系统,并不需要复杂的编程操作。"教学管理系统"主控窗体,如图 2-7 所示。

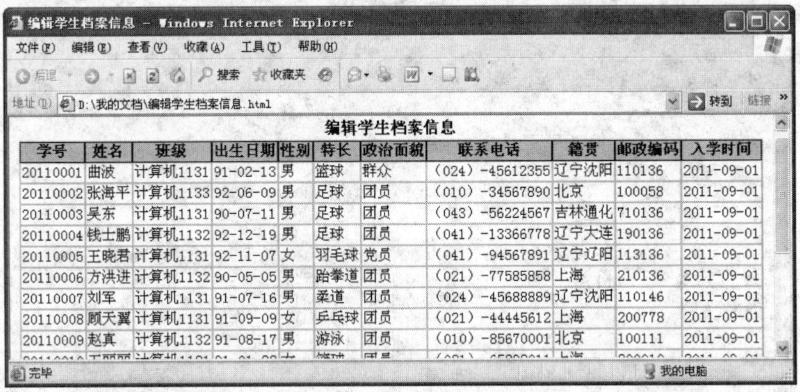

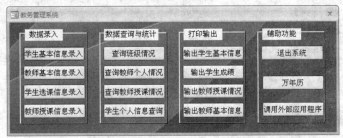

图 2-6 超级链接 Web

图 2-7 "教学管理系统"主控窗体

2.3 Access 2007 的工作界面

Access 2007 是一个功能强大、方便灵活的关系型数据库,其工作界面与其他 Office 2007 应用程序十分相似。在启动 Access 2007 时,用户可以看到新的开始使用窗口,如图 2-8 所示。

图 2-8 Microsoft Access 2007 启动窗口

15

创建新的数据库或打开已建立的 Access 2007 数据库时，Access 2007 数据库窗口包括导航窗格、动态工具栏、快速访问工具栏、Office 按钮、视图区和状态栏，如图 2-9 所示。

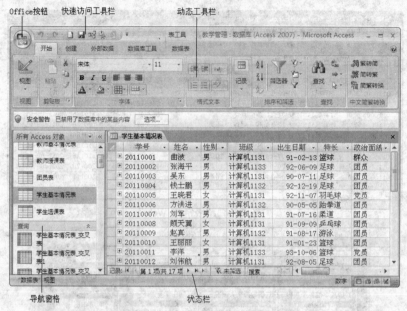

图 2-9　Access 2007 数据库窗口

Access 2007 数据库窗口中各部分的功能如下。

1. Office 按钮

单击 Office 按钮，弹出菜单，如图 2-10 所示。它类似于 Access 2003 中的"文件"菜单的功能，并同时显示最近打开的文档信息，方便用户对文件的操作。

图 2-10　Office 按钮菜单

2. 快速访问工具栏

通常情况下，快速访问工具栏是与功能区邻近的小块区域，只需单击它即可访问命令。默认命令集包括那些经常使用的命令，如"保存""撤销"和"恢复"等。不过，可以自定义快速访问工具栏,以便将最常使用的命令包括在内。

【例 2-1】在 Access 2007 的"快速访问工具栏"中添加"表"命令。

操作步骤:

1)打开 Access 2007 窗口,在"快速访问工具栏"中单击"自定义快速访问工具栏"按钮,并打开下拉菜单,如图 2-11 所示。选择"其他命令"菜单命令,弹出"Access 选项"对话框。

图 2-11 "自定义快速访问工具栏"按钮

2)在打开的"Access 选项"对话框中自动切换到"自定义"选项卡,在左侧的命令列表中选中目标命令,如"表"命令,并单击"添加"按钮将其添加到"快速访问工具栏"。重复该步骤可以添加多个命令,添加完成后单击"确定"按钮即可,如图 2-12 所示。

图 2-12 "Access 选项"对话框

3.动态工具栏

动态工具栏采用全新的外观,在功能区的设计时以用户为中心,其功能位置一目了然,提高了用户的工作效率。

4. 功能区

功能区由一系列包含命令的命令选项卡组成。在 Access 2007 中，主要的命令选项卡包括"开始""创建""外部数据"和"数据库工具"。每个选项卡都包含多组相关命令，这些命令组展现了其他一些新的用户界面元素功能区。它是用户在使用 Access 2007 时的命令中心，各功能区依据常用的操作进行划分，每个功能区选项卡都包含执行该操作所需要的全部命令，这些命令组成多个逻辑组。

从图 2-9 中可以看出，"开始"选项卡中包括"字体"选项组、"格式文本"选项组、"排序和筛选"选项组、"查找"选项组和"中文简繁转换"选项组，这些命令易于查找和使用。

5. 导航窗格

导航窗格取代了早期版本的 Access 中所用的数据库窗口。Access 2007 导航窗格仅显示数据库中正在使用的内容。如表、窗体、报表和查询等均显示在此处，便于用户操作。

6. 状态栏

与早期版本 Access 一样，在 Access 2007 中也会在窗口底部显示状态栏。继续保留此标准的 UI 元素是为了查找状态消息、属性提示、进度指示等。在 Access 2007 中，状态栏也具有两项标准功能，与在其他 Office Professional 2007 程序中看到的状态栏相同，即视图/窗口切换和缩放。

可以使用状态栏上的可用控件，在可用视图之间快速切换活动窗口。如果要查看支持可变缩放的对象，则可以使用状态栏上的滑块，调整缩放比例以放大或缩小对象。

【例 2-2】认识 Access 2007 数据库窗口构成。

操作步骤：

1）启动"Microsoft Access 2007"，选择"学生"数据库文件，单击"打开"按钮，出现如图 2-13 所示的"学生.accdb"数据库窗口。

2）使用不同的方法打开菜单，观察各菜单项的内容。

3）单击窗口中各对象，观察创建对象的方法和对象列表。

4）单击"关闭"按钮，关闭"学生.accdb"数据库文件。

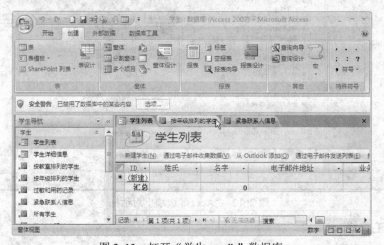

图 2-13 打开"学生.accdb"数据库

2.4　Access 2007 的基本对象和设计视图窗口

2.4.1　Access 2007 的基本对象

Access 2007 数据库中包括表、查询、窗体、报表、宏、模块等基本对象。在任何时刻，Access 2007 只能打开并运行一个数据库，这些对象都存储在一个扩展名为.accdb 的数据库文件中。

1．表

第 1 章提到了关系型数据库，Access 2007 就是一个关系型数据库管理系统，表（Table）是 Access 2007 中最基本对象，是用于存储数据的对象。如果要保存数据，则必须创建一个表，表是数据库的核心，表是其他对象的数据来源和载体，如果表不存在，则其他各对象就无法存在和使用。

2．查询

查询（Query）是根据给定的条件在指定的表中进行筛选记录，或者对经过筛选的记录做某种操作的数据库对象。Access 2007 表中包含大量的数据，但在实际工作中往往需要对这些数据进行检索，抽取出符合条件的信息。利用查询不仅可以检索一个表中的记录，而且可以同时对多个表进行检索，获得符合条件的记录。

3．窗体

窗体（Form）是 Access 2007 数据库对象中最具有灵活性的一个对象，它采用可视化的直观设计方式，对数据录入、数据输出界面和布局进行设计。利用窗体对象在查阅表记录信息时，不仅可以像表对象一样同时见到多条记录，而且还可以同时见到该记录的多个字段值，这对于表对象是无法实现的。

4．报表

报表（Report）是对表中信息，进行计算、分类、汇总、排序等操作的一种数据库对象。设计报表时，可以不用编程，仅仅通过对可视化控件进行直接设置来完成对报表的设计。通常情况下，设计一个数据库管理系统中的打印报表程序是一项烦琐的事情，而在 Access 2007 中这一项工作就变得非常容易。

5．宏

宏（Macro）是一种操作命令，每一个宏操作执行一个特定的单一功能，可以将这些宏组织起来形成宏对象。在 Access 2007 中利用宏可以简化各种操作，可以不用编写代码却能实现复杂的程序功能，提高了工作效率。

6．模块

模块（Module）是 Access 2007 数据库中的一个重要对象，是由 VBA（Visual Basic for Application）语言编写的程序集合。对于一些复杂的程序功能，单单只使用宏是不能解决问题的，这时就需要模块上场了。Visual Basic 是内嵌在 Access 中的一种数据库编程语言，利用它可以实现比较复杂的数据库操作功能。

说明：

> 1）查询表与数据表是完全不同的，查询表的表格是虚拟的，其内容和形式随数据表内容的变化和查询条件的变化而改变。
>
> 2）表和查询对象是数据库的基本对象，用于信息在数据库中的存储和查询，是其他数据库对象的数据来源和载体。
>
> 3）窗体、报表等是直接面向用户的对象，用于数据的输入、输出和应用程序的控制。
>
> 4）宏和模块对象是代码类型的对象，用于通过组织宏或编写程序来完成复杂的数据库管理工作，使管理工作更加自动化。

2.4.2 Access 2007 的设计视图窗口

Access 2007 提供了多种设计数据库对象的方法，其中设计视图是各种方法中最行之有效的，利用设计视图可以非常方便地完成各项工作。

1. 表设计器视图窗口

表设计器视图窗口是表的主要设计窗口，使用设计视图创建表是最灵活的一种方法，用户通过后续的学习，可以充分体会到这种方法的益处。通过设计视图窗口可以完成对表中字段的定义和编辑。表设计视图分为上下两个部分，上半部分是"字段"输入区，是数据表的结构，可以在每行对应位置输入表的字段名称、数据类型以及对该字段的有关说明。下半部分是"字段"属性区，在字段属性区有两个选项卡，分别为"常规"和"查阅"。"常规"是对每个字段属性的详细描述，如"字段大小""格式""输入掩码""标题""有效性规则""有效性文本"等；"查阅"则定义了字段的显示属性方式，如"文本框""列表框""组合框"等，如图 2-14 所示。

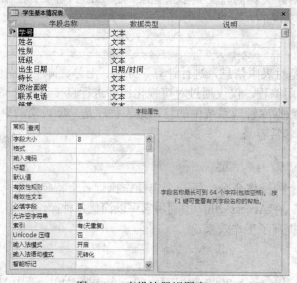

图 2-14　表设计器视图窗口

2. 查询设计器视图窗口

查询设计器视图窗口是 Access 2007 中一个常用的窗口，其主要作用是创建查询，其窗口由上下两个部分组成：上半部分为"字段列表区"，用于显示生成查询所需的数据源，其数据源为数据表和查询两类；下半部分为"设计网格区"，用于定义查询中所需要的字段、条件、排序的方式等，如图 2-15 所示。

图 2-15 查询设计器视图窗口

3．窗体设计器视图窗口

应用窗体设计器可以创建一个空白的窗体，无论窗体控件位置，还是整个窗体的结构安排都可以根据自己的意愿随意进行设置，非常方便实用。它是一种简单的创建窗体的方法，如图 2-16 所示。

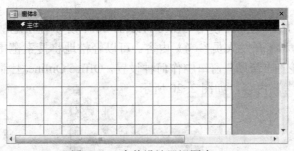

图 2-16 窗体设计器视图窗口

4．报表设计器视图窗口

应用报表设计器可以创建一个空白的报表，确定数据源，添加各种报表控件，并设置其属性。可以对数据进行分析、计算、统计、汇总等操作，如图 2-17 所示。

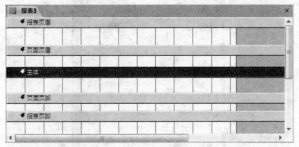

图 2-17 报表设计器视图窗口

5．宏设计视图窗口

宏设计视图窗口是 Access 2007 中一个重要的窗口，通过该窗口可以方便地创建和修改宏的内容。通过宏可以大大提高 Access 2007 的处理效率，如图 2-18 所示。宏设计窗口分为上下两个部分：上半部分为设计区，用于定义宏的名称、各种操作条件、操作内容及其注释说明；下半部分为操作参数设定区，用来定义各种操作所需要的参数。

6. 代码设计窗口

代码设计窗口是 Access 2007 创建模块时所使用的窗口，主要用于显示和编辑 VBA 程序代码，其窗口结构如图 2-19 所示。窗口主要由对象框、过程事件框及代码窗口组成。对象框用于显示和选择对象的名称，过程事件框列出对象所支持的各种事件。当选中一个对象及其所对应的事件之后，事件的过程代码就会在代码窗口中显示出现，同时可以对代码进行编辑和修改。

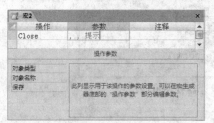

图 2-18 宏设计视图窗口

图 2-19 代码设计窗口

2.5 Access 2007 的帮助功能

与以前的 Access 版本不同，使用 Office Access 2007 可以轻松地从同一个"帮助"窗口同时访问 Access 帮助和《开发人员参考》内容。可以轻松地将搜索范围更改为仅限于《开发人员参考》内容。不论在"帮助"窗口中作何种设置，Office Online 上都始终提供所有 Access 帮助和《开发人员参考》内容，如图 2-20 所示。

图 2-20 Access 帮助

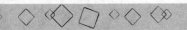

【例 2-3】打开罗斯文数据库，了解 Access 2007 数据库中的对象。

操作步骤：

1）启动 Access 2007，打开罗斯文数据库。

2）单击数据库中的表对象，列出当前数据库中全部数据表，双击其中一个表对象，打开此表，浏览表中的数据，如图 2-21 所示。

采购订单 ID	供应商 ID	创建者	提交日期	创建日期	状态 ID	预计日期
90	佳佳乐	王 伟	2006-01-14	2006-01-22	已批准	
91	妙生	王 伟	2006-01-14	2006-01-22	已批准	
92	康富食品	王 伟	2006-01-14	2006-01-22	已批准	
93	日正	王 伟	2006-01-14	2006-01-22	已批准	
94	德昌	王 伟	2006-01-14	2006-01-22	已批准	
95	为全	王 伟	2006-01-14	2006-01-22	已批准	
96	佳佳乐	赵 军	2006-01-14	2006-01-22	已批准	
97	康富食品	金 士鹏	2006-01-14	2006-01-22	已批准	
98	康富食品	郑 建杰	2006-01-14	2006-01-22	已批准	
99	佳佳乐	李 芳	2006-01-14	2006-01-22	已批准	
100	康富食品	张 雪眉	2006-01-14	2006-01-22	已批准	
101	佳佳乐	王 伟	2006-01-14	2006-01-22	已批准	

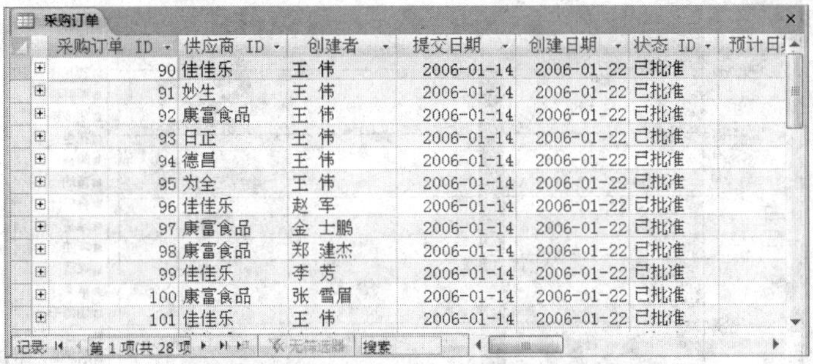

图 2-21　罗斯文数据库中采购订单表内容

3）单击数据库中的窗体对象，列出当前数据库中全部窗体，双击其中一个窗体对象，打开此窗体，浏览表中的数据，如图 2-22 所示。

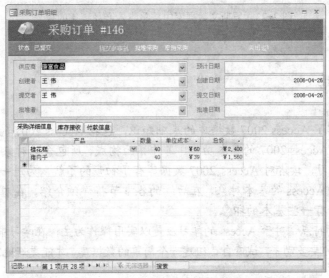

图 2-22　罗斯文数据库中采购订单明细窗体

4）单击数据库中的报表对象，列出当前数据库中全部报表，双击其中一个报表对象，打开此报表，如图 2-23 所示。

使用类似方法用户可以分别打开罗斯文数据库中的查询、宏以及模块等对象，对 Access 2007 各个对象有初步的了解。

【例 2-4】了解 Access 2007 帮助系统。

操作步骤：

1）打开“Office 助手”，单击“Office 助手”按钮，在文本框中输入要查询的内容，单击“搜索”按钮，通过 Microsoft Office Online 开始对输入内容进行搜索。

2）单击"帮助菜单"项中的"Microsoft Office Access 帮助（H）"按钮，输入要搜索的内容，单击"开始搜索"按钮，开始进行搜索。

3）打开罗斯文数据库中的对象，查看其上下文帮助信息。

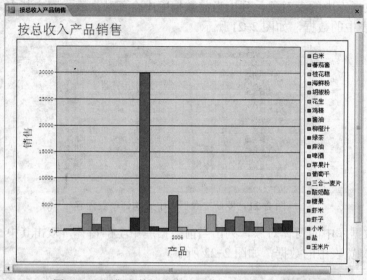

图 2-23　罗斯文数据库中按总收入产品销售的报表

本章小结

本章主要介绍了 Access 2007 数据库的基础知识，包括 Access 2007 的新增功能、安装、启动和退出方法；Access 2007 的基本功能、工作界面构成、所包含的对象及各种视图编辑窗口等内容。通过学习，读者对 Access 2007 数据库有了初步的了解，为进一步学习其他各章节内容作准备。关于 Access 的基本对象，在后续的各章节将详细介绍，在本章中，只是一些简要的说明，使读者有一些基本的印象。

鉴于 Access 的特点，对于 Access 的学习应是以实用操作为主，在学习中逐渐了解数据库的基本操作。读者一定要多动手，试着自己组建一个简单的数据库，才能更好地掌握本书中的知识。

习题

1．填空题

1）Access 2007 是一种_____数据库管理系统。

2）用于存储数据的 Access 2007 对象是_____对象。

3）Access 2007 是_____办公组件之一。

4）Access 2007 数据库的扩展名是_____。

5）Access 2007 包含了 3 种关系，即一对一、一对多和_____。

2. 填空题

1）Access 2007 是一种（　　）。

    A．数据库管理系统软件　　　　　　　　B．操作系统软件

    C．文字处理软件　　　　　　　　　　　　D．CAD 软件

2）在 Access 2007 中任何时刻只能打开使用（　　）。

    A．一个表对象　　　　　　　　　　　　　B．一个数据库对象

    C．多个数据库和数据库对象　　　　　　　D．一个数据库

3）Access 数据库中表字段的数据不包括（　　）。

    A．文本　　　　　　　　　　　　　　　　B．通用

    C．日期/时间　　　　　　　　　　　　　D．"OLE" 对象

4）在 Access 2007 中，如果一个字段的长度大于 255 个字符、文本和数字的组合数据，则选择（　　）类型数据。

    A．文本　　　　　　　　B．通用　　　　　　　　C．超链接　　　　D．数字

5）在已建立的学生信息表中，显示全部姓名 "李" 的学生信息，可用（　　）方法。

    A．筛选　　　　　　　　B．排序　　　　　　　　C．隐藏　　　　　　D．冻结

6）Access 数据库具有很多特点，在下列叙述中不是 Access 特点的是（　　）。

    A．Access 数据库可以保存多种数据类型，包括多媒体数据

    B．Access 可以编写应用程序来操作数据库中的数据

    C．Access 可以支持 Internet/Intranet 应用

    D．Access 作为网状数据库模型支持客户机/服务器应用程序

7）下列叙述中错误的是（　　）。

    A．在数据库系统中，数据的物理结构必须与逻辑结构一致

    B．数据库技术的根本目标是要解决数据的共享问题

    C．数据库设计是指在已有数据库管理系统的基础上建立数据库

    D．数据库系统需要操作系统的支持。

8）Access 2007 是一种（　　）软件。

    A．数据库管理系统　　　　　　　　　　　B．操作系统

    C．文字处理　　　　　　　　　　　　　　D．CAD

3. 简答题

1）简述 Access 2007 数据库系统的类型，以及包括的对象有哪些。

2）简述 Access 2007 的特点。

4. 操作题

1）熟悉 Access 2007 的启动方法。

2）熟悉 Access 2007 的退出方法。

3）启动 Access，打开示例数据库，了解 Access 数据库的对象。

4）如何在 "帮助" 窗口中查阅 Access 数据库对象的相关信息？

第 3 章　创建与维护数据库

学习目标

知识： 1）数据库、数据表；

2）数据库及数据库设计原则；

3）数据库向导。

技能： 1）掌握利用向导创建数据库；

2）掌握创建空白数据库方法；

3）掌握数据库的打开、关闭及数据库对象的使用方法；

4）掌握数据库压缩、设置数据库密码的操作方法。

数据库是 Access 2007 用于存储数据和数据库对象的容器，用户使用它，可以组织、管理、存储任何类型的数据信息，并根据需要对创建的数据库进行相应的维护。为了使用户更好地了解和掌握 Access 2007 是如何进行组织、管理和存储数据的，本章将详细介绍如何创建和操作 Access 2007 的数据库。

3.1　数据库的基本概念

Access 2007 是一个功能强大的关系型数据库管理系统，它本身涉及了数据库的有关概念。比如，数据库、数据库管理系统、数据库系统、表等。用户在明确了这些概念之后，对于今后学习、使用 Access 2007 都是非常有益的。

3.1.1　什么是数据库

所谓数据库，一般地说是存储在计算机存储设备上，具有某一特定目的的一组相关数据的集合，形象地说是存储资料的"仓库"。但是仅仅有了大批数据是没有任何意义的，还必须有一个维护数据并负责用户访问数据的机构。现以一个班级学生档案为例进行说明。一个班级的学生档案就是一个简单的数据库，每一个学生信息通常包括学号、姓名、性别、出生日期、家庭住址、联系电话等内容，这些都是这个数据库中的数据。如果新转入一名学生，则增加了一条信息；如果某一名学生家的住址或联系电话发生了变化，则要对数据进行修改；如果转出一名学生，则要删除一条信息。以上这些情况，在现实生活中是常见的事情。

数据库中的数据并不是无序地存放在一起的，需要确定它们之间的关系。一旦确定了它们之间的关系，便可以对资料进行增加、删除、修改和检索等工作。对于这些工作来说，如

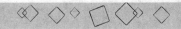

果工作量小，则还可以通过手工操作来完成；如果工作量非常大，则通过手工操作是很难实现的，此时就需要一种工具来完成这项工作，这一工具就是数据库管理系统。

数据库管理系统是统一管理和控制数据库中的数据的系统，它提供了处理数据的各种方法，同时也提供了组织数据的方法。数据库管理系统分为 3 种：关系数据库管理系统、层次数据库管理系统、网状数据库管理系统。其中关系数据库管理系统应用最为普遍。关系数据库管理系统是以二维表的形式组织数据的，Access 2007 就是一个关系数据库管理系统。

3.1.2 什么是数据表

Access 2007 数据库是由若干个二维表组成的，表是一个具有某种结构某个相同主题的数据集合，表中所有数据都必须具有一个相同主题。例如，学生基本情况表包含了与学生有关的信息。表是由若干行和列组成的，如图 3-1 所示。在 Access 2007 的表中包括字段、记录和主关键字。

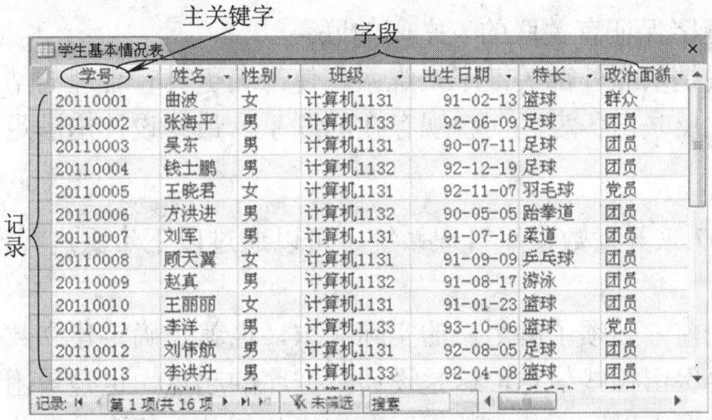

学号	姓名	性别	班级	出生日期	特长	政治面貌
20110001	曲波	女	计算机1131	91-02-13	篮球	群众
20110002	张海平	男	计算机1133	92-06-09	足球	团员
20110003	吴东	男	计算机1131	90-07-11	足球	团员
20110004	钱士鹏	男	计算机1132	92-12-19	足球	团员
20110005	王晓君	女	计算机1131	92-11-07	羽毛球	党员
20110006	方洪进	男	计算机1132	90-05-05	跆拳道	团员
20110007	刘军	男	计算机1131	91-07-16	柔道	团员
20110008	顾天翼	女	计算机1131	91-09-09	乒乓球	团员
20110009	赵真	男	计算机1132	91-08-17	游泳	团员
20110010	王丽丽	女	计算机1131	91-01-23	篮球	团员
20110011	李洋	男	计算机1133	93-10-06	篮球	党员
20110012	刘伟航	男	计算机1131	92-08-05	足球	团员
20110013	李洪升	男	计算机1133	92-04-08	篮球	团员

图 3-1 学生基本情况表

1．字段

在表中的列称为字段，用于描述数据的某种特征。图 3-1 中的“学号”“姓名”“性别”“班级”“出生日期”等都是字段，它们描述学生的不同特征。

2．记录

在表中的行称为记录，表是由若干记录组成的。图 3-1 中的“20110003”“吴东”“男”“计算机 1131”“90-07-11”等内容就反映了某一学生的全部信息。

3．主关键字

能够唯一标识表中记录的字段称为主关键字。如“学生基本情况表”中的“学号”就是一个主关键字，对于学号而言，不可出现具有相同学号的学生，因此，通过主关键字可以唯一区分不同的学生。

3.1.3 数据库的设计原则与设计步骤

如果较好地掌握数据库设计过程，则能高效、迅速地创建一个设计完美的数据库，为访

问信息提供方便。在设计时就要打好基础，设计出结构合理的数据库，将会节省整理数据库所需时间，并能更准确、快捷地获得所需要的信息。

1. 设计原则

为了更加合理地组织数据，应该遵从以下设计原则。

（1）概念单一化"一事一地"的原则

一个表是单个独立保存一个主题的信息集合。在设计过程中避免设计大而杂的表，要分离那些需要作为单个主题而独立保存的信息，通过确定各个表之间的联系，以便在需要时将正确的信息组合在一起。通过不同的信息分布在不同的表中，可以使数据的组织和维护更加简单。

（2）避免在表中出现重复字段

避免在表中出现重复字段，这样做的目的是使数据冗余量减少，防止在删除、插入时造成数据的不统一。

（3）表中字段必须是原始数据和基本数据元素

表中不应包括通过二次计算得到的数据，能通过计算从其他字段值推算出来的字段也尽可能避免。

（4）用外部关键字保证有关联的表之间的联系

表之间各种关联是依靠外部关键字来维系，使得表更具有合理的结构，不仅存储了所需要的数据信息，而且反映出各表之间客观存在的联系，最终设计出满足实际需要的表结构。

2. 设计步骤

利用 Access 2007 来开发数据库管理系统，可以通过以下步骤进行设计。

（1）需求分析

在数据库设计之前，必须了解用户的实际需求，也就是确定建立数据库的目的，这样有助于确定数据库需要保留哪些信息，这是设计数据库的起点，也是最困难的一步。首先，要分析为什么要建立数据库以及所建立数据库应完成的任务；其次，在分析过程中，数据库的设计者要与数据库的使用者进行交流，共同讨论使用数据库应该解决的问题和应该完成的任务；最后，还应尽量收集与当前处理对象相关的信息。

（2）确定需要的表

在一个数据表中不可能包含所有的信息，如果一个表中包含了许多信息，则必然会产生大量重复字段，造成存储空间的浪费。表是关于特定主题的信息集合，可以把需要的信息划分为各个独立的主题，即每一个主题可以设计为数据库中的一个表。

（3）确定所需字段

确定数据表后就要确定每一个表中要包含哪些字段信息，在设计表中的字段时，要明确以下两个基本原则：字段唯一性和字段无关性。字段唯一性是指表中的每一个字段只能含有唯一类型的数据；字段无关性是指在不影响其他字段的情况下，必须能够对字段进行修改（非主关键字段）。通过对这些字段的确定，以及对表中的信息显示或计算能够得到所需要的信息。

（4）确定表间关系

表中的字段是互相协调的，这样才能显示相同性质的数据，这种协调关系通过表之间的关系来实现。对每一个表进行分析，确定一个表中的数据和其他表中的数据有什么关系。另外，还可以在表中加入字段或创建一个新表来明确它们之间的关系。

（5）设计求精

对于设计工作，要进一步分析，发现其中存在的错误。数据库的设计是一个不断发现问题，改善设计的过程。可以在所创建的表中添加一些数据，观察能否从表中得到想要的结果，进而对设计进行调整。

在进行初始设计过程中，难免会发生错误或者遗漏数据。在今后设计系统的过程中，可以对设计方案进一步完善，根据实际情况及时进行调整。

3.2　创建 Access 2007 数据库

前面已经了解了数据库的相关概念，以及数据库的设计步骤和遵循的设计原则，现在就开始根据需要创建数据库了。

3.2.1　创建数据库

在 Access 2007 中，系统提供了两种方法用于创建数据库，即利用空白数据库和特色联机模板。下面分别进行介绍。

1．创建空数据库

利用模板创建数据库的方法虽然简单，但有时无法满足特定数据库的需要。在一般情况下，随着用户对 Access 数据库了解进一步加深，便不会再使用向导去创建数据库了，而完全可以通过创建空白数据库，然后根据实际需要来完成对数据库以及表结构的设计。

【例 3-1】在 C 盘 "Access 2007 应用例子" 文件夹中建立 "学生管理" 数据库。

操作步骤：

1）启动 Access 2007，出现 Access 2007 窗口，如图 3-2 所示。

图 3-2　启动 Access 2007 窗口

2）单击窗口中间的"空白数据库"按钮，弹出"文件新建数据库"对话框，在"保存位置"列表中选择 C 盘"Access 2007 应用例子"文件夹并打开，在"文件名"框中输入数据库名称"学生管理"，如图 3-3 所示。

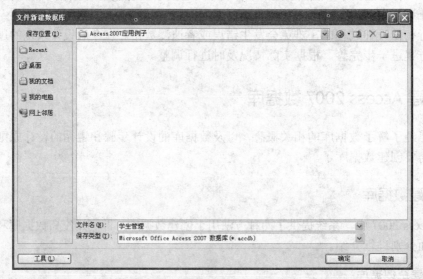

图 3-3 "文件新建数据库"对话框

3）单击"确定"按钮，此时出现空白数据库启动窗口，如图 3-4 所示。

图 3-4 空白数据库启动窗口

4）单击"创建"按钮，建立好一个空白的数据库，并自动建立第一个数据库对象"表"，其名字为"表 1"，如图 3-5 所示。

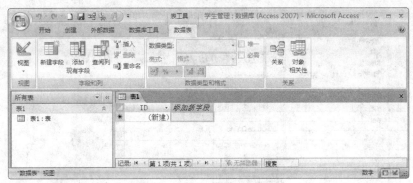

图 3-5　"学生管理"数据库

2．使用向导创建数据库

为方便用户掌握 Access 2007，Access 数据库提供了许多可供选择的向导。这些数据库框架，又称为"模板"。Access 2007 提供了诸如"资产""联系人""问题""事件""营销项目""项目""销售渠道""任务""教职员工""学生" 10 个特色联机模板，如图 3-6 所示。另外，Access 2007 还为用户提供了"Office Online"上的模板，可以下载更多的模板。利用这些模板可以方便、快速地创建出基于该模板的数据库，这种方法简单，非常适合于初学者使用。通常情况下，在使用数据库向导时，应先从数据库向导提供的模板中找出与所建数据库相似的模板，如果所选择的模板不能满足实际的需要，则可在数据库建立之后，进行修改。

图 3-6　Access 2007 提供的特色联机模板

【例 3-2】从特色模板创建新数据库。

操作步骤：

1）从"开始"菜单或快捷方式启动 Access，出现"开始使用 Microsoft Office Access"窗口。

2）在"开始使用 Microsoft Office Access"窗口的"特色联机模板"下，单击所需模板。

3）在"文件名"框中，输入文件名或使用所提供的文件名。

4）如果要链接到 Windows SharePoint Services 网站，则可以选中"创建数据库并将其链接到 Windows SharePoint Services 网站"，然后单击"创建"按钮。

【例 3-3】在 C 盘"Access 2007 应用例子"文件夹中建立"讲座人员及信息管理"数据库。

操作步骤：

1）启动 Access 2007，出现 Access 2007 窗口，选择"特色联机模板"中的"教职员工"模板，如图 3-7 所示。同时可以进行数据库文件名和保存位置的设置。

图 3-7　选择"教职员工"模板建立数据库

2）单击"下载"按钮，屏幕显示"正在下载模板"对话框，如图 3-8 所示。下载完成后，自动显示"正在准备模板"对话框，如图 3-9 所示。

3）然后，Access 2007 自动显示出教职员工数据库相关对象，如图 3-10 所示。

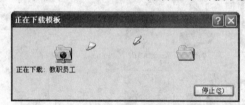

图 3-8　"正在下载模板"对话框

图 3-9　"正在准备模板"对话框

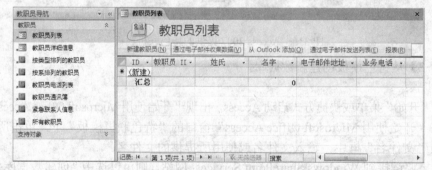

图 3-10　"教职员工"数据库

说明：

在完成上述操作后，"教职员工"数据库的结构框架就建立起来了。但利用"数据库模板"创建的表与实际的需要并不是完全相同，因此需要对所建立的表结构进行修改。

【例 3-4】通过 Microsoft Office Online 模板新建数据库。

操作步骤：

1）从"开始"菜单或快捷方式启动 Access，打开"开始使用 Microsoft Office Access"窗口。

2）在"开始使用 Microsoft Office Access"窗口的"模板类别"窗格中，单击某个类别，当该类别中的模板出现后，单击所需模板。

3）在"文件名"框中，输入文件名或使用所提供的文件名，然后单击"下载"按钮。

3.2.2 打开数据库

如果要打开的数据库名称出现在"开始使用 Microsoft Office Access"窗口界面右侧的"打开最近的数据库"列表中，则用户用鼠标单击该数据库名称，就可以打开数据库。

如果要打开的数据库名称不在"开始使用 Microsoft Office Access"窗口界面右侧列表中，则可以选择"打开最近的数据库"列表中的"更多"选项，弹出"打开"对话框，可在该对话框中选择数据库名称并打开，如图 3-11 所示。启动 Access 2007 后，单击 Office 按钮，在打开的菜单中选择"打开"命令或单击快速访问工具栏上的"打开"按钮，也会弹出"打开"对话框。

图 3-11 "打开"对话框

 说明：

在 Access 2007 的许多实例中都提及罗斯文数据库，如果在 C:\Program Files\Microsoft Office 2007\Office12\SAMPLES 文件夹中找不到"罗斯文 2007"数据库文件，可以先用模板创建一个"罗斯文 2007"数据库文件，然后将其保存在 C:\Program Files\Microsoft Office 2007\Office12\SAMPLES 文件夹中。

罗斯文数据库是一个处理订单的应用程序，操作简便，适合初学者学习。Access 2007 自带的罗斯文 2007 数据库文件，其操作方法如下。

操作步骤：

1）在 C:\Program Files\Microsoft Office 2007\Office12\SAMPLES 文件夹中，双击"罗斯

文 2007.accdb"文件，弹出罗斯文数据库登录对话框，如图 3-12 所示。

图 3-12　罗斯文登录对话框

2）单击"登录"按钮，进入数据库窗口，打开罗斯文数据库主窗口，如图 3-13 所示。

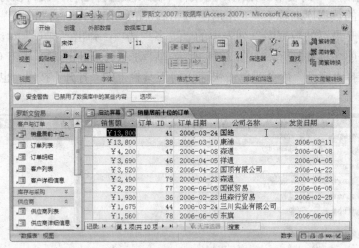

图 3-13　罗斯文数据库主窗口

 说明：

在同一时刻只能打开一个数据库文件。

3.2.3　关闭数据库

当用户完成了对数据库的全部操作并且不再需要使用它时，应将其关闭。关闭数据库常见的方法有以下几种。

1）单击"数据库"窗口右上角的"关闭"按钮。

2）双击"数据库"窗口左上角的"菜单控制图标"；或单击"数据库"窗口左上角的"菜单控制图标"，从弹出的下拉菜单中选择"关闭"命令。

3）执行"文件"→"关闭"菜单命令。

4）使用快捷键<Alt+F4>。

3.3　使用 Access 2007 数据库对象

Access 2007 数据库包括了表、查询、窗体、报表、宏及模块等数据库对象，对于这些对象，经常需要对其进行打开、复制、删除等操作。本节简要介绍如何对这些对象进行操作。

3.3.1 打开数据库对象

如果想要在操作过程中打开数据库的某个对象，则只要在数据库窗口中，单击"对象"栏中要打开的对象类型，然后在左侧的列表中选择要打开的对象，再单击工具栏中的"打开"按钮。

【例 3-5】打开"教学管理"数据库的"政治面貌为团员的查询"查询对象。

操作步骤：

1）打开"教学管理"数据库。

2）在"教学管理"数据库窗口的左侧对象列表中，选择"查询"对象中的"政治面貌为团员的查询"的查询对象，如图 3-14 所示。

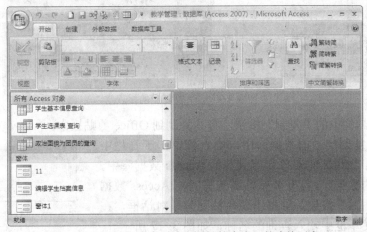

图 3-14　选择"政治面貌为团员的查询"的查询对象

3）单击工具栏中的"打开"按钮，即打开该查询，如图 3-15 所示。或双击"查询学生政治面貌为团员"查询左边的图示，也可以打开该查询。

图 3-15　"政治面貌为团员的查询"查询对象

3.3.2 复制数据库对象

1. 复制 Access 2007 中的数据库对象

【例 3-6】将"教学管理"数据库中的"教师基本情况表"报表，复制一个副本称为"打印教师表"。

操作步骤：

1）打开"教学管理"数据库。

2）在"教学管理"数据库窗口的左侧对象列表中，选择"报表"对象中的"教师基本情况表"报表，如图3-16所示。

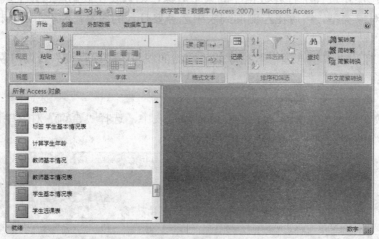

图3-16　选中要复制的报表

3）单击工具栏中的"复制"按钮，将其复制到 Office 剪贴板中。

4）如果要复制到当前数据库中，则直接单击工具栏中的"粘贴"按钮；如果要将对象复制到其他 Access 数据库中，则应关闭当前的数据库，打开要粘贴到的另一个 Access 数据库，再单击"粘贴"按钮，屏幕出现"粘贴为"对话框，在"查询名称"文本框中输入查询的名称，如图3-17所示。

图3-17　"粘贴为"对话框

5）单击"确定"按钮。

 说明：

复制的对象不同，执行"粘贴"操作之后屏幕出现的粘贴对话框也不同。

2. 复制 Access 2007 数据库中表结构或将数据追加到已知表中

在 Access 2007 数据库中，可以复制表结构或者将数据追加到已存在的表中。

【例3-7】将"教学管理"数据库中的"学生基本情况"表，复制一个副本称为"学生情况"。

操作步骤：

1）打开"教学管理"数据库。

2）在"教学管理"数据库窗口的左侧对象列表中，选择"表"对象中的"学生基本情况表"报表。

3）单击工具栏中的"复制"按钮，再单击"粘贴"按钮，屏幕出现如图3-18所示的"粘贴表方式"对话框。

4）在"粘贴选项"中选择"结构和数据"单选按钮，在"表名称"文本框中输入"学生情况"，单击"确定"按钮。

图3-18　"粘贴表方式"对话框

说明：

根据对表的不同要求，选择"粘贴选项"中的不同的项目，来完成不同操作。

【例3-8】将"教学管理"数据库中的"学生基本情况表"报表，追加到"学生情况副本"表中。

操作步骤：

1）打开"教学管理"数据库。

2）在"教学管理"数据库窗口的右侧对象列表中，选择"表"对象中的"学生基本情况表"报表。

3）单击工具栏中的"复制"按钮，再单击"粘贴"按钮，屏幕出现如图3-18所示的"粘贴表方式"对话框。

4）在"粘贴选项"中选择"将数据追加到已有的表（A）"单选按钮，在"表名称"文本框中输入"学生情况副本"，单击"确定"按钮。

3．将Access 2007数据库中对象复制到其他Microsoft Office应用程序中

在Access 2007中，可将表、查询或报表复制到本机的其他Microsoft Office应用程序中进行编辑。

【例3-9】将"教学管理"数据库中的"学生基本情况"表，复制到Microsoft Word编辑窗口中。

操作步骤：

1）打开"教学管理"数据库。

2）在"教学管理"数据库窗口的右侧对象列表中，选择"表"对象中的"学生基本情况"表并打开，选择表中的所有记录，单击"复制"按钮。

3）新建一个Word文档，单击Word工具栏中的"复制"按钮，则"学生基本情况表"中的所有信息被复制到Word文档中。

说明：

复制一个对象就生成一个该对象所有属性的备份。如当复制窗体时，该窗体的格式、源数据、事件、筛选和全部其他属性将与该窗体一同被复制。

3.3.3　删除数据库对象

如果要删除数据库中的对象，则必须首先关闭要删除的数据库对象。

【例3-10】删除"教学管理"数据库中的"团员－查询"查询对象。

操作步骤：

1）打开"教学管理"数据库。

2）在"教学管理"数据库窗口的右侧对象列表中，选择"查询"对象中的"团员－查询"查询对象。

3）按<Delete>键或工具栏中的"删除"按钮，打开如图3-19所示的对话框。

图3-19　"删除查询"对话框

3.3.4　导入数据库对象

Access 2007 可以从其他 Access 数据库中导入表、查询、窗体、报表、宏和模块等对象，该操作实际上就是将 Access 数据从一个 Access 数据库中复制到另一个 Access 数据库中。导入数据库对象的一般过程通过使用"外部数据"选项卡下的"导入"选项组中的命令来实现，该选项组如图 3-20 所示。

图 3-20　"外部数据"选项卡下的"导入"选项组

导入数据库对象的一般操作步骤：

1）在数据库窗口中，切换到"外部数据"选项卡，在"导入"选项组中单击"Access"按钮，弹出"获取外部数据—Access 数据库"对话框，如图 3-21 所示。单击"浏览"按钮，查找 Access 数据库文件。

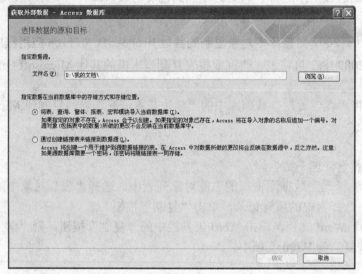

图 3-21　"获取外部数据—Access 数据库"对话框

2）选择完 Access 数据库文件后，单击"确定"按钮，弹出"导入对象"对话框，如图 3-22 所示，在此对话框中选择要导入的对象。

3）选定导入的全部对象后，单击"确定"按钮，开始导入对象。

　说明：

1）如果用户只希望使用 Access 中的数据而不依赖其他程序保存数据，则可以选中"将表、查询、窗体、报表、宏和模块导入当前数据库"单选按钮，将数据导入 Access 2007 数据库中。

2）如果用户依赖源程序更新数据，就可以选择"通过创建链接表来链接到数据源"单选按钮，则将现有数据库中的数据存放在网络服务器上的多用户环境中，此时用户可以共享数据库并创建自己的窗体、报表和其他对象。

3）如果用户要导入包含某一字段的表，则应同时导入该段所引用的表或查询。

4）如果导入的是已经链接的表，Access 2007 将不会导入数据。

　　5）如果要导入或链接的数据库有数据库密码，则在导入之前必须提供密码。

　　6）如果要从同一个 Access 数据库中同时链接两个表，则这两个表在其他数据库中已建立的任何关系将被保留。

　　单击"导入对象"对话框中的"选项"按钮时，该对话框将显示 3 组导入选项，如图 3-23 所示。

　　下面介绍一下关于图 3-23 中所列出的复选框和选项组的相关说明。

　　"关系"复选框：为默认选项，选中该复选框将导入用户为表定义的关系和查询。

　　"菜单和工具栏"复选框：选中该复选框将从数据库中导入全部自定义的菜单和工具栏。

　　"导入/导出规范"复选框：选中该复选框将导入为源数据库设置的全部导入和导出规范。

　　"导航窗格组"复选框：选中该复选框将导入源数据库的导航窗格组。

　　"导入表"选项组：该选项组用于导入表时确定是导入表定义和数据（默认），还是只导入表定义。当要为数据库创建一个空结构时，该选项组很实用。

　　"导入查询"选项组：该选项组用于在导入任何选定的查询时确定是导入作为查询（默认）的查询，还是运行查询后将结果记录集作为一个表导入，将查询作为一个表导入可以创建一个只读的数据库。

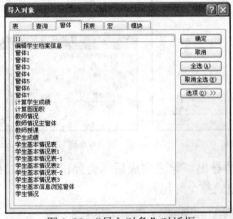

图 3-22　"导入对象"对话框

图 3-23　添加选项后的"导入对象"对话框

　　对于导入 Excel、SharePoint 列表、文本文件、XML 文件等其他类型的文件，其操作方法也与导入 Access 的操作方法类似，此处不再详述。

3.3.5　导出数据库对象

　　数据的导出是数据的导入的相反过程。导出与复制的粘贴的功能相同。数据的导出支持与导入相同的数据格式。导出数据的操作通过"外部数据"选项卡下的"导出"选项组中的各命令来实现，如图 3-24 所示。

图 3-24　"外部数据"选项卡下的
"导出"选项组

1. 导出到已有的 Access 数据库

　　在使用 Access 2007 时，可以将数据库对象导出到已有的 Access 数据库中。

　　【例 3-11】将"教学管理"数据库中的"学生基本情况表"导出到学生管理.accdb 数据库中。
操作步骤：

1）打开"教学管理"数据库，在"导航窗格"中选择"学生基本情况表"，然后切换到"外部数据"选项卡，在"导出"选项组中单击"其他"按钮，打开下拉菜单，选择"Access 数据库"命令。

2）弹出"导出—Access 数据库"对话框，如图 3-25 所示，单击"浏览"按钮，选择要导入的数据库。

3）单击"确定"按钮，弹出"导出"对话框，如图 3-26 所示。在其中可以输入新表的名称（或接受当前的名称），在"导出"对话框中可以选择是同时导入表结构和数据，还是只导入表结构。

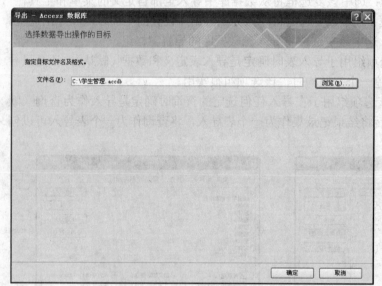

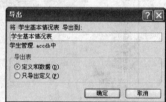

图 3-25 "导出—Access 数据库"对话框

图 3-26 "导出"对话框

4）单击"确定"按钮，即可完成对数据表的导出。导出完成后，会弹出导出成功的提示信息，如图 3-27 所示，单击"关闭"按钮，完成整个导出操作。

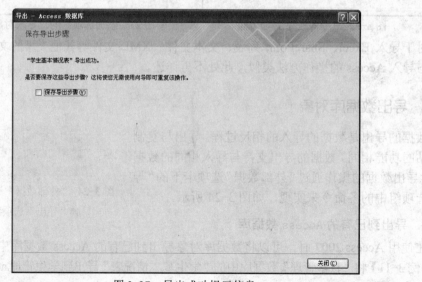

图 3-27 导出成功提示信息

2．导出成其他数据库格式

【例 3-12】将"教学管理"数据库中的"学生基本情况表"导出为"学生情况.dbf"文件。

操作步骤：

1）打开"教学管理"数据库，在"导航窗格"中选择"学生基本情况表"，然后切换到"外部数据"选项卡，在"导出"选项组中单击"其他"按钮，打开下拉菜单，选择"dBASE文件"命令。

2）弹出"导出—dBASE 文件"对话框，单击"浏览"按钮，选择文件保存的位置，在文本框中输入"学生情况.dbf"，同时在"文件格式"下拉列表中，选择"dBASEIII(*.dbf)"选项。

3）单击"确定"按钮，即可完成对数据表的导出。导出完成后，会弹出导出成功的提示信息，单击"关闭"按钮，完成整个导出操作。

3．导出到 Excel 电子表格

【例 3-13】将"教学管理"数据库中的"学生基本情况表"导出为"学生情况.xlsx"文件。

操作步骤：

1）打开"教学管理"数据库，在"导航窗格"中选择"学生基本情况表"，然后切换到"外部数据"选项卡，在"导出"选项组中单击"Excel"按钮，弹出"导出—Excel 电子表格"对话框，如图 3-28 所示。

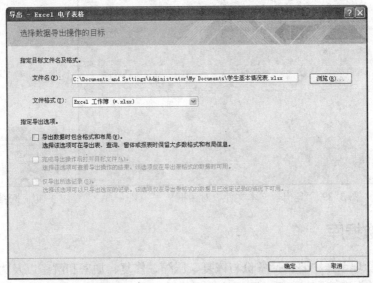

图 3-28 "导出—Excel 电子表格"对话框

2）在"文件格式"下拉列表中，选择"Excel 工作簿(*.xlsx)"选项。

3）在"文件名"文本框中输入文件名"学生情况"（或使用建议的名称），单击"浏览"按钮选择目标对口或文件夹。

4）选中"导出数据时包含格式和布局"复选框，导出数据时将保存数据表的格式和布局等信息。

5）单击"确定"按钮，开始导出，导出完成后，会弹出导出成功的提示信息，单击"关闭"按钮，完成整个导出操作。

4．导出到文本文件

在 Access 2007 操作中，将数据从数据库中导出为文本文件时，将调用导出向导。

【例 3-14】将"教学管理"数据库中的"学生基本情况表"导出为"学生情况.txt"文件。

操作步骤：

1）打开"教学管理"数据库，在"导航窗格"中选择"学生基本情况表"，然后切换到"外部数据"选项卡，在"导出"选项组中单击"文本文件"按钮，弹出"导出－文本文件"对话框，如图 3-29 所示。在"文件名"文本框中输入文件名"学生情况"（或使用建议的名称），单击"浏览"按钮，选择导出文件的位置。选中"导出数据时包含格式和布局"复选框，导出数据时将保存数据表的格式和布局等信息。

2）单击"确定"按钮，弹出选择编码方式的对话框，如图 3-30 所示，此时选择"Windows（默认）"单选按钮。

3）单击"确定"按钮，开始导出，导出完成后，会弹出导出成功的提示信息，单击"关闭"按钮，完成整个导出操作。

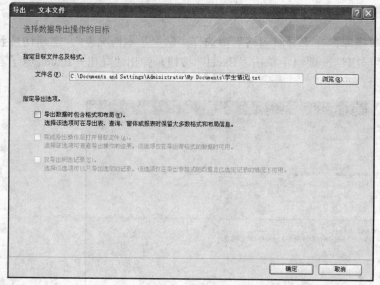

图 3-29 "导出—文本文件"对话框

图 3-30 选择编码方式对话框

3.4 管理数据库

数据库的管理工作主要包括备份与恢复、压缩、修复、加密和解密以及为数据库设置密码等内容。在数据库建立好之后，更好地管理好数据库，高效、安全地使用数据库中的数据，是每个 Access 用户必须面对的一个问题。

3.4.1 设置数据库密码

设置数据库密码可以防止非法用户访问数据库，这是一种非常方便易行的安全措施。这种方法只适合于单用户使用，而且在数据被以"独占"方式打开的情况下才可以进行设置密码操作。Access 2007 在允许用户加密数据库的同时，也提供了修改与删除密码的功能。

【例 3-15】为"教学管理"数据库设置密码。

操作步骤：

1）启动 Access 2007，单击 Office 按钮，在打开的菜单中选择"打开"命令，弹出"打开"对话框，在文件列表框中选择"教学管理"数据库，然后单击"打开"按钮旁边的下三角按钮，选择"以独占方式打开"选项，如图 3-31 所示。

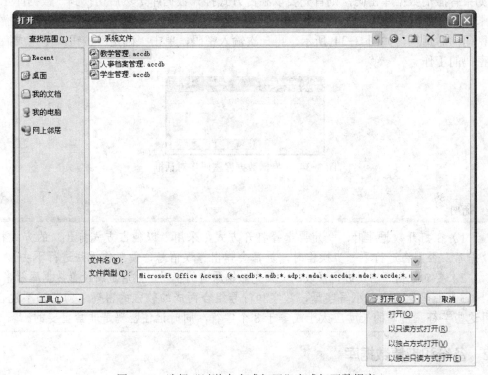

图 3-31　选择"以独占方式打开"方式打开数据库

2）打开数据库后，切换到"数据库工具"选项卡，在"数据库工具"选项组中单击"设置数据库密码"按钮，弹出"设置数据库密码"对话框，如图 3-32 所示。

图 3-32　"设置数据库密码"对话框

3）在"密码"文本框中输入数据库密码，然后在"验证"文本框中重新输入密码进行验证，单击"确定"按钮，完成对数据库密码的设置。

 说明：

Access 2007 为确保密码的隐蔽性，在输入过程中，所有的字符都以"*"显示。

数据库密码设置完成后，如果要打开该数据库，则会弹出"要求输入密码"对话框，如图 3-33 所示。用户在输入正确的密码之后，才能打开数据库。

图 3-33 "要求输入密码"对话框

如果有撤消数据库密码，则首先要以独占方式打开数据库，然后切换到"数据库工具"选项卡，在"数据库工具"选项组中单击"解密数据库"按钮，Access 2007 会弹出"撤消数据库密码"对话框，如图 3-34 所示，再一次输入密码，单击"确定"按钮，便完成撤消数据库密码的工作。

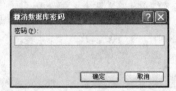

图 3-34 "撤消数据库密码"对话框

说明：

1）在打开数据库时，一定要选择打开方式，采用"以独占方式打开"的方式打开数据库。否则在进行下一步操作时，屏幕会弹出错误信息，使工作无法进行下去。

2）要对数据库密码进行修改，必须先撤销原有的密码，然后重新设置数据库新密码。

3）密码是由大、小写字母、数字和符号组合而成的较强的密码；弱密码不混合使用这些字符。密码的长度应大于或等于 8 个字符，同时记住密码是非常重要的。

3.4.2 备份和恢复数据库

为了降低数据损坏的风险，应保留数据库的备份。在备份之前，应关闭 Access 数据库。如果在多用户环境下，则要确定所有用户均关闭数据库。

备份数据库的常用方法有以下几种：

1）使用资源管理器将所需要备份的数据库文件复制到另一个磁盘驱动器中。

2）在"我的电脑"中找到所需要备份的数据库文件，选择该数据库文件并单击鼠标右键，从弹出的快捷菜单中选择"发送"命令，将数据库复制到移动储存设备中。

3）使用 Windows XP 下的"备份与还原向导"或其他备份软件，将数据库复制到其他存储介质上。

说明：

1）如果数据库的文件夹中已有的 Access 数据库文件和备份副本有相同的名称，则还原的备份数据库可能会替换已有的文件。如果要保留已有的数据库文件，则应在复制备份数据库之前先为其重命名。

2）如果数据库采用用户级安全机制，那么还应创建工作组信息文件的备份。如果该文件丢失或损坏，则将无法启动 Access，只有还原或更新该文件后才能启动。也可以通过创建空数据库，然后从原始数据库中导入相应的对象，来备份单个的数据库对象。

3.4.3　压缩和修复数据库

当数据库中的对象被删除或者表中的记录经过添加、删除等操作，这样会在磁盘中增加磁盘碎片，进而浪费宝贵的存储空间、减慢系统的运行速度。为了解决这一实际问题，Access用户可以定期对数据库进行压缩，更好地利用磁盘空间，提高系统运行速度。

为了压缩和修复 Access 数据库，用户必须对该 Access 数据库拥有"打开/运行"和"以独占方式打开"的权限。

1. 压缩和修复当前 Access 数据库

操作步骤：

1）如果要压缩位于服务器或共享文件夹上的共享 Access 数据库，则需要确保没有其他用户打开它。

2）单击快速访问工具栏上通过自定义方式添加的"压缩和修复数据库"按钮即可。

2. 压缩和修复未打开的 Access 数据库

操作步骤：

1）关闭当前 Access 文件，如果要压缩位于服务器或共享文件夹上的共享 Access 数据库，需要确保没有其他用户打开它。

2）单击快速访问工具栏上通过自定义方式添加的"压缩和修复数据库"按钮，打开"压缩数据库来源"对话框，如图 3-35 所示。

图 3-35　"压缩数据库来源"对话框

3）在"压缩数据库来源"对话框中选择要压缩的数据库，然后单击"压缩"按钮。

4）在弹出的如图 3-36 所示的"将数据库压缩为"对话框中，为压缩的 Access 文件指定名称、驱动器和文件夹。

5）单击"保存"按钮，Access 开始对数据库进行压缩。

如果使用相同的名称、驱动器和文件夹，并成功地压缩了 Access 数据库，则 Access 会用压缩的版本替换源文件。

图 3-36 "将数据库压缩为"对话框

3．每次关闭 Access 数据库时对其进行压缩和修复

操作步骤：

1）打开想要 Access 自动压缩的 Access 数据库或 Access 项目。

2）单击"Office"按钮，在打开的菜单中单击"Access 选项"命令。

3）在弹出的"Access 选项"对话框中打开"当前数据库"选项卡。

4）选中"应用程序选项"选项组中的"关闭时压缩"复选框，如图 3-37 所示。

5）单击"确定"按钮即可。

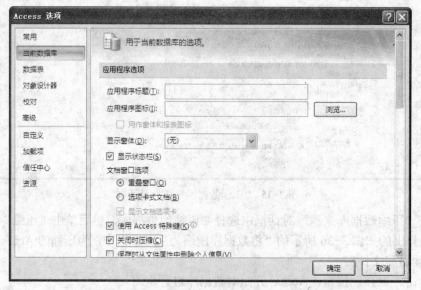

图 3-37　Access 选项卡中"关闭时压缩"复选框设置

 说明：

> 1）用户可以通过按<Ctrl+Break>组合键或<ESC>键来中止压缩和修复过程。
> 2）如果用户用原有的数据库文件名称作为压缩之后的数据库文件名称，则系统会弹出一个如图3-38所示的提示框，用户可以根据实际的需要进行选择操作。
> 3）Access 用户在使用数据库时，有时可能会发生断电或其他意外事故，数据库可能被损坏。一般情况下，当用户打开被损坏的数据库时，Access 能自动探测并修复已损坏的数据库。

图 3-38 "Microsoft Office Access" 提示框

 **本章小结**

本章主要介绍了创建的数据库设计原则与设计步骤，创建 Access 2007 数据库的基本方法和步骤，数据库的打开与关闭方法；数据库中不同对象的操作方法，包括对象的复制、删除、对象的导入、对象的导出等操作；同时还介绍了数据库加密与解密、备份与恢复、压缩与修复等操作。通过学习，读者对 Access 2007 数据库有初步了解，为学习其他各章节内容做准备。

 习题

1．填空题

1）压缩数据库，节约数据库占有的_____。

2）在高版本的 Access 数据库中，不能_____低版本 Access 数据库。

3）修复数据库，可以恢复因_____而受到破坏的数据库。

4）数据库是存储在计算机存储设备上，具有某一特定目的的一组_____的集合。

2．选择题

1）为了合理地组织数据，应遵守的设计原则是（ ）。

    A. 概念单一化"一事一地"的原则

    B. 避免在表中出现重复字段

    C. 表中字段必须是原始数据和基本数据元素

    D. 以上各条原则都包括

2）在 Access 2007 中，空数据库是指（ ）。

    A. 没有基本表的数据库

B. 数据库中数据是空的

C. 没有窗体、报表的数据库

D. 没有任何数据库对象的数据库

3）在对数据库进行设置密码时，需要对数据库使用（ ）方式进行打开。

A. "以只读方式打开" B. "以独占方式打开"

C. "以独占只读方式打开" D. "打开"

4）Access 2007 数据库管理系统根据用户的不同需要，提供了使用数据库向导和（ ）两种方法创建数据库。

A. 创建空数据库 B. 系统定义

C. 特征定义 D. 范本

5）数据库设计有两种方法，它们是（ ）。

A. 概念设计和逻辑设计

B. 模式设计和内模式设计

C. 面向数据的方法和面向过程的方法

D. 结构特征设计和行为特征设计

6）关于获取外部数据，叙述错误的是（ ）。

A. 导入表后，在 Access 中修改、删除记录等操作不影响原数据文件

B. 链接表后，Access 中对数据所做的改变都会影响原数据文件

C. Access 中可以导入 Excel 表、其他 Access 数据库中的表和 dBASE 数据库文件

D. 链接表链接后形成的表的图标为 Access 生成的表的图标

7）Access 2007 在同一时间可以打开数据库的个数为（ ）。

A. 1 B. 2 C. 3 D. 4

3. 简答题

1）创建 Access 2007 数据库有哪几种方法？

2）试说明使用向导创建数据库的步骤。

3）打开和关闭数据库通常有哪几种方法？

4）在数据库设计过程中，需要遵循什么设计原则？

5）Access 2007 初始界面可以分为哪几个部分？各部分的功能是什么？

4. 操作题

1）创建一个空白的"职工档案管理系统"数据库，并将其保存为"职工档案管理系统.acced"。

2）将新建立的"职工档案管理系统"数据库进行密码设置，其密码为"abc"。

第 4 章　创建与维护表

学习目标

知识：1）表对象管理；

　　　2）数据表之间的关系及参照完整性。

技能：1）掌握表的创建和管理方法；

　　　2）掌握表的编辑方法；

　　　3）掌握数据的编辑方法。

表是 Access 2007 最基本的对象，它的作用是用来存储数据。创建表是构造数据库管理系统的基础，Access 的各种数据都是建立在数据表的基础上的，在一个数据库中允许包含多个表，各个表之间既是独立的又是有联系的。在完成了数据库系统的设计之后，首先要根据设计的需要创建表。本章将详细介绍如何创建和维护 Access 2007 的数据表的方法。

4.1　创建表

创建了空的数据库后，就需要向数据库中添加对象，其中最基本的对象就是表。创建表的方法有多种，使用表模板、表设计器和通过输入数据都可以建立表。其中，表模板能引导用户一步一步地完成创建表的过程，同时为用户提供了一些表的模板供选择，对这些模板进行适当修改就可以创建一个新表。

4.1.1　创建新表

1. 使用模板创建表

表模板提供了 5 类表：联系人、任务、问题、事件和资产。每一种表模板都包含了许多实用的字段。用户可以从中选择自己需要的字段，将不需要的字段进行删除。

【例 4-1】利用联系人模板创建表。

操作步骤：

1）打开要创建表的数据库。

2）在数据库窗口中，切换到"创建"选项卡，在"表"选项组中单击"表模板"按钮，然后在打开的下拉菜单中选择一个模板，如图 4-1 所示。

3）选择表模板列表中的"联系人"选项，打开一个联系人表，如图 4-2 所示。

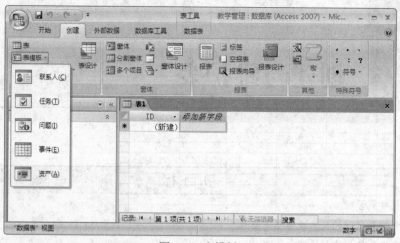

图 4-1　表模板

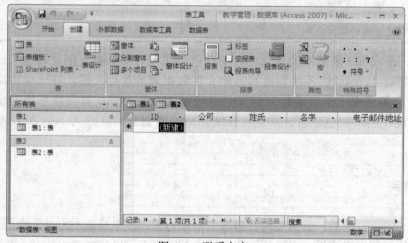

图 4-2　联系人表

4）如果所提供的表中有不需要的字段，则可以选择表标题并单击鼠标右键，在弹出的快捷菜单中选择"设计视图"命令，弹出"另存为"对话框，在对话框中输入表名，如图 4-3 所示。

图 4-3　"另存为"对话框

单击"确定"按钮，同时弹出该表的设计视图，如图 4-4 所示。在表设计视图中可以对表的字段以及相应的字段类型进行添加、更改和删除等操作，同时还可以重新设置主键。

 说明：

1）在表设计视图中选择某个字段并单击鼠标右键，在弹出的快捷菜单中选择相关的命令，如剪切、复制、粘贴、插入行、删除行等操作命令，完成对表结构的修改。

2）在设计视图中，字段名不能为空。

3）退出设计视图时，需要对所创建的表进行保存。

4）在数据表视图中，字段名可以有空格；在设计视图中，字段名不可以有空格。

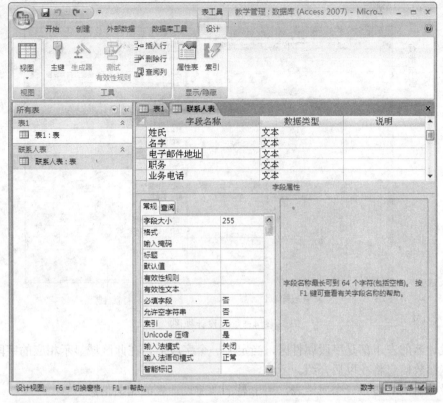

图 4-4　表设计视图

2. 使用设计视图创建表

使用模板可以创建数据库表，但当模板不能满足用户需要的字段时，用户需在表设计视图中重新创建表。用户可以根据自己需要的字段，在设计器中进行表的创建。

在数据库窗口中切换到"创建"选项卡，在"表"选项卡中单击"表设计"按钮，直接打开新建表的设计视图，如图 4-5 所示。

（1）表设计器简介

要使用表设计器创建表，首先要了解与表设计器相关的一些知识，包括表设计器的结构、字段及数据类型、字段属性等。表设计器包括表设计器视图和"表工具"→"设计"选项卡两个部分。

1）表设计器视图。在表设计视图的最上方是标题栏，用于显示打开表的名称；表设计视图上半部分的表格用于设计表中的字段，表格的每一行由 4 个部分组成，最左边灰色的小方块为行选择区，当用户移动鼠标到某一行时，对应的行选择区会出现深色方块——"行指示器"，用于指明当前操作行。表设计器有 3 列，分别为"字段名称""数据类型"和"说明"。用户可以在"字段名称"列中输入所需要的字段名称；当光标移到"数据类型"列时，该列右侧会出现一个下三角按钮，单击该按钮，在打开的下拉列表中显示所有可用的数据类型，用户可以根据需要指定数据类型；在定义完字段名称和字段类型之后，用户可以在"说明"列中输入相应的字段说明文字，用于增加字段的可读性，说明文字也可以不写。

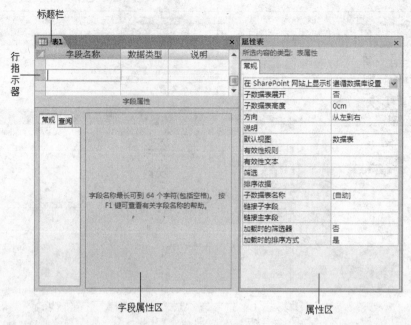

图 4-5 表设计视图

表设计器的左下部是字段属性区，当定义一个字段后，在此区域显示相应的字段特征参数。这些参数信息将在以后介绍。

表设计器的右边是一个属性表，用于显示当前设计表的相关信息。

2）"表工具"→"设计"选项卡。如图 4-6 所示。

图 4-6 "表工具"→"设计"选项卡

当用户打开表设计器时，Access 2007 会自动打开此选项卡，其各个按钮的功能如下。

①"视图"按钮：单击该按钮，将弹出下拉式菜单，菜单包括"数据表视图""数据透视表视图""数据透视图视图"和"设计视图" 4 项功能。Access 2007 中每个数据表都有这 4 种显示状态。"数据表视图"用于显示、输入、修改表中的记录；"数据透视表视图"用于对选定的字段进行计算；"数据透视图视图"用于将所选定字段的数据显示在一个全局图表中；"设计视图"用于修改表的结构。通过单击不同按钮进行 4 种显示状态之间的切换。

②"主键"按钮：选中一个或多个字段，并单击该按钮，就可以把选定的字段设置为主键。要用多个字段作为主键，只需按住<Ctrl>键的同时，用鼠标选择所需字段，单击此按钮即可。

③"生成器"按钮：当在字段的"有效性规则"文本框中输入规则时，"生成器"按钮被激活，单击此按钮，弹出"表达式生成器"文本框，用于生成有效性规则表达式。

④"测试有效性规则"按钮：单击此按钮，将测试数据表的有效性规则，并测试一种所

有输入数据的 Required 和 AllowZeroLength 属性。有效性规则限制用户在给定字段中可以输入哪些内容，还帮助确保用户输入正确的数据类型或数据量。有效性规则可以包含表达式，如返回单个的函数。用户可以使用表达式执行计算、操作字符或测试数据。在创建有效性规则时，主要使用表达式来测试数据。

⑤ "插入行"按钮：单击该按钮，可以在数据表设计视图中的两个字段之间添加新字段。

⑥ "删除行"按钮：单击该按钮，可以在数据表设计视图中删除字段。

⑦ "查阅列"按钮：单击该按钮，弹出"查阅向导"对话框，可以创建一个查阅列。

⑧ "属性表"按钮：单击该按钮，Access 2007 将打开表的"属性表"窗格，用于指定表的属性，其使用方法将在后面详述。

⑨ "索引"按钮：单击该按钮，Access 2007 将打开当前表的"索引"窗口。

（2）操作步骤

1）打开要创建表的数据库。

2）单击"创建"选项卡。

3）单击"表设计"按钮，弹出"表设计视图"窗口，如图 4-5 所示。

在设计视图窗口中输入表所要设定的字段名称、数据类型、说明和字段属性等信息，其中字段名称、数据类型为必须设置的。

4）单击工具栏中的"保存"按钮，弹出"另存为"对话框，在对话框中输入新表的名称。

5）在前面的操作中没有指定主键，因此，屏幕上显示"Microsoft Office Access"创建主键提示框，如图 4-7 所示。

图 4-7 "Microsoft Office Access"创建主键字提示框

6）单击"是"按钮，Access 为新创建的表建立一个具有"自动编号"类型的字段作为主键，这种主键字的取值自动从 1 开始增加；单击"否"按钮，不建立"自动编号"主键；单击"取消"按钮，放弃保存表的操作，这里单击"是"按钮。

7）单击"确定"按钮，Access 自动保存新建立的表。

 说明：

采用表的设计视图方式创建表结构，允许用户采用自定义方式建立表结构。

3．通过输入数据创建表

【例 4-2】利用输入数据创建表。

操作步骤：

1）打开要创建表的数据库。

2）单击"创建"选项卡。

3）单击"表"按钮，弹出"数据表视图"窗口，同时对各字段输入相关内容，如图 4-8 所示。

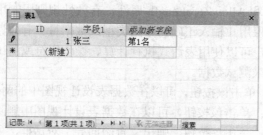

图 4-8 数据表视图

4）单击工具栏中的"保存"按钮，弹出"另存为"对话框，在对话框中输入新表的名称。

 说明：

采用这种方式建立的新表其字段名依次为"字段 1""字段 2""字段 3"……而且字段的数目及其数据类型由输入的记录决定，这样并不能满足实际工作的需要。

4. 使用已有的数据创建表

可以通过导入其他信息来创建表，可以导入来自 Excel 工作表、SharePoint 列表、XML 文件、其他 Access 数据库、Outlook 2007 文件夹以及其他数据源中存储的信息。

【例 4-3】将"学生信息.xls"导入"教学管理"数据库中。

操作步骤：

1）打开"教学管理"数据库，在"外部数据"选项卡中的"导入"选项组中选择"Excel"选项，弹出"获取外部数据—Excel 电子表格"对话框，单击"浏览"按钮，选择要导入的 Excel 表，选择"学生信息.xls"，单击"浏览"按钮，如图 4-9 所示。

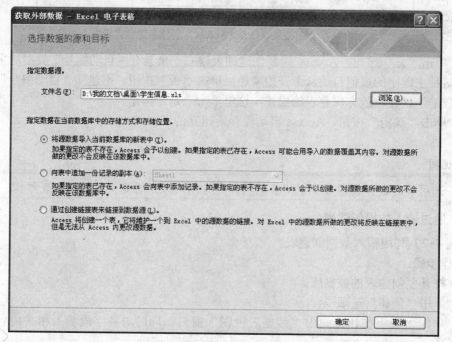

图 4-9 "获取外部数据—Excel 电子表格"对话框

2）单击"确定"按钮后，弹出"导入数据表向导—选择工作表"对话框，此时有 3 个工作表，选择 Sheet1 工作表，单击"下一步"按钮，如图 4-10 所示。如果只有一个工作表时，则显示将第一行作为字段，单击"下一步"按钮即可。

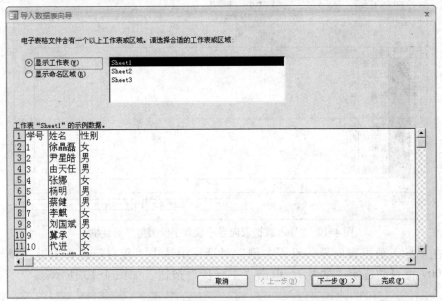

图 4-10 "导入数据表向导—选择工作表"对话框

3）在"导入数据表向导—设置列标题"对话框中勾选"第一行包含列标题"复选框，单击"下一步"按钮，如图 4-11 所示。

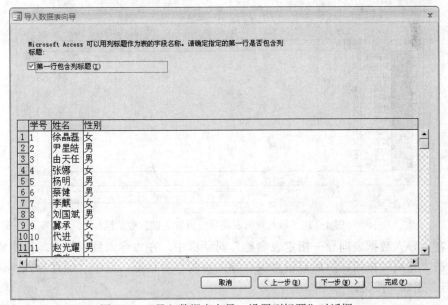

图 4-11 "导入数据表向导—设置列标题"对话框

4）在"导入数据表向导—设置字段类型"对话框中指定"学号"字段的数据类型为"文本""索引"为"有（无重复）"。然后依次设置其他字段信息，单击"下一步"按钮，如图 4-12 所示。

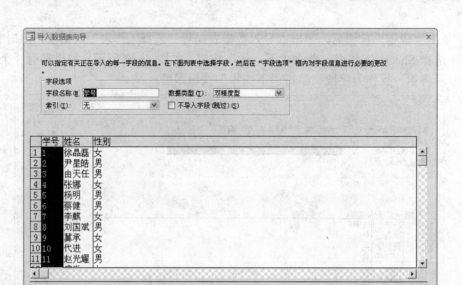

图 4-12 "导入数据表向导—设置字段类型"对话框

5）在"导入数据表向导—设置主键"对话框中选中"我自己选择主键"单选按钮，Access 2007 将自动选定"学号"，单击"下一步"按钮，如图 4-13 所示。

图 4-13 "导入数据表向导—设置主键"对话框

6）在"导入数据表向导—指定表名称"对话框中，在"导入到表"文本框中输入"学生"，单击"完成"按钮。然后显示"保存导入步骤"对话框，选中"保存导入步骤"复选框，单击"完成"按钮。

 说明：

"保存导入步骤"是 Access 2007 新增加的功能，对于经常进行相同导入操作的用户，可以导入步骤进行保存，下一次可以快速完成同样的导入。

4.1.2　表的字段名及其说明

1．字段名称

字段是表的最基本存储单位，给每一个字段命名可以方便地使用和标识字段，字段名称在一个表中是唯一的。

在 Access 中，字段名称应遵循如下的命名规则：

1）字段名称的长度最多为 64 个字符。

2）字段名称可以包含字母、汉字、数字、空格和其他字符。

3）不能将空格作为字段名的第一个字符。

4）不准使用控制字符。

5）字段名称中不能包含句号（。）、方括号（[ ]）、惊叹号（！）。

2．字段说明

字段说明主要用于帮助用户了解字段的用途、数据的输入方式以及字段对输入格式的设置等。在显示表中数据时，字段说明信息总是显示在状态栏中。

4.1.3　表的字段类型

在设计表的结构时，必须要定义表中各个字段的数据类型，它会决定该字段中存储的数据类型。Access 常见的数据类型有 11 种，分别为文本、备注、数字、日期/时间、货币、自动编号、是/否、OLE 对象、超链接、附件、查询向导。用户在掌握各类型数据的特点后，对设计表结构是很有帮助的。

1．文本

文本（Text）数据类型适用于存储具有可确定长度的字符集，如姓名、住址等，也可以是不需要进行计算的数字，如电话号码、身份证号、邮编等。Access 默认文本型字段大小为50 个字符，文本型字段最多可存储 255 个字符。设置"字段大小"属性可以控制能输入的最大字符长度，如果其长度大于 255 则可以采用备注数据类型。

2．备注

备注（Memo）数据类型适合于存储具有较难确定字符长度的数据集，解决了文本类型长度不能大于 255 个字符的限制。如档案管理中的个人简历。与文本类型一样，备注可以存储文本、数字，它允许最多存储 64KB 的内容。虽然备注数据类型具有很大的灵活性，但对保存数字和字符类型的数据来说，指定备注数据类型是不合适的，这是由于 Access 不能对备注类型数据进行排序或索引，但对于文本或数字却可以进行排序或索引。因此，在文本或数字没有超过最大范围时，不要采用备注类型。

3．数字

数字（Number）数据类型用来存储进行算术运算的数字数据。一般通过设置"字段大小"属性，同时定义一个特定的数字类型，其不同类型的取值范围见表 4-1。

表 4-1   "数字"数据类型的"字段大小"属性

属 性 值	数 值 范 围	小 数 位	所占字节
字节（Byte）	0～255	无	1
整型（Integer）	–32 768～32 767	无	2
长整型（Long Integer）	–2 147 483 648～2 147 483 647	无	4
单精度型（Single）	$–34×10^{38}～34×10^{38}$	7	4
双精度型（Double）	$–1.797×10^{308}～1.797×10^{308}$	15	8
同步复制 ID（Replication ID）	全局唯一标识符（GUID）	无	16
小数（Decimal）	$–10^{38}–1～34×10^{38}–1$	28	12

4．日期/时间

日期/时间（Date/Time）数据类型用来存储日期、时间或日期时间组合形式，每个日期/时间字段需要占用 8 字节的存储空间。

5．货币

货币（Currency）数据类型适合于存储具有货币格式的数值，是一种特殊类型的数字数据类型。当向货币字段输入数据时，不必输入美元符号和千位分隔符，Access 会自动显示这些符号，并添加两位小数到货币字段中。

6．自动编号

对于自动编号（Auto Number）数据类型非常特殊，适合存储整数型顺序号。每次向表中添加新记录时，Access 会自动插入唯一顺序号。

 说明：

> 每个表中只能包含一个自动编号字段，不能对自动编号字段人为地指定数值或修改其数值。

7．是/否

是/否（Yes/No）数据类型是针对存储只具有两种不同值的字段而设定的，如人的性别、婚姻状况的已婚未婚等，有时又被称为"布尔"型数据。

8．OLE 对象

OLE 对象（OLE Object）数据类型适合存储多媒体数据，如图像、图表、声音、视频等。OLE 对象数据最大为 1GB，它受磁盘空间的限制。在窗体或报表中必须使用"绑定对象框"来显示 OLE 对象。

9．超链接

超链接（Hyperlink）数据类型是用来存储超级链接地址。超级链接地址由 3 个部分组成（在字段或控件中显示的文本、到文件或页面的路径以及在文件或页面中的地址），最多可包含 2024 个字符。在字段或控件中插入超级链接地址最简单的方法是执行"插入"菜单中的"超链接"命令。

10. 附件

该类型使用附件（Attachment）字段将多个文件（如图像）附加到记录中。例如，某个数据库中有一个人员表，可将每个人的照片附加上。

11. 查询向导

查询向导（Lookup Wizard）数据类型利用向导为选定的字段在数据表视图中设置组合框或列表框的显示方式。如，当为某个字段设置"查询向导"类型时，Access 会弹出"查询向导"对话框，利用向导引导用户为该字段在数据表视图中设置组合框或列表框的显示方式。

4.1.4　字段属性

前面已经介绍了关于字段的字段名、字段的说明以及字段的类型等知识，之后 Access 就会要求用户对字段的属性进行相应的设置。对于不同的字段来说其属性可以是各不相同的。

1. 字段属性的种类

在 Access 字段的属性区域中设置了两个选项卡，即"常规"和"查阅"，具体说明见表 4-2。

表 4-2　字段属性

属　　性	适　用　范　围
字段大小（Field Size）	定义"文本""数字""自动编号"数据类型时使用
格式（Format）	定义数据的显示格式和打印格式
输入掩码（Input Mask）	定义数据的输入格式
小数位数（Decimal Places）	定义数值的小数位
标题（Caption）	在数据表视图、窗体和报表时要替换的字段名
默认值（Default Value）	定义字段的默认值
有效性规则（Validation Rule）	定义字段的校验规则
有效性文本（Validation Text）	当输入或修改的数据没有通过字段的有效性规则时，所要显示的信息
必填字段（Required）	确定数据是否必须填写到字段中
允许空字符串（Allow Zero length）	定义"文本""备注""超链接"数据类型时是否允许输入零长度的字符
索引（Indexed）	确定是否建立单一字段的索引
新值（New Values）	定义"自动编号"数据类型时数据递增方式
输入法模式（IME Mode）	定义焦点移动至字段时是否开启输入法
Unicode 压缩（Unicode）	定义是否允许对"文本""备注""超链接"数据类型字段进行 Unicode 压缩

2. 字段"格式"属性的使用

"格式"属性用于定义数据的显示格式和打印格式，Access 为某些数据类型的字段定义了"格式"属性，"格式"属性不会影响数据的存储和输入。

Access 为"格式"属性提供了特殊的格式化符号，"格式"属性适用于"文本""数字""货币""日期/时间""是/否""备注"等数据类型。

（1）为"文本"和"备注"数据类型字段设置"格式"属性

【例 4-4】"教学管理"数据库中的"学生基本情况表"中的"家庭电话"字段的格式"属

性",输入"02412345678"后,自动显示为(024)—12345678。

操作步骤:

1)在"教学管理"数据库中,以数据表视图方式打开"学生基本情况表"。

2)选择"家庭电话"字段后,选择"格式"选项卡中的格式属性框,在格式文本框中输入"(@@@)-@@@@@@@@"。

3)单击工具栏中"保存"按钮,对表结构的修改进行保存。

(2)为"是/否"数据类型字段设置"格式"属性

【例 4-5】"教学管理"数据库中的"学生基本情况表"中的"性别"字段设置了"是/否"类型,如图 4-14 所示。为了更加直观地进行显示出"男""女"性别格式,应进行如下设置。在设计视图的"查阅"选项卡中将"显示控件"属性设置为"文本框",在"格式"属性框中设置为:"男";"女",显示如图 4-15 所示。

学号	姓名	性别	班级
20110001	曲波	☑	计算机1131
20110002	张海平	☐	计算机1133
20110003	吴东	☐	计算机1131
20110004	钱士鹏	☐	计算机1132
20110005	王晓君	☑	计算机1131
20110006	方洪进	☐	计算机1132

图 4-14 显示"性别"为复选框

学号	姓名	性别	班级
20110001	曲波	女	计算机1131
20110002	张海平	男	计算机1133
20110003	吴东	男	计算机1131
20110004	钱士鹏	男	计算机1132
20110005	王晓君	女	计算机1131
20110006	方洪进	男	计算机1132

图 4-15 显示"性别"为"男"或"女"

如果在"格式"属性框中设置为:"男"[红色];"女"[蓝色]形式,则在"性别"字段所在的列中显示"男"为红色,"女"为蓝色。

说明:

在"格式"属性框中设置为:"男";"女"形式,而在重新查看"格式"属性框中时,在"格式"属性框中显示为:"\男;\女"形式,这两种方式均可,效果是相同的。

【例 4-6】将"教学管理"数据库中的"学生基本情况表"中的"出生日期"字段的"格式"设置为"中日期"。

操作步骤:

1)在"教学管理"数据库窗口中,选择"表"对象。

2)选择"学生基本情况表",然后单击"设计"按钮,屏幕出现表设计视图。

3)在表设计视图中,选择"出生日期"字段行,此时在"字段属性"区中显示该字段的所有属性。

4)在字段的"格式"属性项,选择"日期/时间"格式中的"中日期"。

说明:

"格式"属性只影响数据的显示格式,并不影响数据在表中的存储。显示格式只是在输入的数据被保存之后才应用。如果要让数据按输入时的格式进行显示,则不要设置"格式"属性,而应设置数据的输入掩码。

3.字段中"掩码"的使用

"输入掩码"属性主要用于定义数据的输入格式以及在输入数据的某一位上允许输入的

数据类型，"输入掩码"主要用于"文本"和"日期/时间"数据类型的字段。

【例 4-7】为"教学管理"数据库中的"学生基本情况表"中的"出生日期"字段设置"输入掩码"。

操作步骤：

1）在表设计视图器中选择要建立输入掩码的字段，单击"常规"选项卡，单击"输入掩码"文本框相邻的"掩码生成器"按钮，如图 4-16 所示。

2）出现如图 4-17 所示的"输入掩码向导"对话框，在对话框中可以直接从列表框选择要应用的掩码格式。如果要创建自定义掩码，则单击"编辑列表"按钮，可以自定义输入掩码格式。

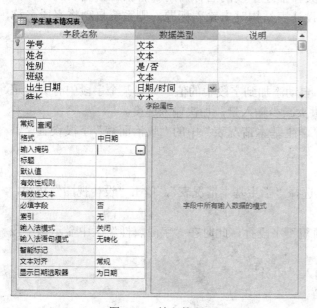

图 4-16　输入掩码

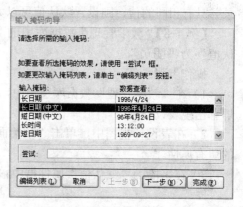

图 4-17　"输入掩码向导"对话框

3）在"输入掩码向导"对话框中选择一种合适的格式后，单击"下一步"按钮，打开输入掩码格式的第二个对话框，如图 4-18 所示，用户可以确定是否要更改输入掩码，并指定需要显示的占位符。

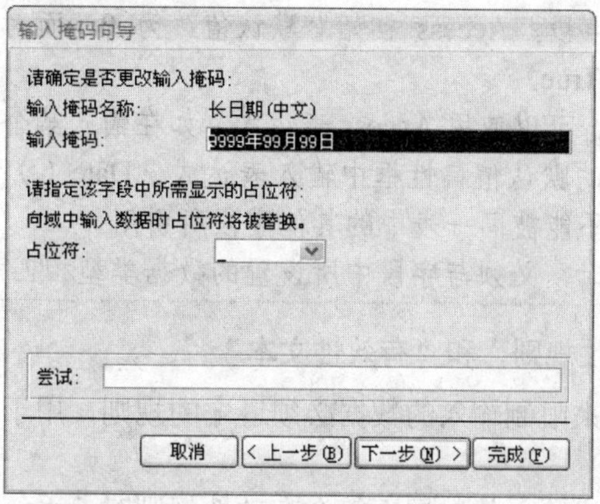

图 4-18　输入掩码格式及占位符

4）单击"下一步"按钮，打开"输入掩码向导"的最后一个对话框，单击"完成"按钮，即完成输入掩码格式设置。

 说明：

> 如果为某个字段同时定义了"格式"属性和"输入掩码"，则在该字段存储的数据被显示时"格式"属性生效；在为该字段输入数据时，"输入掩码"生效。

4．字段中的"标题"

用户可以为字段定义另一个标题，具体描述字段的名称，用于替换在数据表视图、报表或窗体中显示的相应字段名。如果在设计表结构时未输入标题，则系统自动将字段名称作为标题。

5．字段中的"默认值"的使用

"默认值"属性是录入新字段值时，自动添加到字段中的值。如果某个字段中有大量记录并具有相同的值，则设置默认值可以大大减少输入量，加快输入速度。

【例4-8】"教学管理"数据库中的"学生基本情况表"中的"政治面貌"字段设置"默认值"为"团员"。

操作步骤：

1）在"教学管理"数据库窗口中，选择"学生基本情况表"，单击"设计视图"按钮，屏幕出现表设计视图。

2）在表设计视图中，单击"政治面貌"字段行，此时在"字段属性"区中显示该字段的所有属性。

3）在字段的"默认值"属性框中输入"团员"。

 说明：

> 默认值是在新记录被添加到表中时自动为字段设置的，它可以是与字段数据类型相一致的任何值。输入文本值时，不加引号也是可以的，系统会自动加上引号。
>
> 对于"文本"和"备注"类型字段，Access 初始"默认值"为 Null（空），对于"数值"和"货币"类型字段，Access 初始"默认值"为 0，而对于"是/否"类型数据，其初始"默认值"为 True。
>
> 在设置默认值时，可以使用 Access 表达式，如在输入某个日期/时间字段时插入系统日期，可在该字段的默认值属性框中输入表达式：Date（）。一旦某一个表达式被用来定义默认值，它就不能被同一表中的其他字段所引用。
>
> 设置默认值属性时，必须与字段中所设置的数据类型相匹配，否则会出现错误。

6．字段中的"有效性规则"和"有效性文本"

"有效性规则"是用来限制输入的数据必须遵守的规则，用于限制字段的取值范围，确保输入数据的合理性。

"有效性文本"是指当输入的数据不符合有效性规则时，系统提示的错误信息。如果未设置"有效性文本",则将按默认的系统信息进行提示。

【例4-9】"教学管理"数据库中的"学生基本情况表"中的"政治面貌"字段设置"有效性规则"和"有效性文本"属性。

操作步骤:

1)在表的设计视图中选择要建立有效性规则的字段,单击"有效性规则"文本框相邻的"表达式生成器"按钮,打开"表达式生成器"对话框。

2)在表达式生成器文本框中直接输入有效性规则。在表达式生成器中列出了最常用的一些运算和关系符,可单击它们或通过键盘直接输入,在表达式生成器文本框中输入[政治面貌]="团员" or [政治面貌]="群众" or [政治面貌]="党员",如图4-19所示。

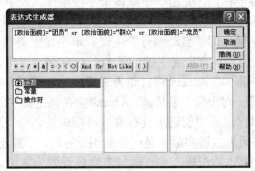

图4-19　在"表达式生成器"对话框中输入有效性规则

3)单击"确定"按钮,完成"有效性规则"设置。

4)在"有效性文本"文本框中输入"政治面貌信息输入有误,请重新输入。"

5)单击工具栏中的"保存"按钮,屏幕弹出Microsoft Office Access提示框,如图4-20所示。

图4-20　"Microsoft Office Access"关于"有效性规则"提示框

6)单击"是"按钮,就完成了对"政治面貌"的"有效性规则"和"有效性文本"的属性设置。

 说明:

在表达式生成器的输入框中所输入的除汉字之外的所有字符必须在英文半角状态下输入。

7. 字段中的"必填字段"属性

"必填字段"属性允许用户规定数据是否必须被输入到字段中,即字段是否允许有Null值。如果字段必须被输入到字段中,即不允许有Null值,则应设置为"必填字段"属性值为"是"。"必填字段"属性值是一个逻辑值,默认值为"否"。

8．字段中的"允许空字符串"的属性

"允许空字符串"属性用于定义"文本"和"备注"数据类型的字段是否允许空字符串（" "）输入。如果允许，则应将空字符串（" "）和 Null 值区分开。空字符串是长度为零的特殊字符串。"允许空字符串"属性值是一个逻辑值，默认值为"否"。

4.1.5 主键和索引

1．定义主键

主键是表中记录的唯一标识，并由一个或多个字段组成。表中记录的存储顺序依赖于主键，主键的内容不能重复。当表中设置主键后，表会自动按照主键的字段按升序排序。在Access 中可以定义 3 种主键，即"自动编号"主键、单字段主键和多字段主键。

在建立新表时，如果用户没有定义主键，则 Access 在保存表时会弹出提示框询问是否建立主键。若单击"是"按钮，则 Access 将自动为表建立一个字段并将其定义为主键。该主键具有"自动编号"数据类型，对于每一条记录，Access 会在该主键字段自动设置一个连续数字。

建立主键，除了可以保证表中的记录具有唯一可标识性之外，还可以加快查询、检索以及排序的速度。这主要是因为主键实际上是一个索引，另外，主键还有助于建立表间的关系。

【例 4-10】在"学生基本情况表"中"学号"字段设置为主键。

操作步骤：

1）在表设计视图中选择要建立主键的字段，如"学号"。

2）单击"设计"选项卡的"工具"选项组中的"主键"按钮。

3）如果要更改所定义的主键，则可以选择该字段，再单击"设计"选项卡的"工具"选项组中的"主键"按钮，便可以取消对主键的设置。

 说明：

> 如果在表中建立了主键，则在输入记录时，必须为主键字段输入数据。Access 不允许在主键中存在 Null 值，同时也不允许在主键中存在重复数据。
>
> 如果要定义多个字段为主键，则可以在按住<Ctrl>键的同时使用行选定器选定所要建立主键的每一个字段，再单击主键按钮。

2．建立索引

为了更快地在表中进行数据的检索、查询，在表中就要建立索引。一个表的索引，可以由一个或多个字段组合而成，每一个索引构成一个表的逻辑顺序。

在 Access 建立索引的方法如下。

（1）利用表设计视图建立索引

【例 4-11】在"学生基本情况表"中的"姓名"字段建立索引，其值为"有（有重复）"。

操作步骤：

1）打开"学生基本情况表"。

2）打开表设计视图窗口，选择建立索引的"姓名"字段，打开"常规"属性选项，如图 4-21 所示。它有 3 个选项：无、有（有重复）、有（无重复）。

图 4-21 按照"姓名"建立索引

3）"姓名"字段可能出现自复值，因此，选择索引选项为"有（有重复）"。

（2）利用菜单建立索引

【例 4-12】为"学生基本情况表"中的"出生日期"字段建立索引，设为"无重复"。

操作步骤：

1）在数据库中打开"学生基本情况表"。

2）打开表设计视图窗口，选择"出生日期"字段，单击"设计"选项卡中的"显示/隐藏"选项组中的"索引"按钮，弹出"索引"窗口，如图 4-22 所示。

图 4-22 对"出生日期"建立索引

3）在"唯一索引"一栏中选择"是"。

4）保存并关闭表，完成设置。

 说明：

对于 OLE、备注和逻辑型字段不能进行索引。

4.1.6 建立表之间的关系

数据库表中的数据本身并不是独立存在的，它们彼此之间或多或少存在某种联系。要想实现表中数据的这种联系，就必须通过建立表之间的关联来实现。

1. 两表间的关系

所谓关系就是在两个表的公共字段之间所建立的联系。两表之间的关系可以有以下 3 种形式：

1）"一对一"关系。父表中的关联字段与子表中的关联字段一一对应。要求父表的关联字段为"主键"或"有索引（无重复）"，子表的关联字段为"主键"或"有索引（无重复）"。

2）"一对多"关系。父表与子表有关联字段，要求父表的关联字段为"主键"或"有索引（无重复）"，子表的关联字段为"有索引（有重复）"。

3）"多对多"关系。父表与子表有关联字段，并且父表与子表的关联字段均为"有索引（有重复）"。

 说明：

在处理"多对多"关系时，可将其转化为"一对一"关系和"一对多"关系。

2. 建立表间关系的过程

表间关系是通过两个表中的主键字段数据而建立的，主键字段通常是两个表中使用相同名称的字段。在创建表间关系时，相关联的字段必须具有相同的字段类型。

在建立两个表之间的关系之前需要说明一点，建立关系的两个表必须处于关闭状态，不能在已打开的表之间创建或修改关系。

【例4-13】建立"教师基本情况"和"教师授课"两个表之间的关系。

操作步骤：

1）关闭当前"教学管理"中所有已打开的表。

2）单击"数据库工具"选项卡的"显示/隐藏"选项组中的"关系"按钮，打开"关系"对话框，如图 4-23 所示。如果数据库中尚未建立表间关系，在打开"关系"对话框时，则显示如图 4-24 所示的"显示表"对话框。

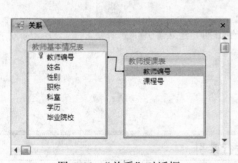

图 4-23 "关系"对话框

图 4-24 "显示表"对话框

3）在"显示表"对话框中的表选项卡中选择要建立关系的表。例如，选择"教师基本情况表"，然后单击"添加"按钮，将其添加到"关系"窗口中，采用同样的方法将"教师授课表"也添加到"关系"窗口中。单击"关闭"按钮，关闭"显示表"对话框。这时，在"关系"窗口中将显示"教师基本情况表"和"教师授课表"两个表，如图 4-25 所示。

4）单击"教师基本情况表"中的"教师编号"字段，按住鼠标左键将其拖到"教师授课表"中的"教师编号"字段上，放开鼠标左键，此时出现"编辑关系"对话框，如图 4-26所示。

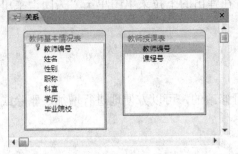

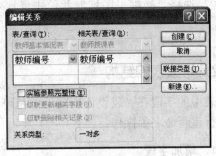

图 4-25 添加表后的"关系"窗口 　　　　　图 4-26 "编辑关系"对话框

5）在"编辑关系"对话框中单击"创建"按钮，可以看到两个表间在相应的字段上出现一条连线，如图 4-23 所示，即完成了两个表间关系的建立。

6）如果要创建其他表间的关系，重复第 3）～第 5）步的操作。

7）如果要删除已创建的表间关系，则选中两个表间的连线，然后执行"编辑"→"删除"菜单命令，或按<Delete>键，屏幕会出现提示对话框，警告用户将删除所选择的关系，单击"是"按钮，执行删除操作。

8）在关闭"编辑关系"窗口时，Access 将询问是否保存该布局，单击"是"按钮保存表间关系，也可单击工具栏中的"保存"按钮保存表间关系。

 说明：

在创建关系时，可以使用表和查询创建关系，但是查询不具有参照完整性功能。

4.2 维护表

创建完成的表很有可能由于数据库的设计发生变化而需要进行调整，更改表的结构设计在数据库创建过程中是非常必要的。

4.2.1 打开与关闭表

当数据表建立完成之后，就可以使用向表中添加记录以浏览表中的记录内容，要浏览表中的记录，就必须将数据表打开才可以进行浏览。

1. 打开表

打开表的方法非常简单，可以采用以下方法进行。

操作步骤：

1）在数据库对象列表选择要打开的表，用鼠标双击该表即可。

2）用鼠标选中该表，并单击鼠标右键，在弹出的快捷菜单中选择"打开"选项并单击。

2. 关闭表

操作步骤：

1）在已经打开的数据表窗口中，用鼠标单击该数据表窗口右上角的"×"按钮即可。

2）选择"数据表图标"并单击鼠标右键，在弹出的下拉菜单中单击"关闭"菜单命令即可。

4.2.2 修改表的结构

表中的字段在"表设计视图"中是可以进行修改的，可以方便地进行增加、删除或对字段进行重新命名等操作。

1．增加字段

【例4-14】在"学生基本情况表"中增加"班主任"字段。

操作步骤：

1）在"教学管理"数据库的"表"对象列表中，选择"学生基本情况表"。

2）单击鼠标右键，在弹出的快捷菜单中选择"设计视图"命令，打开表设计视图。

4）单击要插入新行的位置，例如"联系电话"前增加"班主任"字段。

5）单击鼠标右键，在弹出的快捷菜单中选择"插入行"命令，如图4-27所示，或执行"插入"→"行"命令，即可在当前字段前出现一个空行。

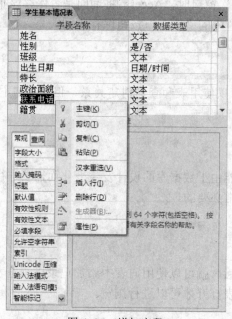

图4-27　增加字段

6）在空行中输入新字段名"班主任"，选择数据类型以及设置各项属性。

2．删除字段

当用户发现表中某一个字段没有存在的价值时，可以将它删除。

【例4-15】在"学生基本情况表"中删除"籍贯"字段。

操作步骤：

1）在"教学管理"数据库的"表"对象列表中，选择"学生基本情况表"。

2）单击鼠标右键，在弹出的快捷菜单中选择"设计视图"命令，打开表设计视图。

3）在表设计视图中单击要删除的字段，即"籍贯"字段。

4）单击鼠标右键，在弹出的快捷菜单中选择"删除行"命令，弹出 Microsoft Office Access 对话框，如图 4-28 所示，单击"是"按钮，将该字段删除。

图 4-28 "删除字段"对话框

3．改变字段大小

通过设置"字段大小"属性，可以控制输入到该字段的长度，当输入的数据超过该字段设置的"字段大小"时，Access 将拒绝接受。

 说明：

> 该属性只适合于"文本"和"数字"两种数据类型的字段。

【例 4-16】将"教师基本情况表"中的"职称"字段的"字段大小"设置为 8。

操作步骤：

1）在"教学管理"数据库的"表"对象列表中，选择"教师基本情况表"。

2）单击鼠标右键，在弹出的快捷菜单中选择"设计视图"命令，打开表设计视图。

3）在表设计视图中，选择"职称"字段行，此时在"字段属性"区中显示该字段的所有属性。

4）在"字段大小"文本框中输入 8。

 说明：

> 如果在文本类型字段中有数据，则减少其字段大小会造成数据丢失。如果数字字段中包含小数位，将字段大小设置为整数时，Access 会自动对字段原有值进行取整。因此，在更改字段大小时一定要非常小心、注意。

4．修改字段

在表设计视图中，可以对字段进行修改，例如，对字段重新命名、修改数据类型、添加说明、改变字段属性等操作。

对字段重新命名并不会影响该字段对应的数据，但可能会影响到涉及该表中数据的其他数据库对象的正常运行。

修改字段的数据类型对于用户来说一定要慎重，这种操作可能造成数据的丢失。因此，在对包括数据的表进行数据类型转换之前，最好先进行数据备份。

5．重新设置主键

如果已经定义的主键不合适，则可以重新定义主键。要先删除已定义的主键，然后再重新定义新的主键。

【例 4-17】在"学生基本情况表"中，将"姓名"字段设置为主键。

操作步骤：

1）在"教学管理"数据库的"表"对象列表中，选择"学生基本情况表"。

2）单击鼠标右键，在弹出的快捷菜单中选择"设计视图"命令，打开表设计视图。

3）在设计视图中，单击"学号"所在行的字段选定器，然后单击工具栏上的"主键"

按钮，取消以前所设置的主键。

4）单击"姓名"所在行的字段选定器，然后单击"主键"按钮，此时在"姓名"字段选定器上显示一个"主键"图标表明该字段已被设置为主键。

6．增加主键或索引

主键可以有助于对数据的检索与统计等操作。对于已经存在数据的表，要对某一字段设置为表的主键时，一定要考虑到数据的重复性问题，如果存在重复的数据，Access 会弹出提示框，显示出错信息，不能完成对表中字段设置主键的操作。

对于建立索引来说，如果某一个字段对应的数据有重复值，还要对该字段建立索引而且选择"有（无重复）"的情况，Access 会弹出提示框，提示用户为什么出现错误，不能完成对表中字段建立索引的操作。

总之，在对已经存在数据的表进行修改操作时，用户一定要慎重，否则有可能造成数据丢失或不能完成相应的操作。

4.2.3　编辑表中的记录

编辑表中记录主要包括添加记录、定位记录、选择记录、修改数据、删除记录、复制字段内容等操作，用户在操作过程中灵活地运用这些方法，可以提高表的使用效率。

1．添加记录

在已经建立的表中，如果需要添加新记录，可以采用以下方法来进行。

操作步骤：

1）选择数据库中的表对象，双击要编辑的表，此时在数据表设计视图中打开该表。

2）单击工具栏上的"新记录"按钮，将光标移到新记录上。

3）输入新记录所需的各项内容。

2．定位记录

如果要修改表中的数据，而表中记录又比较多的情况下，可以选择定位记录的方法快速地找到所需要的记录。常用的定位记录的方法有使用记录号定位和使用组合键定位两种。

【例 4-18】将记录指针定位到"学生基本情况表"中第 6 条记录上。

操作步骤：

1）打开"学生基本情况表"。

2）在记录定位器中的记录编辑框中双击编号，然后在记录编辑框中输入要定位的记录号 6，如图 4-29 所示。

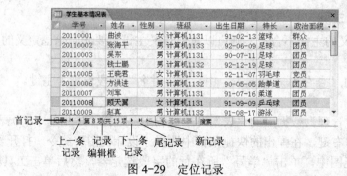

图 4-29　定位记录

3）按<Enter>键后，光标将定位在该记录上。

3．选择记录

选择记录是指选择所需要的记录，通常可以在数据表视图下使用键盘或鼠标两种方法来选择所需要的记录。

（1）用键盘选择数据范围

用键盘选择数据范围可以采用以下方法。

1）选择一个字段的部分内容：将光标移到所需选择字段内容开始处，按住<Shift>键，再按方向键。

2）选择整个字段的内容：将光标移到字段中，按<F2>键。

3）选择相邻字段的内容：选择第一个字段，按住<Shift>键，再按方向键。

（2）用鼠标选择记录范围

在数据表视图下打开相应的数据表，可以用下面方法选择记录。

1）选择一个记录：单击该记录的记录选定器。

2）选择多个记录：单击第一个记录的记录选定器，按住鼠标左键，拖到选定范围结尾处。

3）选择所有记录：执行"编辑"菜单下的"选择所有记录"命令。

（3）用鼠标选择数据范围

在数据表视图下打开相应的数据表，可以用以下方法选择数据范围。

1）选择字段中的部分数据：用鼠标单击开始处，拖动鼠标到结尾处。

2）选择字段中的全部数据：移动鼠标到字段左边，待鼠标指针变为"空十字"时单击左键。

3）选择相邻字段中的数据：移动鼠标到第一个字段左边，待鼠标指针变为"空十字"时，拖动到选择范围的结尾处。

4）选择一列数据：单击该列的字段选定器。

5）选择多列数据：将鼠标指针移至字段顶端，待鼠标指针变为"↓"后，拖动鼠标到选定范围的结尾处。

4．修改数据

在数据表中，如果出现了错误信息，可以对其进行修改。在数据表视图中修改数据的方法非常简单，只要将光标移到要修改的数据的相应字段，然后对它直接修改即可。

5．删除记录

如果在表中出现了不需要的信息，则可以将其删除。

操作步骤：

1）在数据库中，打开要编辑的表。

2）单击要删除记录的记录选定器，然后单击工具栏中的"删除记录"按钮，屏幕会显示删除记录提示框。

3）单击提示框中的"是"按钮，删除选定的记录；单击提示框中的"否"按钮，取消删除记录操作。

说明：

删除记录操作是不可恢复的操作，在删除记录前要确定该记录是否要真正删除。可以一次选择多个记录，因此，Access 可以一次删除全部选定的记录。

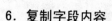

6. 复制字段内容

在编辑或输入数据时，有些数据可能是相同或相近的，此时可采用复制和粘贴的操作将某个字段中的全部或部分内容复制到其他字段中。

操作步骤：

1）在数据库的表对象中打开要编辑的表。

2）将鼠标指向要复制的数据字段的最左边，待鼠标指针变为"空十字"时，单击鼠标左键，这时选中整个字段。如果要复制部分内容，将鼠标指针指向要复制数据的开始位置，然后拖动到结束位置，这时字段的部分内容将被选中。

3）单击工具栏上的"复制"按钮或执行"编辑"→"复制"命令。

4）单击目标字段。

5）单击工具栏上的"粘贴"按钮或执行"编辑"→"粘贴"命令。

4.3 调整表

表的调整主要是调整表的结构和外观，目的是为了使表看上去更清楚、美观。调整表主要包括改变字段的显示次序、调整行高与列宽、隐藏和显示列、冻结列、设置数据表格式、设置字体等内容。

4.3.1 改变表中字段的显示次序

在通常情况下，Access 2007 显示表中的字段次序与它们在表或查询中出现的次序是一致的。但在具体使用数据表视图时，往往需要移动某列来满足查询数据的要求。因此，需改变字段的显示次序。

【例 4-19】将"学生基本情况表"中"班级"和"出生日期"位置对调。

操作步骤：

1）在"教学管理"数据库的"表"对象列表中，选择"学生基本情况表"。

2）将鼠标指针定位在"班级"字段列的字段名上，鼠标指针变为一个粗体黑色向下箭头时单击，如图 4-30 所示。

学号	姓名	性别	班级	出生日期	特长	政治面貌
20110001	曲波	女	计算机1131	91-02-13	篮球	群众
20110002	张海平	男	计算机1133	92-06-09	足球	团众
20110003	吴东	男	计算机1131	90-07-11	足球	团员
20110004	钱士鹏	男	计算机1132	92-12-19	足球	团员
20110005	王晓君	女	计算机1131	92-11-07	羽毛球	党员
20110006	方洪进	男	计算机1132	90-05-05	跆拳道	团员
20110007	刘军	男	计算机1131	91-07-16	柔道	团员
20110008	顾天翼	女	计算机1131	91-09-09	乒乓球	团员
20110009	赵真	男	计算机1132	91-08-17	游泳	团员

图 4-30 选定列改变字段显示次序

3）将鼠标指针放在"出生日期"字段上，按住鼠标左键，出现一个虚方框后，拖动到"班级"字段前，放开鼠标左键即可，如图 4-31 所示。

图 4-31 选定列改变字段显示结果

 说明：

应用此方法可以改变字段在数据表视图中的显示次序，不会改变表设计视图中字段的排列次序。

4.3.2 调整表的行高与列宽

为了更好地全面显示表中数据，有时需要调整字段显示的高度和宽度。

1．调整字段行高

1）使用鼠标调整字段行高，操作步骤如下：

① 在数据库对象列表中，打开所需要的表。

② 将鼠标指针放在表中任意两行选定器之间，此时鼠标指针变为双箭头。

③ 按住鼠标左键拖动，并上、下移动，当调整到所需高度时，放开鼠标左键。

2）使用菜单调整字段行高，操作步骤如下：

① 在数据库对象列表中，打开所需要的表。

② 选择数据表中任意记录的行指示器。

③ 单击鼠标右键，在弹出的快捷菜单中选择"行高"命令，屏幕出现"行高"对话框，在"行高"文本框中输入所需要的行高值。

④ 单击"确定"按钮。

2．调整字段列宽

1）使用鼠标调整字段列宽，操作步骤如下：

① 在数据库对象列表中，打开所需要的表。

② 将鼠标指针放在表中任意两列选定器之间，此时鼠标指针变为双箭头。

③ 按住鼠标左键拖动，并左、右移动，当调整到所需宽度时，放开鼠标左键。

2）使用菜单调整字段行高，操作步骤如下：

① 在数据库对象列表中，打开所需要的表。

② 选择数据表中任意字段。

③ 单击鼠标右键，在弹出的快捷菜单中选择"列宽"命令，屏幕出现"列宽"对话框，在"列宽"文本框中输入所需要的列宽值。

④ 单击"确定"按钮。

4.3.3 隐藏和显示表中的列

在数据表视图中，有时为了查看表中的主要内容，可以将不必要的字段暂时隐藏起来，在需要的时候再将其显示出现，这样可以限制字段的显示个数。

1. 隐藏字段

【例 4-20】将"学生基本情况表"中"性别"字段隐藏起来。

操作步骤：

1）在"教学管理"数据库的"表"对象列表中，选择"学生基本情况表"。

2）将鼠标指针定位在"性别"字段选定器上，鼠标指针变为一个粗体黑色向下箭头时单击，该列被选中。如果一次要隐藏多列，单击要隐藏的第一列，按住鼠标左键不放进行拖动，拖动到要选取的最后一列。

3）单击鼠标右键，在弹出的快捷菜单中选择"隐藏"菜单命令，此时 Access 会将所选定的列隐藏起来。

说明：

隐藏字段也可以采用调整字段列宽的方法，在"列宽"对话框中，将列宽字段值输入为 0，则会将该列隐藏。

2. 显示字段

【例 4-21】将"学生基本情况表"中隐藏字段取消。

操作步骤：

1）在"教学管理"数据库的"表"对象列表中，选择"学生基本情况表"。

2）将鼠标指针定位任意字段选定器上，单击鼠标右键，在弹出的快捷菜单中选择"取消隐藏列"命令，此时屏幕出现"取消隐藏列"对话框。

3）在"列"列表中选中要显示列的复选框，单击"关闭"按钮。

4.3.4 冻结表中的列

在数据表视图中，冻结某字段或某几个字段，无论如何拉动水平滚动条，其内容总是可见的，并总是显示在窗口的最左侧，这是查看较大数据表的最好方法。

【例 4-22】冻结"学生基本情况表"中"姓名"字段。

操作步骤：

1）在"教学管理"数据库的"表"对象列表中，选择"学生基本情况表"。

2）单击"姓名"字段选定器，选择要冻结的字段。

3）单击鼠标右键，在弹出的快捷菜单中选择"冻结列"命令，此时"姓名"字段列出现在最左边。在水平滚动窗口可以见到"姓名"列始终显示在窗口的最左边。

当不再需要冻结列时，可以取消。其方法是执行"取消对所有列的冻结"命令。

4.3.5　设置数据表的格式

在数据表视图中，一般情况下水平方向和垂直方向都显示网格线，并且网格线显示银色，其背景显示白色。如果需要可以改变单元格的显示效果。

操作步骤：

1）在数据库对象列表中，打开所需要的表。

2）单击工具栏上的"设置数据表格式"按钮，弹出"设置数据表格式"对话框，如图 4-32 所示。

3）在对话框中，根据需要选择所需要的项目。如：网格线设置为"绿色"，单元格效果设置为"凹起"或"凸起"。

4）单击"确定"按钮。

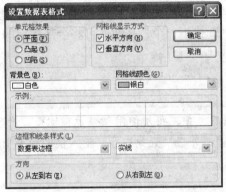

图 4-32　"设置数据表格式"对话框

4.3.6　设置表的显示字体

为了显示数据更加清晰、美观，可以通过设置数据表的字体、字号和字形来实现。

操作步骤：

1）在数据库对象列表中，打开所需要的表。

2）在"字体"选项组中，根据需要选择所需字体、字号和字形，此时数据表的显示字体发生相应变化。

4.4　使用表

一个 Access 数据库建立完成后，其数据表中的数据是经常使用的，例如，查找或替换指定文本、排列数据、筛选符合条件的数据等。

4.4.1　查找数据

Access 2007 提供了非常方便的查找功能，在使用数据表时，如果表中所存放的数据非常多，查找某一数据比较困难，则使用此功能可以快速查找到指定的数据。

【例 4-23】查找"学生基本情况表"中"政治面貌"为"群众"的记录。

操作步骤：

1）在"教学管理"数据库的"表"对象列表中，选择"学生基本情况表"。

2）单击"政治面貌"字段选定器。

3）单击鼠标右键，在弹出快捷菜单中选择"查找"命令，打开"查找和替换"对话框，在"查找内容"框中输入"群众"，如图 4-33 所示。

图 4-33　"查找和替换"对话框

4）单击"查找下一个"按钮，这时将查找下一个指定的内容，Access 2007 将以反相显示找到的数据，连续单击"查找下一个"按钮，可将全部指定的内容查找出来。

5）单击"取消"按钮，结束查找。

说明：

在关闭 Access 数据库之前，每次使用"查找和替换"对话框时，在对话框中都会保留上次查找所进行的设置，并在"查找内容"输入框的列表中还会保留前面的查找内容。

4.4.2　替换数据

在操作数据表时，如果需要修改多处相同的数据，可以使用 Access 的替换功能，自动将查找到的数据替换成新数据。

【例 4-24】查找"学生基本情况"表中"政治面貌"为"群众"的所有记录，替换为"学生"。

操作步骤：

1）在"教学管理"数据库的"表"对象列表中，选择"学生基本情况表"。

2）单击"政治面貌"字段选定器。

3）单击鼠标右键，在弹出的快捷菜单中选择"查找"命令，打开"查找和替换"对话框。

4）执行"编辑"→"查找"命令，打开"查找和替换"对话框，单击"替换"选项卡，在"查找内容"框中输入"群众"，在"替换为"框中输入"学生"。在"查找范围"框中选中"政治面貌"字段，在"匹配"框中选中"整个字段"，如图 4-34 所示。

图 4-34　设置查找替换

5）如果一次替换一个，则单击"查找下一个"按钮，找到后单击"替换"按钮。如果不替换当前找到的内容，则继续单击"查找下一个"按钮。如果要一次替换出现的全部指定内容，则单击"全部替换"按钮。

4.4.3 数据排序

一般情况下，在向表中输入数据时，并不会花很多时间去安排输入数据的顺序，而只是考虑输入的方便，按照数据的先后顺序来输入。为了提高查找效率，需要重新对数据进行整理，最有效的方法是对数据进行排序。

1．排序规则

对数据进行排序可按升序也可按降序进行，在进行排序时，不同的字段类型，排序规则也有所不同，具体规则如下：

1）英文按字母顺序进行排序，字母不分大小写。

2）中文按拼音字母顺序进行排序。

3）数字按数字的大小排序。

4）日期和时间字段，按日期、时间的先后排序。

2．按某一个字段排序

【例 4-25】对"学生基本情况表"按"出生日期"升序进行排序。

操作步骤：

1）在数据库对象列表中，打开"学生基本情况表"。

2）单击"出生日期"字段选定器。

3）单击鼠标右键，在弹出的快捷菜单中选择"升序"命令。

执行上述操作后，可以改变表中记录的原有排列次序，变为新的次序。在保存表时，将同时保存排列次序。

3．按多个字段排序

在 Access 中，不仅可以按一个字段来排列记录，也可以同时按多个字段进行排序。在多个字段同时进行排序时，Access 首先根据第一个字段按指定的顺序进行排序，当第一个字段具有相同值时，再按第二个字段进行排序，以此类推。

【例 4-26】对"学生基本情况表"按"班级"和"性别"两个字段升序排序。

操作步骤：

1）在"教学管理"数据库的"表"对象列表中，选择"学生基本情况表"。

2）分别选中"班级"和"性别"两个字段选定器。

3）单击鼠标右键，在弹出的快捷菜单中选择"升序"命令。

【例 4-27】对"学生基本情况"表按"班级"和"性别"两个字段进行升序和降序排序。

操作步骤：

1）在"教学管理"数据库的"表"对象列表中，选择"学生基本情况表"。

2）选中"班级"字段选定器，单击网格的"班级"字段行右边的向下箭头按钮，从显示出的列表中选择"班级"字段，从列表中选择"升序"，如图 4-35 所示。然后用同样的方法设置"性别"字段为"降序"排序。

图 4-35　设置排序次序

4.4.4　筛选记录

在使用数据表时，经常要从大量的数据中选出满足某种条件的数据，对于 Access 2007 而言，它提供了 5 种对数据进行筛选的方法：按窗体筛选、按选定内容筛选、自定义筛选、高级筛选/排序和内容排除筛选。

1）按窗体筛选是按照输入到框架的条件筛选记录；

2）按选定内容筛选是只留下其值与在一个记录中所选择的值相同的记录；

3）自定义筛选是在"自定义筛选"对话框中的一个文本框中可以直接输入筛选条件；

4）高级筛选/排序是除了筛选之外，还可以规定一个复合排序顺序；

5）内容排除筛选是只留下与所选择的值不同的记录。

1．按窗体筛选

在使用按窗体进行筛选记录时，Access 会将数据表变为一条记录，并且每一个字段是一个下拉列表框，用户可以从下拉列表框中选取一个值作为筛选内容。如果选择两个以上的值，则可以通过窗体底部的"或"标签来确定两个筛选内容之间的关系。

【例 4-28】在"学生基本情况表"中筛选出"政治面貌"为"团员"并且"班级"为"计算机 1131"班的记录。

操作步骤：

1）在"教学管理"数据库的"表"对象列表中，选择"学生基本情况表"。

2）将光标定位在要筛选的字段上，然后切换到"开始"选项卡，在"排序与筛选"选项组中单击"高级"按钮，打开下拉菜单，选择"按窗体筛选"命令，如图 4-36 所示。

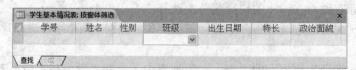

图 4-36　"按窗体筛选"窗口

3）单击"班级"字段，并单击右边向下箭头，从下拉列表中选择"计算机 1131"，单击"政治面貌"字段，从下拉列表中选择"团员"，如图 4-37 所示。

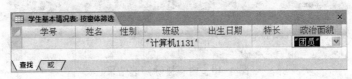

图 4-37　选择筛选字段值

4）切换到"开始"选项卡，在"排序和筛选"选项组中单击"高级"按钮，打开下拉菜单命令，执行"应用筛选/排序"命令，此时窗口会出现一个表，表中只显示符合条件的记录，如图 4-38 所示。

图 4-38　按窗体筛选结果

2. 按选定内容筛选

按选定内容筛选是指先选定数据表中的值，然后在数据表中找出包含此值的记录。该筛选方法是最通用和最容易的。

用户可以把插入点放在含有想要筛选的值的字段中，或通过查找选择在数据表或子数据表中出现的这个值，然后执行相关操作即可。

【例 4-29】在"学生基本情况表"中筛选出姓名中包括"海"字的记录信息。

操作步骤：

1）在"教学管理"数据库的"表"对象列表中，选择"学生基本情况表"。

2）在"学生基本情况表"中，只选择姓名包含"海"的记录，切换到"开始"选项卡，在"排序和筛选"选项组中单击"选择"按钮，打开下拉菜单选择筛选标准：等于该值、不等于该值、包含该值、不包含该值。此处选择包含"海"，结果会显示出学生姓名中包含字符"海"的所有记录，如图 4-39 所示。

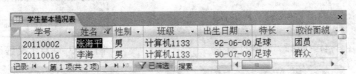

图 4-39　按选择内容筛选结果

3. 内容排除筛选

用户有时不需要查看某些记录，或者已经查看过记录而不想再让其内容显示出来，这就用到了内容排除筛选。这与选定内容筛选的作用基本相反，其筛选值的设置方法相同。

【例 4-30】在"学生基本情况表"中筛选出姓名中不包括"海"字的记录信息。

操作步骤：

1）在"教学管理"数据库的"表"对象列表中，选择"学生基本情况表"。

2）在"学生基本情况表"中，只选择姓名包含"海"的记录，切换到"开始"选项卡，在"排序和筛选"选项组中单击"选择"按钮，打开下拉菜单中选择筛选不包含"海"的记录。此时结果会显示出学生姓名中不包含字符"海"的所有记录，如图 4-40 所示。

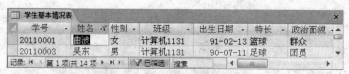

图 4-40　内容排除筛选结果

4. 自定义筛选

自定义筛选是根据指定的值或表达式，查找与筛选条件相符合的记录。

【例 4-31】在"学生基本情况表"中筛选出姓名中包括"王"字的记录信息。

操作步骤：

1）在"教学管理"数据库的"表"对象列表中，选择"学生基本情况表"。

2）在"学生基本情况表"中，选择要筛选列的某一单元格，然后单击鼠标右键，弹出快捷菜单。

3）选择"文本筛选器"→"包含"命令，如图 4-41 所示。打开"自定义筛选器"对话框，在其中输入要筛选的表达式，输入"王"，如图 4-42 所示，然后单击"确定"按钮。此时结果会显示出学生姓名中包含字符"王"的所有记录，如图 4-43 所示。

图 4-41　选择"包含"命令

图 4-42　"自定义筛选器"对话框

图 4-43　自定义筛选结果

5. 高级筛选/排序

高级筛选/排序可以应用于一个或多个字段的排序或筛选。这是最灵活、全面的一种筛选工具。它不仅包括按窗体筛选的全部特征，而且能为表中的不同字段规定混合排序。

高级筛选/排序窗口被水平分为两个部分。上半部分含有表的字段列表，下半部分是一个设计网格，规定需要筛选的字段、用作筛选的数值和排序的条件。通过调整两个窗格之间的分隔线，重新调整两个窗格的大小。

设计网格含有若干空列，每个列都有 4 个被命名的行。第 1 行为"字段"，表示字段名并包含有一个下拉列表框，用户可以从中选择需要的字段；第 2 行为"排序"，可以规定排序的顺序。筛选条件则输入到第 3 行或其余行中。最多可以设置 9 个条件行。

【例 4-32】在"学生基本情况表"中筛选出"班级"为"计算机 1131"班并且性别为"男"的信息，并按出生日期升序排序。

操作步骤：

1）在"教学管理"数据库的"表"对象列表中，选择"学生基本情况表"。

2）切换到"开始"选项卡，在"排序和筛选"选项组中单击"高级筛选选项"按钮，在弹出的快捷菜单中选择"高级筛选/排序"命令，如图 4-44 所示。

3）在设计网格的"字段"框中，单击向下箭头按钮，从下拉列表中选择"班级"字段，然后用同样的方法在下一列的"字段"上选择"性别"字段。

4）在"班级"的条件框中输入条件："计算机 1131"，然后用同样的方法在"性别"字段的条件框中输入"男"，单击"班级"的"排序"单元格，单击向下箭头按钮，从下拉列表中选择"升序"排序，如图 4-45 所示。

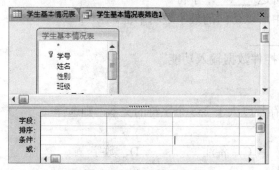
图 4-44 高级筛选窗口

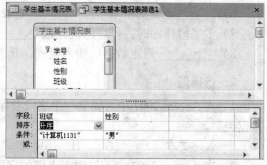
图 4-45 高级筛选条件设置窗口

5）切换到"开始"选项卡，在"排序和筛选"选项组中单击"应用筛选"按钮，得到筛选结果，如图 4-46 所示。

图 4-46 高级筛选结果

本章小结

本章主要介绍了创建数据表的方法，重点介绍了使用表设计器视图创建表的方法以及数据表结构的相关知识，包括字段类型、字段属性、主键和索引及表间关系等内容；同时还介绍了维护数据表的相关知识，包括修改表结构、调整表样式及编辑表记录的方法；另外还介绍了如何使用表中记录的方法，包括进行查找、替换、排序、筛选等操作方法。读者可以利用本章所介绍的方法，仔细体会其中的每个环节，熟悉 Access 提供的各种工具，以便进一步学习。

习题

1. 填空题

1）隐藏表中列的操作，可以限制表中_____显示个数。

2）表结构的设计及维护，是在_____下完成的。

3）货币数据类型是_____数据类型的特殊类型。

4）在 Access 2007 中表间关系有_____、_____和_____。

5）字段名可以是任意想要的名字，最多可达_____个字符。

6）_____是表的基本单位，_____是表中可以访问的最小逻辑单位。

7）多字段排序时，排序的优先级是_____。

8）_____规定数据的输入模式，具有控件数据输入功能。

2. 选择题

1）在 Access 2007 中，如果一个字段要保存长度大于 255 个字符的文本，则选择（　　）数据类型。

    A. 文本 　　　　　　B. 超链接 　　　　C. 备注 　　　　　D. 数字

2）在 Access 2007 中，设置为主键的字段（　　）。

    A. 不能设置索引 　　　　　　　　　　B. 设置为"有（重复）"索引

    C. 系统自动设置索引 　　　　　　　　D. 不能有重复记录

3）在 Access 2007 中，从数据表中删除一条记录，被删除的记录（　　）。

    A. 可以恢复到原来位置

    B. 能恢复，但将被恢复为最后一条记录

    C. 能恢复，但将被恢复为第一条记录

    D. 不能恢复

4）Access 2007 中不可能定义为主键的是（　　）。

    A. 自动编号 　　　　B. 单字段 　　　　C. 多字段 　　　　D. OLE 对象

5）在已经建立的"学生基本信息表"中，显示全部姓"李"的记录，可使用（　　）方法。

    A. 筛选 　　　　　　B. 排序 　　　　　C. 隐藏 　　　　　D. 冻结

6）在 Access 2007 中不能使用数据表视图（　　）。

    A. 建立索引 　　　　　　　　　　　　B. 修改字段名称

    C. 修改记录 　　　　　　　　　　　　D. 创建数据表

7）如果一张数据表中含有照片，那么"照片"字段的数据类型通常为（　　）。

    A. OLE 对象型 　　B. 超级链接型 　　C. 查询向导型 　　D. 备注型

8）关于字段默认值叙述错误的是（　　　）。

    A．设置文本型默认值时不用输入引导，系统自动加入

    B．设置默认值时，必须与字段中所设置的数据类型相匹配

    C．设置默认值时，可以减少用户输入强度

    D．默认值是一个确定的值，不能用表达式

9）排序时如果选取多个字段，则结果是按照（　　　）。

    A．最左边的列开始排序　　　　　　B．最右边的列开始排序

    C．从左向右优先次序依次排序　　　D．无法进行排序

10）有关主关键字的说法中，错误的是（　　　）。

    A．Access 并不要求在每一个表中都必须包含一个主关键字。

    B．在一个表中只能指定一个字段成为主关键字。

    C．在输入数据或对数据进行修改时，不能向主关键字的字段输入相同的值

    D．利用主关键字可以对记录快速地进行排序和查询

3．简答题

1）数据表字段属性有哪几种类型？

2）什么是"主键"？其作用如何？

3）数据筛选的方法有哪几种？

4）为什么要建立表间的关系？

5）如何建立多字段索引？

6）在建立数据表时，有效性规则的作用是什么？

4．操作题

1）创建一个空白的"职工档案管理系统"数据库，并将其保存为"职工档案管理系统.Accdb"，其中"职工基本信息""科室信息"和"政治面貌信息"3 个数据表及其结构见表 4-3～表 4-5。

表 4-3　职工基本信息

字 段 名 称	字 段 类 型	字 段 大 小	字 段 名 称	字 段 类 型	字 段 大 小
编号	文本	8	姓名	文本	8
性别	文本	2	学历	文本	10
出生日期	日期/时间	8	政治面貌代码	文本	2
基本工资	数值	8, 2	科室代码	文本	2
联系电话	文本	11	简历	备注	

表 4-4　科室信息

字 段 名 称	字 段 类 型	字 段 大 小	字 段 名 称	字 段 类 型	字 段 大 小
科室代码	文本	2	科室名称	文本	10

表 4-5　政治面貌信息

字 段 名 称	字 段 类 型	字 段 大 小	字 段 名 称	字 段 类 型	字 段 大 小
政治面貌代码	文本	2	政治面貌名称	文本	12

职工基本信息表中的编号字段为主键，科室信息表中的科室代码为主键，政治面貌信息表中政治面貌代码为主键。通过科室代码、政治面貌代码与职工基本信息表建立关系。根据用户所了解的具体情况，给所建立的 3 个数据表输入数据。

2）根据上题所建立数据表的内容完成下列操作：

① 设置职工基本信息表中的"基本工资"字段的"有效性规则"为大于 0 并且小于 5000，出现错误时显示信息为"基本工资必须在 0～5000 之间，请重新输入。"

② 设置职工基本信息表格式为：背景色为"蓝色"，网络线颜色为"白色，"单元格效果为"凹陷"。

③ 对职工基本信息表中数据分别按"出生日期""学历""基本工资"进行排序。

④ 筛选出职工基本信息表中"出生日期"在 1966 年之后出生的人员信息；筛选出"婚姻状况"为未婚的记录。

⑤ 筛选出职工基本信息表中"政治面貌"为"中共党员"的所有信息。

第 5 章　结构化查询语言

　　SQL 是用来管理关系型数据库及其数据的一种标准化结构语言，可以说查询是 SQL 的重要组成部分，但不是全部，SQL 还包括数据定义、数据操纵和数据控制等功能。本章主要讲述了 SQL 的特点、基本结构以及如何在 Access 中使用 SQL 进行查询等操作。

5.1　SQL 概述

　　SQL（Structured Query Language，结构化查询语言）最早的标准是于 1986 年 10 月由美国（American National Standards Institute）公布的。随后，ISO（International Standards Organization，国际标准化组织）于 1987 年 6 月也正式采纳它作为国际标准，并于 1989 年 4 月提出了具有完整性特征的 SQL，即 SQL89。ISO 于 1992 年 11 月又公布了 SQL 的新标准，即 SQL92。查询是 SQL 的重要组成部分，但不是全部，SQL 还包括数据定义、数据查询、数据操纵和数据控制功能等部分。SQL 是一个通用功能极强的关系型数据库语言。

5.1.1　SQL 的特点

1．SQL 是一种一体化语言

　　SQL 包括了数据定义、数据查询、数据操纵和数据控制等功能，它可以完成对数据库的全部工作。SQL 语言与其他搜索命令最大的区别在于 SQL 是针对一组或一群数据而言的，而传统的命令是以单条命令为对象的。因此，SQL 不仅能够完成在集成环境下才能完成的工作，而且在对多表的查询操作中提供最为快捷的方法。

2．SQL 是一种高度非过程化的语言

　　SQL 并没有必要一步步地告诉计算机"如何"做，而只需要描述清楚用户要"做什么"，

SQL 就可以将要求交给系统，自动完成全部工作。

3．SQL 具有很强的可移植性

SQL 是自动式语言，又是嵌入式语言。用户可以运用 SQL 命令直接对数据库进行操作。由于所有的关系型数据库系统都支持 SQL，用户可以使用 SQL 技术将一个数据库管理系统移植至另一个管理系统中。作为嵌入式语言，SQL 可以嵌入到其他高级程序设计语言中，而不同的使用环境中的 SQL 语法结构基本相同，因此，所有用 SQL 编写的程序都是可以移植的。

4．SQL 非常简洁

SQL 只有为数不多的几条命令，表 5-1 分别给出了 SQL 的命令动词。另外 SQL 的语法也非常简单，它很接近英语的自然语言，因此很容易掌握。

表 5-1　SQL 语言的命令动词

SQL 功能	命 令 动 词	含 义
数据查询	SELECT	从一个或多个表中检索列或行
数据定义	CREATE、DROP、ALTER	创建、删除、修改表结构
数据操纵	INSERT、UPDATE、DELETE	插入行、更新行中的列、删除表中的行
数据控制	GRANT、REVOKE	对用户授权、收回用户权限

5.1.2　在 Access 中使用 SQL

操作步骤：

1）打开一个需要使用 SQL 的数据库。

2）新建一个查询并进入查询设计视图，在出现的"显示表"对话框中直接单击"关闭"按钮。

3）在"查询"窗口的空白处，单击鼠标右键，从弹出的快捷菜单中选择"SQL 特定查询"命令，然后根据需要可以选择查询 SQL 类型，如图 5-1 所示。

图 5-1　SQL 特定查询

4）出现级联式菜单，分别为"联合""传递"和"数据定义"3 个菜单项，选择"数据定义"，在随后出现的"数据定义查询"对话框中编辑 SQL 语句。编辑完成后，单击工具栏上的"运行"按钮来执行 SQL 语句，最后保存查询。

5.2　SQL 查询功能

SQL 的核心是查询，SQL 的查询命令也可称作 SELECT 命令，它的基本形式由 SELECT-FROM-WHERE 查询块组成，其语法格式如下：

SELECT [ALL/DISTINCT]<列名表>
[INTO<新表名>]
FROM <表名或视图名>[，<表名或视图名>]……
[WHERE <条件表达式>][GROUP BY <字段名>][HAVING<条件表达式>]
[ORDER BY <字段名>][ASC/DESC]

从 SELECT 的命令格式来看似乎非常复杂，实际上只要理解了命令中各短语的含义，是很容易掌握的，主要的短语含义如下：

SELECT 子句说明要查询的数据。

FROM 子句说明要查询的数据来自哪个表或哪些表。

WHERE 子句说明查询的条件。

GROUP BY 子句对查询结果进行分组，可以利用它进行分组汇总。

HAVING 子句短语必须与 GROUP BY 共同使用，它用来限定分组必须满足的条件。

ORDER BY 子句指定查询结果集的排序。

ASC/DESC 是 ORDER BY 的选项，升序/降序排列查询结果。

5.2.1　SELECT 子句

1. DISTINCT 关键字

DISTINCT 的作用是从 SELECT 语句结果集中去除重复的记录，对于 DISTINCT 来说，各个空值将被视为重复的内容。如果在 SELECT 语句中使用了 DISTINCT，则无论中间结果集中包含多少个空值，最终查询结果只返回一个空值。

2. WHERE 子句

WHERE 子句设置查询条件，过滤掉不需要的记录。

WHERE 子句包括各种运算符：

1）比较运算符：>（大于）、>=（大于等于）、=（等于）、<（小于）、<=（小于等于）、<>（不等于）、!>（不大于）、!<（不小于）

2）范围运算符：BETWEEN…AND…，NOT BETWEEN…AND…

3）列表运算符：IN（项 1，项 2，……），NOT IN（项 1，项 2，……）

4）模式匹配符：LIKE，NOT LIKE

5）逻辑运算符：NOT、AND、OR

其中，模式匹配符[NOT] LIKE 常用于模糊查询，它判断字段值是否与指定的字符格式匹配，可以使用通配字符。下面是通配符及其功能。

星号*：可匹配任意类型和长度的字符。

问号?：匹配单个任意字符，它常用来限制表达式的字符长度。

方括号[]：指定一个字符、字符串或范围，要求所有匹配对象为它们中的任意一个。

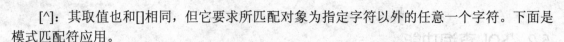

[^]: 其取值也和[]相同,但它要求所匹配对象为指定字符以外的任意一个字符。下面是模式匹配符应用。

LIKE '*EN*' 包含 EN 的任意字符串。

LIKE '[CK]*' 以 C 或 K 开头的任意字符串。

LIKE 'M[^C]A' 长度为 3 的串,以 M 开头以 A 结束且第 2 个字符不是 C。

LIKE '[S-V]ing' 长度为 4 的串,结尾是 ing,由 S 到 V 的任意个字符开始的串。

NOT LIKE '?er' 不以 er 结尾的 3 个字符的字符串。

3.GROUP BY 与 HAVING 子句

在 SELECT 语句中,GROUP BY 子句的作用主要用于将记录根据设置的条件分成多个组。GROUP BY 子句后面将用于分组的字段名,在最终查询结果集中,分组列表包含字段的每一组统计出一个结果。

在 SELECT 语句中,HAVING 子句作为 GROUP BY 子句的条件,所以,HAVING 子句必须与 GROUP BY 子句同时出现,并且必须在 GROUP BY 子句后出现。

4.ORDER BY 子句

使用 ORDER BY 子句对查询返回的结果按一列或多列排序。

5.2.2 简单查询

通过以下几个例题,可以对 SQL 的查询功能有初步的了解。

【例 5-1】利用 SQL 创建"学生基本情况表"中全体学生的姓名和班级的查询。

操作步骤:

1)打开"教学管理"数据库。

2)在数据库窗口中,切换到"创建"选项卡,在"其他"选项组中单击"查询设计"按钮,弹出"显示表"对话框中,单击"关闭"按钮。

3)在"查询"窗口的空白处,单击鼠标右键,从弹出的快捷菜单中选择"SQL 特定查询"→"数据定义"命令,出现"查询 1"窗口"。

4)在窗口编辑区域输入 SQL 语句:"SELECT 姓名,班级 FROM 学生基本情况表",如图 5-2 所示。

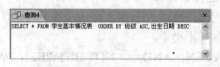

图 5-2 SQL 编辑区

5)单击工具栏上的"保存"按钮或窗口右上角的"关闭"按钮,出现"另存为"对话框,输入查询的名称,如"查询各班级学生姓名",单击"确定"按钮。如果想知道查询的结果,可单击工具栏中的"运行"按钮进行查看。

 说明:

在编辑区内所输入的字符,除汉字之外所有的字符必须在英文半角状态下输入。

【例 5-2】查询"学生基本情况表"中的所有班级名称。

操作步骤：

SQL 语句：SELECT　DISTINCT　班级　FROM　学生基本情况表

【例 5-3】查询"学生基本情况表"中所有"政治面貌"为"团员"的所有学生情况。

操作步骤：

SQL 语句：SELECT　姓名,班级　FROM　学生基本情况表　WHERE　政治面貌= "团员"

【例 5-4】查询"学生基本情况表"中前 3 个记录的学生情况。

操作步骤：

SQL 语句：SELECT　TOP 3 * FROM　学生基本情况表

说明：

TOP 用来限制查询结果中的记录个数，TOP n 指定查询结果中的记录个数为 n 个，TOP n percent 指定查询结果中记录个数的前百分之 n。

5.2.3　几种特殊运算符

在进行更复杂、涉及更多关系的检索查询之前，可以在 SQL 中使用几个特殊运算符，它们是 BETWEEN…AND…、IN 和 LIKE 等。

【例 5-5】查询"学生基本情况表"中"身高"在 1.6～1.7 之间的所有学生。

操作步骤：

SQL 语句：SELECT * FROM　学生基本情况　WHERE　身高　BETWEEN 1.6 AND 1.7

说明：

BETWEEN…AND…意思是在"……和……之间"，其等价于（身高>=1.6）AND（身高<=1.7），显然使用 BETWEEN…AND…表达条件更清晰、更简洁。

【例 5-6】查询"学生基本情况表"中"身高"不在 1.6～1.7 之间的所有学生。

操作步骤：

SQL 语句：SELECT * FROM　学生基本情况　WHERE　身高　NOT BETWEEN 1.6 AND 1.7

说明：

NOT 的应用范围很广，可以有 NOT IN、NOT BETWEEN 等。

【例 5-7】查询"学生基本情况表"中属于"计算机 1131"和"网络 1131"班的所有学生。

操作步骤：

SQL 语句：SELECT * FROM　学生基本情况表　WHERE　班级　IN ("计算机 1131","网络 1131")

【例5-8】查询"学生基本情况表"中姓"刘"的所有学生。

操作步骤：

SQL 语句：SELECT * FROM 学生基本情况表 WHERE 姓名 LIKE "刘*"

5.2.4 排序

使用 SQL SELECT 可以将查询结果进行排序，其排序的语句是 ORDER BY，具体格式为 ORDER BY Order_Item[ASC/DESC][, Order_Item[ASC/DESC]…]

从中可以看出，可以按升序（ASC）和降序（DESC）排序，默认为升序，允许一列或多列进行排序。

【例5-9】查询"学生基本情况表"中所有学生按"出生日期"进行降序排序。

操作步骤：

SQL 语句：SELECT * FROM 学生基本情况表 ORDER BY 出生日期 DESC

【例5-10】查询"学生基本情况表"中所有学生按"班级"进行升序，"出生日期"进行降序排序。

操作步骤：

SQL 语句：SELECT * FROM 学生基本情况表 ORDER BY 班级 ASC,出生日期 DESC

运行查询，屏幕显示其结果如图5-3所示，当班级相同时按出生日期降序排序。

学号	姓名	性别	班级	出生日期	特长	政治面貌	联系电话
20110005	王晓君	女	计算机1131	92-11-07	羽毛球	党员	（041）-94567891	辽
20110012	刘伟航	男	计算机1131	92-08-05	足球	团员	（010）-72826781	北
20110008	顾天翼	女	计算机1131	91-09-09	乒乓球	团员	（021）-44445612	上
20110007	刘军	男	计算机1131	91-07-16	柔道	团员	（024）-45688889	辽
20110014	代进	男	计算机1131	91-06-24	乒乓球	团员	（021）-78605566	上
20110001	曲波	女	计算机1131	91-02-13	篮球	群众	（024）-45612355	辽
20110010	王丽丽	女	计算机1131	91-01-23	篮球	团员	（021）-65893011	辽
20110003	吴东	男	计算机1131	90-07-11	足球	团员	（043）-56224567	吉
20110004	钱士鹏	男	计算机1132	92-12-19	足球	团员	（041）-13366778	辽
20110015	林东东	男	计算机1132	92-08-18	羽毛球	群众	（010）-72862035	北
20110009	赵真	男	计算机1132	91-08-17	游泳	团员	（010）-85670001	北
20110006	方洪进	男	计算机1132	90-05-05	跆拳道	团员	（021）-77585858	上
20110011	李洋	男	计算机1133	93-10-06	篮球	党员	（024）-74560296	辽
20110002	张海平	男	计算机1133	92-06-09	足球	团员	（010）-34567890	北
20110013	李洪升	男	计算机1133	92-04-08	篮球	团员	（021）-42004567	上
20110016	李海	男	计算机1133	90-07-09	足球	群众	（024）-12345678	辽
20110017	王晓梅	女	网络1131	91-11-15	羽毛球	党员	（024）-12345666	辽

图5-3 按"班级"升序"出生日期"降序排序结果

 说明：

ORDER BY 是对最终查询结果进行排序，不可以在子查询中使用该短语。

5.2.5 简单的计算查询

SQL 语言是完备的，SQL 不仅具有一般的检索能力，而且还有计算方式的检索，用于计算检索的函数有：

（1）COUNT——计数

（2）SUM——求和

（3）AVG——计算平均值

（4）MAX——求最大值

（5）MIN——求最小值

这些函数可在 SELECT 短语中对查询结果进行计算。

【例 5-11】查询"学生基本情况表"中有几个不同的班级。

操作步骤：

SQL 语句：SELECT DISTINCT 班级 FROM 学生基本情况表

【例 5-12】查询"学生基本情况表"中各班级学生中年龄最大的学生。

操作步骤：

SQL 语句：SELECT MIN（出生日期）,班级 FROM 学生基本情况表

【例 5-13】查询"学生基本情况表"中各班级学生中年龄最小的学生。

操作步骤：

SQL 语句：SELECT MAX（出生日期）,班级 FROM 学生基本情况表

【例 5-14】查询"学生基本情况表"中各班级学生平均的年龄。

操作步骤：

SQL 语句：SELECT AVG (year (date ())-year（出生日期）) AS 平均年龄 FROM 学生基本情况表

5.2.6　分组与计算查询

前面所讲述的例子是对整个数据表进行的相关查询，而利用 GROUP BY 子句可以进行分组计算查询，在实际应用过程中的使用也是相当广泛的。

GROUP BY 子句格式：

GROUP BY 字段名[,字段名……]　[HAVING　条件]

【例 5-15】查询"学生基本情况表"中各班级学生的平均年龄。

操作步骤：

SELECT 班级, AVG (YEAR (DATE ())-YEAR（出生日期）) AS 平均年龄 FROM 学生基本情况表 GROUP BY 班级

【例 5-16】查询"学生基本情况表"中各班级学生人数。

操作步骤：

SQL 语句：SELECT 班级, COUNT(*) AS 班级人数 FROM 学生基本情况表 GROUP BY 班级

【例 5-17】求"学生基本情况表"中至少有两个学生的班级的平均年龄。

操作步骤：

SQL 语句：SELECT 班级,COUNT(*) AS 班级人数, AVG(YEAR(DATE())-YEAR（出生日期）) 平均年龄 FROM 学生基本情况表 GROUP BY 班级 HAVING COUNT(*)>=2

5.3　SQL 操作功能

在 SQL 中应用于数据更新的语句有 INSERT、UPDATE 和 DELETE 3 条，使用这 3 条语句可以对现存的表中的数据进行修改。

5.3.1 记录追加

在 SQL 中使用 INSERT 语句，可以向一个表中添加记录。

格式：INSERT INTO 表名［(字段名 1,……)］ VALUES（值 1，值 2，……))［子查询］

说明：

> 1）此语句每次只能向表中插入一条记录。
> 2）指定要插入数据的字段名。若插入全部字段项，则可以省略字段名。
> 3）字段名顺序与数据值顺序应完全一致。
> 4）当使用子查询时，可一次向表中插入多条记录。

【例 5-18】向"教师授课表"增加一条信息其值为（"002","0502"）。

操作步骤：

SQL 语句：INSERT INTO 教师授课表 VALUES（"002","0502"）

说明：

> 当执行上述 SQL 语句后，弹出 Access 提示信息框，询问是否"您正准备执行追加查询，该查询将修改您表中的数据。"，如图 5-4 所示，单击"是"按钮，又弹出 Access "您正准备追加 1 行。"提示信息框，如图 5-5 所示，单击"是"按钮，则将信息追加到数据表中，追加信息显示结果，如图 5-6 所示。

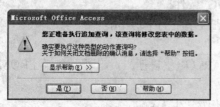

图 5-4　准备执行追加查询

图 5-5　准备追加 1 行

图 5-6　追加信息显示结果

【例 5-19】"学生选课表"作为基本表，得到其副本 AA，将"学生选课表"中 30%的记录增加到 AA 表中。

操作步骤：

SQL 语句：INSERT INTO AA SELECT　TOP 30 PERCENT * FROM 学生选课表

5.3.2　记录更新

在 SQL 中使用数据更新语句 UPDATE，可以对表中已有的数据进行修改。

格式：UPDATE 表名 SET 字段名 1=表达式 1，字段名 2=表达式 2，…WHERE 条件

【例 5-20】"学生选课表"中选课号"0001"的所有同学的成绩都增加 5 分。

操作步骤：

SQL 语句：UPDATE 学生选课表 SET 成绩=成绩+5 WHERE 课程号="0001"

运行查询，屏幕出现如图 5-7 所示的提示框。

图 5-7　记录更新 Access 提示框

单击"是"按钮，则 8 条记录的成绩将被更新。

【例 5-21】"学生基本情况表"中政治面貌为"群众"的所有记录改为"团员"。

操作步骤：

SQL 语句：UPDATE 学生基本情况表 SET 政治面貌="团员" WHERE 政治面貌="群众"

运行查询，屏幕出现类似于如图 5-7 所示的提示框，单击"是"按钮，则将若干条记录的"政治面貌"由"群众"变为"团员"。

5.3.3　记录删除

在 SQL 中使用 DELETE 命令可以删除数据表中已有的数据采用。

格式：DELETE FROM 表名 WHERE 条件

【例 5-22】删除"学生选课表"中课程号"0001"并且成绩少于 80 的所有同学的记录。

操作步骤：

SQL 语句：DELETE FROM 学生选课表 WHERE 课程号="0001" AND 成绩<80

运行查询，屏幕出现如图 5-8 所示的提示框。

图 5-8　记录删除 Access 提示框

单击"是"按钮，则 4 条记录将被删除。

 说明：

记录删除之后，将不能恢复，永久地被删除，这种操作一定要慎重。

本章小结

本章主要介绍了 SQL 结构化查询语言的基本结构和功能，重点介绍了一些典型的语法结构和使用方法，在内容方面并没有涉及较深入的应用，有兴趣的读者可以参考有关 SQL 的其他书籍进行学习，为后续内容的学习作准备。

习题

1. 填空题

1）SQL 是一个通用功能极强的_____数据库语言。

2）在 Access 中使用 SQL SELECT，要执行查询菜单中的_____命令。

3）在 SQL SELECT 语句中为了更新表中记录应使用_____联接短语。

4）SQL 语句中设置条件短语是_____。

5）SQL 的中文意思是_____，其英语全称为_____。

6）SQL 功能主要表现在_____、_____、_____和_____4 个方面。

7）SQL 中提供了 SELECT 语句，用于进行数据库的_____操作。

8）SQL 的 SELECT 语句中，用于实现选择运算的是_____。

9）要删除"成绩"表中的所有的行，在 SQL 视图中可输入_____。

10）在 SQL 的 SELECT 语句中，GROUP BY 子句用于_____。

2. 选择题

1）SQL 是（　　）语言。

    A．程序设计 　　　　　B．面向对象 　　　　　C．面向过程 　　　　　D．非过程

2）在统计记录个数时，应该使用（　　）函数。

    A．COUNT 　　　　　B．SUM 　　　　　C．MAX 　　　　　D．AVG

3）在 SQL 语言中实现删除数据表中数据的语句是（　　）。

    A．ALTER 　　　　　B．UPDATE 　　　　　C．INSERT 　　　　　D．DELETE

4）在 SQL 语言中实现更新数据表数据的语句是（　　）。

    A．ALTER 　　　　　B．UPDATE 　　　　　C．INSERT 　　　　　D．DELETE

5）在 SQL 语言中实现插入数据表数据的语句是（　　）。

    A．ALTER 　　　　　B．UPDATE 　　　　　C．INSERT 　　　　　D．DELETE

6）在 SQL 语言中查询符合某条件子句是（　　）。

    A．WHERE 　　　　　B．FOR 　　　　　C．DISTINCT 　　　　　D．FROM

7）若设定 SQL 的表达式为"<60 OR>100"表示（　　）。

    A．查找小于 60 或大于 100 的数

    B．查找不大于 60 或不小于 100 的数

    C．查找小于 60 并且大于 100 的数

    D．查找 60 和 100 的数（不包含 60 和 100）

8）下面 SELECT 语句语法正确的是（   ）。

    A．SELECT * FROM "通信录" WHERE 性别="男"

    B．SELECT * FROM 通信录 WHERE 性别="男"

    C．SELECT * FROM "通信录" WHERE 性别=男

    D．SELECT * FROM 通信录 WHERE 性别=男

9）在 SQL 查询中，若要获得"学生"数据表中的所有记录和字段，则其 SQL 语法为（   ）。

    A．SELECT 姓名 FROM 学生

    B．SELECT * FROM 学生

    C．SELECT 姓名 FROM 学生 WHERE 学号=02345

    D．SELECT * FROM 学生 WHERE 学号=02345

10）在 SQL 查询中使用 WHERE 子句指出的是（   ）。

    A．查询目标   B．查询结果

    C．查询视图   D．查询条件

3．简答题

1）简述 SQL 语言的特点。

2）简述 SQL 语言的功能。

4．操作题

根据"学生基本情况表"中的数据，完成以下操作：

1）查询年龄为 20 岁的学生姓名。

2）查询年龄在 19～21 岁的所有学生姓名。

3）查询所有不姓"王"的学生。

4）将所有学生按学号升序排序。

5）求所有学生年龄的平均值、最大值、最小值等。

第 6 章　创建与维护查询

学习目标

知识：1）查询的概念和功能；
　　　　2）不同类型查询的特点；
　　　　3）设定查询条件、执行计算以及创建查询方法。
技能：1）掌握 Access 2007 中利用向导创建简单查询、交叉表查询、查找重复项查询及查找不匹配项查询；
　　　　2）掌握设置参数查询；
　　　　3）掌握创建生成表、更新、追加、删除等操作。

查询是 Access 2007 数据库中的一个重要对象，查询的目的是能够从数据库中检索符合条件的记录，可以按不同的方式对数据进行查看、更改和分析，同时可以将查询作为窗体、报表和 Web 页的数据源，本章将学习如何建立和使用查询的方法。

6.1　查询的概念和类型

6.1.1　查询的概念

查询是根据数据库表中数据信息依据给定的条件进行筛选，或者进一步对筛选的结果做某种操作的数据库对象。查询可以从一个表或多个相互关联的表中筛选记录，也可以对已有的查询做进一步的筛选。Access 2007 查询可以对数据库中一个表或多个表中存储的数据信息进行查找、计算、排序。Access 2007 提供了多种查询工具，用户可以进行各种查询。

Access 2007 提供了多种设计查询的方法，用户可以通过查询设计器（见图 6-1）和查询设计向导（见图 6-2）来进行设计。查询设计完成后，使用者可以选择该查询，然后用鼠标单击工具栏上的"执行"按钮，来执行该查询。如果某个查询已经设计完成，在数据库窗口中，直接用鼠标双击该查询图标即可执行。

图 6-1　查询设计器

图 6-2　查询设计向导

查询实际上就是将分散的数据按照某种条件进行重新组合，形成一个数据集合，而这些数据集合在实际数据库中并不存在，只是在运行查询时，Access 2007 才会从查询数据源表中抽取出现并创建。查询的基本功能有以下 6 项：

1．选择字段

在查询设计时，可以选择表中的部分字段，生成所需要的表。

2．选择记录

在查询设计时，可以根据指定的条件查询所需要的记录，并显示找到的记录信息。

3．编辑记录

编辑记录的主要工作就是添加记录、修改记录及删除记录。在 Access 2007 中可以利用查询对原数据表进行添加记录、修改记录及删除记录等操作。

4．进行计算

利用查询可以对表中的数据进行统计计算，同时还可以建立计算字段，利用计算字段保存计算的结果。

5．建立新表

通过查询可以将查询所得到的结果保存在一个新表中。

6．为 Access 对象提供数据

利用查询可以为 Access 的对象，如窗体、报表或数据访问页提供最新的数据，进而提高窗体、报表或数据访问页的使用效果。

6.1.2　查询的类型

Access 2007 提供了多种查询方式，极大地方便了用户的查询工作。查询类型包括选择查询、生成表查询、追加查询、汇总查询、交叉表查询、重复项查询、不匹配查询、选取查询、参数查询及操作查询等。

1）选择查询：输入条件后，将一个或多个表中符合条件的数据筛选出来。

2）交叉表查询：可以创建类似 Excel 表中的数据透视表。此种查询主要用于对数值数据的统计或分析。

3）参数查询：利用参数，用户可以在同一个查询中，输入不同的参数进而查看到不同的结果。最常见的参数查询是系统显示一个对话框，要求用户输入参数，系统根据所输入的参数，找出符合条件的记录。

4）操作查询：用户可以利用此类查询来编辑表中的记录，例如，添加记录、删除记录、记录的更新，甚至是创建新表。

6.2　创建基本查询

6.2.1　创建不带条件的查询

在一般情况下，建立查询的方法有两种：查询向导和查询设计视图。与创建表向导一样，Access 2007 提供的查询向导能够有效地完成查询的建立；而在查询设计视图中，不但能够完成建立新查询工作，而且也能修改已有的查询。

1. 使用向导创建查询

【例 6-1】查询并显示"学生基本情况表"中的"姓名""性别"和"班级"字段信息。

操作步骤：

1）在"教学管理"数据库中，单击"创建"选项卡中的"其他"选项组中的"查询向导"按钮，打开"新建查询"对话框，如图 6-2 所示。

2）在"新建查询"对话框中，选择"简单查询向导"，单击"确定"按钮，打开"简单查询向导"对话框-1，从"表/查询"下拉列表框中选择"学生基本情况表"，此时"可用字段"框中显示"学生基本情况表"中所包含的所有字段，双击"姓名"字段，则该字段被添加到"选定的字段"框中，其余字段添加方法相同，如图 6-3 所示。

3）确定所需要的字段后，单击"下一步"按钮，打开"简单查询向导"对话框-2，如图 6-4 所示。在该对话框中输入查询的标题，也可以使用默认的名称"学生基本情况表查询"，单击"完成"按钮。

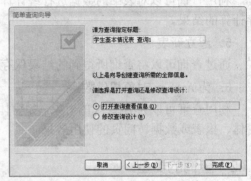

图 6-3 "简单查询向导"对话框-1　　　　　图 6-4 "简单查询向导"对话框-2

2. 使用查询设计器创建查询

使用查询向导只能进行一些简单的查询，或者进行某种特定的查询。Access 2007 还提供了一个功能更加强大的查询设计器，通过查询设计器不仅可以从头开始设计一个查询，而且还可以对一个已有的查询进行编辑和修改。当用户明白一个查询是如何组成的和有一个什么样的结构后，就会发现在设计视图器中创建查询更容易，而且功能更强大。

要使用查询设计器建立查询，首先要认识查询设计器，如图 6-5 所示。它分为上下两个部分，上半部分是数据表/查询显示区，下半部分是查询设计区。数据表/查询显示区用于显示查询所使用的基本表或查询，下半部分是查询设计区用于来指定具体的查询条件。

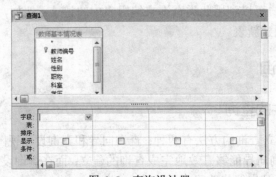

图 6-5 查询设计器

在查询设计区中网格的每一列都对应着查询结果集中的一个字段，网格的标题表明字段的属性及要求，其相关说明如下。

字段：查询工作表中所使用的字段名称。

表：该字段所来自的数据表。

排序：确定是否按该字段排序以及按何种方式排序。

显示：确定该字段是否在查询工作表中显示。

条件：用于指定该字段的查询条件。

或：用于提供多个查询条件。

查询设计器的工具栏中的"设计"选项卡，如图 6-6 所示。相关按钮的作用说明如下。

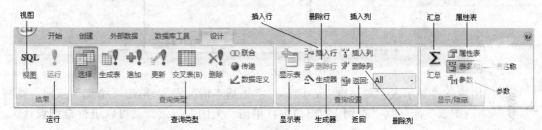

图 6-6 "设计"选项卡

视图：Access 2007 中的每一种查询有 5 种视图。其中第 1 种是数据表视图，用于显示查询的结果集；第 2 种是数据透视表视图；第 3 种是数据透视图视图；第 4 种是 SQL 视图，用于通过 SQL 语句进行查询；第 5 种是设计视图，就是查询设计器。用户可以在这 5 种视图间进行切换。

运行：单击此按钮，Access 2007 将运行查询，将结果集以工作表的方式显示出来。

查询类型：Access 2007 提供了多种查询，包括选择查询、生成表查询、追加查询、更新查询、交叉表查询、删除查询、联合查询、传递查询、数据定义查询，用户可在不同查询间相互转换。

显示表：单击此按钮，将弹出"显示表"对话框。该对话框中列出当前数据库中所有的表/查询，用户可以在其中选择查询所要使用的表/查询。

插入行、插入列、删除行、删除列：这些按钮用于在查询设计中插入新的查询行或列，删除查询行或列。

生成器：单击此按钮，将弹出"表达式生成器"对话框，用于生成准则表达式。该按钮仅在光标位于查询设计区的"条件"行内有效。

返回：单击此按钮，Access 2007 将回到数据库窗口。

汇总：单击此按钮，将在查询设计区增加"总计"行，可用于进行各种统计计算，如求和、求平均值等。

属性表：单击此按钮，Access 2007 将显示当前鼠标指针或光标所在位置的对象属性。若鼠标指针在查询设计器内的数据表/查询显示区内，将显示查询的属性；若光标在查询设计区内，将显示字段列表的属性；若光标在字段内，将显示字段的属性。

表名称：用来在查询设计区中显示或隐藏查询表的名称。

参数：用来在查询中增加新的查询参数。

【例 6-2】查询并显示"学生基本情况表"中的"姓名""性别"和"班级"字段。

操作步骤：

1）在"教学管理"数据库中，单击"创建"选项卡中的"其他"选项组中的"查询设计"按钮，打开"显示表"对话框，如图6-7所示。

图6-7　"显示表"对话框

2）在出现的"显示表"对话框中，选择"学生基本情况表"，单击"添加"按钮，则将"学生基本情况表"添加到"查询1"窗口中，单击"关闭"按钮，就可以进行查询设计了，如图6-8所示。

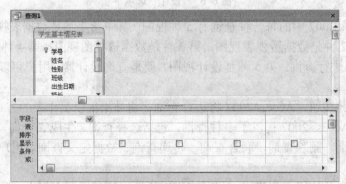

图6-8　查询设计视图窗口

3）在字段列表中选择字段并放在"字段"行上，单击下拉按钮，从字段列表中分别选择"姓名""性别"和"班级"字段，如图6-9所示。

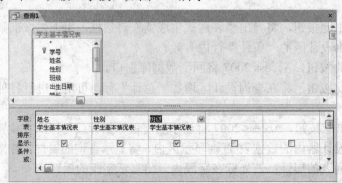

图6-9　确定查询所需字段

4）单击工具栏中的"保存"按钮，打开"另存为"对话框，在"查询名称"文本框中输入"学生基本信息查询"，然后单击"确定"按钮。

 说明：

> 1）在"显示表"对话框中，"表"选项卡中列出当前数据库中所有的表，在"查询"选项卡中列出了所有的查询，而选择"两者都有"将当前数据库中所有"表"和"查询"对象都显示出来，这样有助于我们从已有的表或查询中选取新建查询所需要的字段。
> 2）"查询窗口"主要分成两个区域：上半部分是数据来源区域，下半部分是条件区域。数据来源区域内用于加入表或已有的查询，条件区域是用来设置查询的条件。
> 3）字段：指要设计查询表的字段；表：所要查询的表；排序：设置查询要排序的字段，可以设为升序或降序；显示：若选择复选框，则在查询结果中显示此字段。默认值是每个字段均为显示状态；准则：数据的查询条件；或：可以设置多个查询条件。

6.2.2　创建带有条件的查询

在实际工作中，查询常常是带有一定条件的，如查找所有男同学，查找"政治面貌"为团员的学生信息等，这就需要在设计视图中创建带有条件的查询来实现。

1. 设置查询准则

查询设计器中的准则就是查询符合条件的记录。如果只是简单地查找某个字段为某一特定值的记录，则只要将此特定值输入到该字段相应的"条件"行中即可。如果这个字段是文本型的，则输入的特定值要用引号括起来。

如果要查找在某个字段内为某几个特定值的记录，则要在此字段对应的"条件"行中输入这几个特定的值，在每两个值之间用<Enter>键分隔。实际上第一个值输入到该字段的"条件"行，第二个值则输入到其下的"或"行中。

 说明：

> "或"行是"条件"的延续，"或"行的存在可以为该字段提供多个准则，这些准则在逻辑上存在"或"的关系，即表中的记录只要符合其中的一个准则，此记录就可以进入查询结果集。

（1）准则表达式

在准则表达式中可以通过操作符来设置查询范围，操作符及其作用，见表 6-1。

表 6-1　特殊运算符号及其说明

特殊运算符号	说　　　明
And	"与"操作符，如"A" And "B"，表示查询表中的记录必须同时满足由 And 所连接的两个准则 A 和 B，才能进入查询结果集
Or	"或"操作符，如"A" Or "B"，表示查询表中的记录只要满足准则 A 或准则 B 中的一个即可进入查询结果集
In	用于指定一系列值的列表，如 In（"A、B、C"），它等价于"A" Or "B" Or "C"
Between…And…	用于指定一个范围，如 Between "A" And "B"，表示查询表中的数值介于 A 和 B 之间的记录才能进入查询的结果集，操作符主要用于数值型、货币型、日期型字段
Like	用于在文本类型数据字段中定义数据的查找匹配的数据，? 表示该位置可以匹配一个字符，*表示该位置可以匹配多个字符，# 表示该位置可以匹配一个数字，[ ] 描述一个范围，如 Like "刘*"，表示查找姓"刘"的信息

（2）在表达式中使用日期与时间

在准则表达式中使用日期/时间时，必须要在日期值两边加"#"，以表示其中的值为日期，如#2/11/12#、#12212012#等均为合法的。在 Access 2007 中提供了一些内部函数，可以方便地进行有关日期与时间的运算，相关函数见表 6-2。

表 6-2　日期/时间函数及其说明

函　数	说　明	函　数	说　明
Day（date）	返回指定系统日期的日	Hour（day）	返回指定系统时间的小时
Month（day）	返回指定系统日期的月	Date（）	返回指定系统日期
Year（date）	返回指定系统日期的年	Now（）	返回系统当前的日期时间
Weekday（date）	返回指定系统日期一周的哪一天		

（3）表达式中的计算

在 Access 2007 中，查询不仅具有查找的功能，而且还具有计算功能。查询中的计算包括加、减、乘、除等简单的算术运算，还包括"与""或""非"等逻辑运算，以及一些 Access 2007 的内部函数。在查询准则中可以使用以下几种计算，见表 6-3。

表 6-3　常用运算符

运　算　符	说　明
+	两个数字型字段的相加，除此之外，还可将两个文本字符串连成一个文本字符串
−	两个数字型字段的相减
*	两个数字型字段的相乘
/	数值型字段 A 的值除以数值型字段 B 的值
\	数值型字段 A 的值除以数值型字段 B 的结果四舍五入成整数
∧	表示 A 的 B 次幂
Mod（A,B）	数值型字段 A 和 B 的值化为整数并相除求余数
A&B	将文本型字段 A 和 B 连接成一个字符串

（4）关系运算符

在 Access 2007 中，在查询中不仅可对数值、字符进行计算，而且还可以对关系进行运算，常用关系运算符，见表 6-4。

表 6-4　关系运算符号及其说明

关系运算符号	说　明	关系运算符号	说　明
>	大于	<	小于
>=	大于等于	<=	小于等于
=	等于	<>	不等于

2. 使用准则表达式生成器

单击查询设计器下部查询设计区网格中"条件"行的任一单元格，然后单击工具栏上的"生成器"按钮，将弹出"表达式生成器"对话框，如图 6-10 所示。

在对话框上面有一个文本框，这是生成表达式的显示区域，用户可以在此直接输入表达式。文本框下面是一些运算符按钮，最下面是 3 个分级列表框。最左端的列表框中给出表达式中所能用到的全部字段所属的表、查询、报表、窗体，还有常量、函数、通用表达式和操作符。它们按类别存放，每一类的前面带有一个"文件夹"图标，其中"+"表示其下有次级分类，单击该图标就可以将其打开。

在左端的列表框中，被选中打开的项中所包含内容将显示于中间的列表框中。同样，中间列表框中的项的具体次级选项将显示于右端列表框中，选中适当的内容然后单击"粘贴"按钮，可将其加入表达式并显示于文本框中，设置完成的表达式，如图 6-11 所示。

图 6-10　"表达式生成器"对话框

图 6-11　完成的表达式

3．应用实例

【例 6-3】查询"学生基本情况表"中"政治面貌"为"团员"的信息。

操作步骤：

1）操作方法与【例 6-2】中的第 1）～3）步完全一致，这里省略。

2）在"政治面貌"字段的"条件:"框中输入"团员"，如图 6-12 所示。

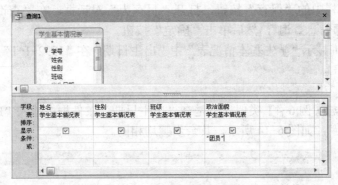
图 6-12　设置查询条件窗口

3）操作方法与【例 6-2】中的第 4）步相同，查询名称为"政治面貌为团员的查询"。

【例 6-4】查询并显示"学生基本情况表"中"政治面貌"为"团员"或"性别"为"男"的信息。

操作步骤：

1）操作方法与【例 6-3】中的第 1）～4）步基本一致，在"性别"字段的"或:"单元格中输入"男"。

2）单击工具栏中的"保存"按钮，打开"另存为"对话框，在"查询名称"文本框中输入"团员或性别为男的学生信息查询"，然后单击"确定"按钮。

【例 6-5】查询显示"教师基本情况表"中姓"张"、"职称"为"讲师"，并且该职工不在"计算机系"的信息。

操作步骤：

1）在"教学管理"数据库中，单击"创建"选项卡中的"其他"选项组中的"查询设计"按钮，打开"显示表"对话框，选择"教师基本情况表"，单击"添加"按钮，以及单击"关闭"按钮。

2）在设计窗口中，设置需要显示的各字段。

3）在"姓名"字段的"条件："单元格中输入"张*"；在"职称"字段的"条件："单元格中输入"讲师"；在"科室"字段的"条件："单元格中输入"Not"应用教研室""或"◇"应用教研室""，如图 6-13 所示。

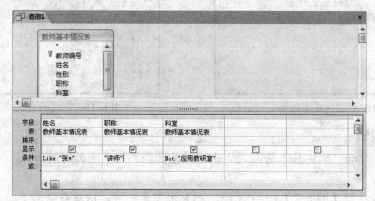

图 6-13　设置查询条件窗口

4）单击工具栏中的"保存"按钮，打开"另存为"对话框，在"查询名称"文本框中输入"姓张的讲师信息查询"，然后单击"确定"按钮。

【例 6-6】查询显示"学生基本情况表"中"出生日期"在"1992-1-1"～"1992-12-31"之间的所有学生信息。

操作步骤：

1）操作方法与【例 6-4】类似，只是在"出生日期"条件框中输入"Between#1992-1-1#And#1992-12-31#"，如图 6-14 所示，其余步骤均相同。

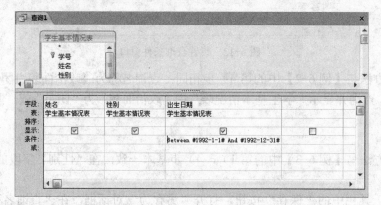

图 6-14　查询出生日期显示在"1992-1-1"～"1992-12-31"之间的所有学生信息

2）运行查询，显示结果，如图 6-15 所示。

图 6-15　查询介于 "1992-1-1" ～ "1992-12-31" 之间出生的记录的运行结果

　说明：

　　1）输入时应注意，文本值使用半角的双引号括起来；日期型值使用半角的 "#" 括起来。

　　2）在条件中字段名必须用方括号 [ ] 括起来，数据类型必须与对应字段的数据类型相一致，否则会出现数据类型不匹配的错误。

6.2.3　执行查询中的计算

　　在实际工作中，需要对查询的结果进行统计与计算，如求和、计数、求最大值、平均值等。在 Access 2007 中所建立的查询不仅具有查询功能，而且还具有计算功能。常用函数及其说明见表 6-5。

表 6-5　函数及其说明

函　数	说　明
Sum（总计）	字段的总值。适用于数字、日期/时间、货币和自动编号等数据类型
Avg（平均值）	字段的平均值。适用于数字、日期/时间、货币和自动编号等数据类型
Min（最小值）	字段的最小值。适用于文字、数字、日期/时间、货币和自动编号等类型
Max（最大值）	字段的最大值。适用于文字、数字、日期/时间、货币和自动编号等类型
Count（计数）	字段的值数，不包括空格。
SeDev（标准差）	字段值的标准方差。适用于数字、日期/时间、货币和自动编号等类型
Var（方差）	字段中值的方差。适用于数字、日期/时间、货币和自动编号等类型
First（第一条记录）	结果集中第一条记录的字段值。
Last（最后一条记录）	结果集中最后一条记录的字段值。

　　【例 6-7】统计学生人数。

　　操作步骤：

　　1）在 "教学管理" 数据库中，单击 "创建" 选项卡中的 "其他" 选项组中的 "查询设计" 按钮，打开 "显示表" 对话框，选择 "学生基本情况表"，单击 "添加" 按钮，以及单击 "关闭" 按钮。

　　2）在字段列表中选择字段并放在 "字段" 行上，单击下拉按钮，从字段列表中选择 "学号" 字段，添加到字段行的第一列上。

　　3）单击工具栏中 "汇总" 按钮或从右键快捷菜单中选择 "汇总" 菜单项，在 "设计网格" 中插入一个 "总计" 行，并自动将 "学号" 字段的 "总计" 单元格设置成 "分组"。

　　4）选择 "学号" 字段的 "总计" 单元格下拉列表中的 "计算"，如图 6-16 所示。

5）单击工具栏中的"保存"按钮，打开"另存为"对话框，在"查询名称"文本框中输入"统计学生人数"，单击"确定"按钮。

6）单击工具栏中的"运行"按钮，查询结果，如图 6-17 所示。

图 6-16　查询中的计算　　　　　　图 6-17　统计学生人数查询结果

【例 6-8】统计 1992 年出生的学生人数。

操作步骤：

1）在"教学管理"数据库中，单击"创建"选项卡中的"其他"选项组中的"查询设计"按钮，打开"显示表"对话框，选择"学生基本情况表"，单击"添加"按钮，以及单击"关闭"按钮。

2）在字段列表中选择字段并放在"字段"行上，单击下拉按钮，从字段列表中选择"学号"和"出生日期"字段，添加到字段行的第一列和第二列上。

3）单击工具栏中的"汇总"按钮，在"设计网格"中插入一个"总计"行，并自动将"学号"字段的"总计"单元格设置成"分组"。选择"学号"字段的"总计"单元格下拉列表中的"计数"，将"出生日期"的"总计"设置为"where"。

4）在"出生日期"字段的"条件"单元格中输入"Year（[出生日期]）=1992"条件，如图 6-18 所示。

5）单击工具栏中的"保存"按钮，打开"另存为"对话框，在"查询名称"文本框中输入"统计 1987 年出生的学生人数"，单击"确定"按钮。

6）单击工具栏中的"运行"按钮，查询结果，如图 6-19 所示。

图 6-18　查询中的计算　　　　　　图 6-19　统计学生人数查询结果

【例 6-9】统计各班级的学生人数。

操作步骤：

1）在"教学管理"数据库中，单击"创建"选项卡中的"其他"选项组中的"查询设计"按钮，打开"显示表"对话框，选择"学生基本情况表"，单击"添加"按钮，然后单击"关闭"按钮。

2）双击"学生基本情况表"字段列表中的"学号"和"班级"字段，添加到字段行的第一列和第二列上。

3）单击工具栏中的"汇总"按钮，则在"设计网格"中插入一个"总计"行。选择"学号"字段的"总计"单元格下拉列表中的"计算"，将"班级"的"总计"设置为"Group by"。

4）单击工具栏中的"保存"按钮，打开"另存为"对话框，在"查询名称"文本框中输入"各班级学生人数"，单击"确定"按钮。

【例 6-10】统计各班级的学生人数，并新增加字段"人数"。

操作步骤：

1）在"教学管理"数据库中，单击"创建"选项卡中的"其他"选项组中的"查询设计"按钮，打开"显示表"对话框，选择"查询"选项卡，选择"各班级的学生人数"查询，单击"添加"按钮，以及单击"关闭"按钮。

2）双击"学生基本情况表"字段列表中的"班级"字段，添加到字段行的第一列。在第二列"字段"中输入"人数：[各班级学生人数]！[学号之计算]"，如图 6-20 所示。其中"人数"为新增加字段，其值引自"各班级的学生人数"查询中的"学号之计算"值。

3）单击工具栏中的"保存"按钮，打开"另存为"对话框，在"查询名称"文本框中输入"新增加字段人数"，单击"确定"按钮。

4）单击工具栏中的"运行"按钮，查询结果，如图 6-21 所示。

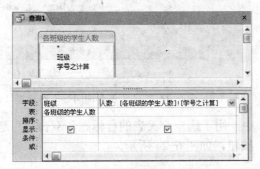

图 6-20　新增加字段设计　　　　　　图 6-21　各班级人数运行结果

 说明：

新增的字段所引用的字段应注明其所在的数据源，且数据源和引用字段都应用方括号括起来，中间加"！"作为分隔符。

6.3　创建特殊用途查询

数据查询并不总是静态地提取统一信息。通过向导创建的查询只是最基本的查询，大部分查询不能使用查询向导来创建。

6.3.1 交叉表查询

交叉表查询是一种特殊的合计查询类型，使数据按电子表格的方向显示查询的结果集，这种显示方式在水平与垂直方向同时对数据进行分组，使数据的显示更为紧凑。

1．使用交叉表查询向导

【例 6-11】利用交叉表查询，统计各班级的男女学生人数。

操作步骤：

1）在"教学管理"数据库中，单击"创建"选项卡中的"其他"选项组中的"查询向导"按钮，打开"新建查询"对话框，选择"交叉表查询向导"项，单击"确定"按钮，如图 6-22 所示。

2）打开"交叉表查询向导"对话框-1，在视图中选择"表"，然后选择"表：学生基本情况表"数据表，单击"下一步"按钮，如图 6-23 所示。

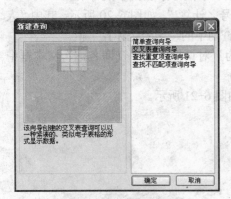

图 6-22 "新建查询"对话框

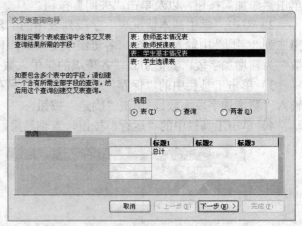

图 6-23 "交叉表查询向导"对话框-1

3）在"交叉表查询向导"对话框-2 中，用于确定交叉表的行标题，双击"可选字段"列表中的"班级"字段，单击"下一步"按钮，如图 6-24 所示。

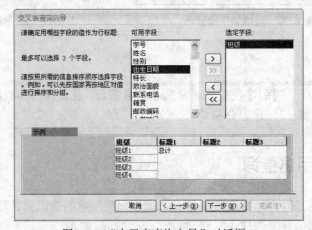

图 6-24 "交叉表查询向导"对话框-2

4）在"交叉表查询向导"对话框-3 中，用于确定交叉表的列标题，列标题只能选择一个字段，为了在交叉表的每一列上显示性别，单击列表中的"性别"字段，单击"下一步"按钮，如图 6-25 所示。

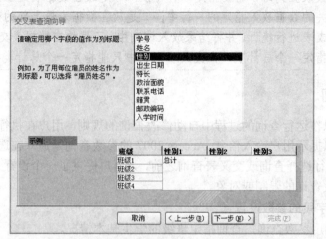

图 6-25 "交叉表查询向导"对话框-3

5）在"交叉表查询向导"对话框-4 中，用于每个行和列的交叉点处计算数据。为了在交叉表显示每个班级的男女生的人数，应单击"字段"列表中的"姓名"字段，然后在"函数"列表中选择"计数"。若不在交叉表的每行前面显示总计数，应取消"是，包括各行小计"复选框，单击"下一步"按钮，如图 6-26 所示。

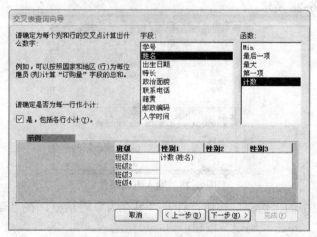

图 6-26 "交叉表查询向导"对话框-4

6）在"交叉表查询向导"对话框-5 中，输入查询名称，单击"完成"按钮。

7）运行该交叉表查询，显示查询结果，如图 6-27 所示。

班级	总计 姓名	男	女
计算机1131	8	4	4
计算机1132	4	4	
计算机1133	4	4	
网络1131	1		1

图 6-27 交叉表查询运行结果

> 在创建交叉表查询时,需要指定 3 种字段:一是放在数据表最左侧的行标题,它将某一字段或相关的数据放入指定的一行中;二是放在数据表最上部的列标题,它为每一列指定的字段或表进行统计,并将结果放入该列中;三是放在数据表交叉位置上的字段,需要为该字段指定一个总计项,在交叉表查询中只能指定一个总计类型的字段。

6.3.2 参数查询

参数查询可以在运行查询的过程中自动修改查询的规则,用户在执行参数查询时会显示一个输入对话框以提示用户输入信息。Access 2007 的参数查询是建立在选择查询或交叉查询的基础上,是在运行选择查询或交叉表查询之前,为用户提供了一个设置条件的参数对话框,可以很方便地更改查询的限制或对象。

1. 文本类型字段的参数设置

【例 6-12】利用参数查询,查询指定班级的学生基本情况。

操作步骤:

1)在"教学管理"数据库中,单击"创建"选项卡中的"其他"选项组中的"查询设计"按钮,打开"显示表"对话框,选择"表"选项卡,选择"学生基本情况表",单击"添加"按钮,然后单击"关闭"按钮。

2)选择"学生基本情况表"的相关字段,在"班级"字段下的条件栏输入"Like[班级名称]&"*"",如图 6-28 所示。

图 6-28　输入查询条件

3)单击工具栏中的"保存"按钮,打开"另存为"对话框,在"查询名称"文本框中输入"按班级查询",单击"确定"按钮。

4)在"结果"选项组中单击"运行"按钮,打开"输入参数值"对话框,如图 6-29 所示。输入"班级名称"参数,如"计算机 1131",单击"确定"按钮,查询结果如图 6-30 所示。

图 6-29　输入参数值

图 6-30　文本类型字段参数设置的查询结果

说明：

若需要输入全名，则在"条件"设置时输入"Like [班级名称]"即可。

2. 日期/时间类型字段的参数设置

除了可以对文本类型字段进行参数设置外，还可对日期/时间字段进行参数设置。设置日期或时间参数时，通常必须指定参数的数据类型，当用户输入的数据类型不符合时，系统在输入参数后提示警告信息。

在一般选择查询中，不指定参数类型也可以执行；但在交叉表查询中，一定要设置参数的数据类型。

【例 6-13】利用参数，按照出生日期时间段查询"学生基本情况表"中的学生信息。

操作步骤：

1）在"教学管理"数据库中，单击"创建"选项卡中的"其他"选项组中的"查询设计"按钮，打开"显示表"对话框，选择"表"选项卡，选择"学生基本情况表"，单击"添加"按钮，然后单击"关闭"按钮。

2）选择"学生基本情况表"相关字段，在"出生日期"字段下的条件栏输入"Between[起始时间]And[截止时间]"，如图 6-31 所示。

图 6-31　设定查询条件

3）单击工具栏中的"保存"按钮，打开"另存为"对话框，在"查询名称"文本框中输入"按出生日期查询"，单击"确定"按钮。

4）在"结果"选项组中单击"运行"按钮，打开"输入参数值"对话框，依次输入"1992-1-1""1992-12-31"两个参数，如图 6-32 和图 6-33 所示。

图 6-32　输入"起始时间"参数值　　图 6-33　输入"截止时间"参数值

5）单击"确定"按钮，出现查询结果。

6.4　动作查询

动作查询是 Access 2007 的查询中一种重要的查询，动作查询是仅在一个操作中更改许多记录的查询，共有 4 种类型：生成表、追加、更新与删除。通过动作查询可以提高数据的维护效率。

6.4.1 生成表查询

在 Access 2007 中，从表中访问数据要比从查询中访问数据更方便快捷，因此，如果经常从几个表中提取数据，则最简单的方法就是生成表查询，它是将一个或多个表中的全部或部分数据重新建表。

【例 6-14】通过查询生成"学生基本情况表"中"政治面貌"为"团员"的信息表。

操作步骤：

1）在"教学管理"数据库中，单击"创建"选项卡中的"其他"选项组中的"查询设计"按钮，打开"显示表"对话框，选择"表"选项卡，选择"学生基本情况表"，单击"添加"按钮，单击"关闭"按钮。

2）选择"学生基本情况表"相关字段，在"政治面貌"字段的"条件："框中输入"团员"。

3）在"结果"选项组中单击"运行"按钮，打开"生成表"对话框。在"表名称"文本框中输入"团员表"，如图 6-34 所示。

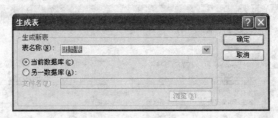

图 6-34 命名新表

4）单击"确定"按钮，然后在"结果"选项组中单击"运行"按钮，打开"正准备生成查询表"对话框，如图 6-35 所示。单击"是"按钮，打开"正准备向新表中粘贴记录"对话框，如图 6-36 所示。单击"是"按钮，将生成一个"生成表查询"的数据表。

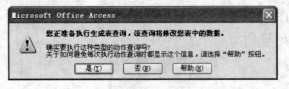

图 6-35 "正准备生成查询表"对话框

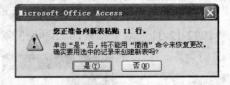

图 6-36 "正准备向新表中粘贴记录"对话框

说明：

在操作过程中，有时在窗口中会出现"安全警告已禁用了数据库的某些操作"的信息显示，同时任务栏上显示"操作或事件已被禁止模式阻止"信息，此时不能进行生成表等相关操作。通过单击"选项"按钮，打开"Microsoft Office 安全选项"对话框，如图 6-37 所示，选择"启用此内容"单选按钮，再单击"确定"按钮。

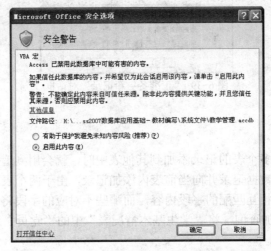

图 6-37 "Microsoft Office 安全选项"对话框

6.4.2 更新查询

在建立与维护数据库的过程中，经常需要对数据表中的数据进行修改或者更新，如果需要修改或更新的记录很多，那么这将是一项非常费时费力的工作，而且容易出现错误。这种操作最简单、有效的方法就是利用 Access 2007 所提供的数据更新查询，来实现这项工作。

【例 6-15】通过查询更新"教师基本情况表"中"职称"为"助教"变为"讲师"。

操作步骤：

1）在"教学管理"数据库中，单击"创建"选项卡中的"其他"选项组中的"查询设计"按钮，打开"显示表"对话框，选择"表"选项卡，选择"教师基本情况表"，单击"添加"按钮，以及单击"关闭"按钮。

2）选择"教师基本情况表"中相关字段，执行常用工具栏中的"更新"按钮，在网格中出现了"更新到："一行，在"职称"字段的"更新到："框中输入"讲师"，在"条件："框中输入"助教"，如图 6-38 所示。

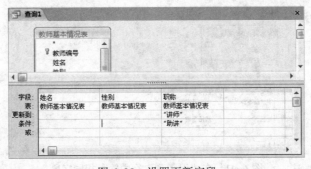

图 6-38 设置更新字段

3）在"结果"选项组中单击"运行"按钮，打开"正准备更新记录"对话框，如图 6-39所示。单击"是"按钮，将更新一个"教师基本情况表"中的职称数据。

图 6-39　"正准备更新记录"对话框

6.4.3　追加查询

当用户要把一个或多个表的记录添加到其他表中时，就会用到追加查询。追加查询可以从另一个数据表中读取数据记录并向当前表内添加记录，由于两个表之间的字段定义可能不同，追加查询只能添加相互匹配的字段内容，而那些不对应的字段将被忽略。

【例 6-16】通过追加查询，将"学生基本情况表"中的"党员"追加到"团员表"中。

操作步骤：

1）在"教学管理"数据库中，单击"创建"选项卡中的"其他"选项组中的"查询设计"按钮，打开"显示表"对话框，选择"表"选项卡，选择"学生基本情况表"，单击"添加"按钮，并单击"关闭"按钮。

2）切换到"查询工具"→"设计"选择卡，在"查询类型"选项组中单击"追加"按钮，打开"追加"对话框，选中"当前数据库"单选按钮，从"表名称"下拉列表框选择"团员表"，如图 6-40 所示。

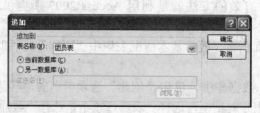

图 6-40　"追加"对话框

3）将"学生基本情况表"的"姓名"和"政治面貌"两个字段添加查询设计区，因为这两个表中都有"姓名"和"政治面貌"两个字段，所以 Access 2007 就自动"追加到"行中输入相同的名称，在"政治面貌"字段的"条件："框中输入"党员"，如图 6-41 所示。

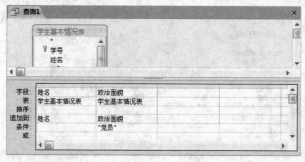

图 6-41　在"追加到"行中输入相同字段

4）在"结果"选项组中单击"运行"按钮，打开"正准备追加记录"对话框，如图 6-42 所示，单击"确定"按钮，将"党员"信息追加"团员表"数据表的后面。

图 6-42　"正准备追加记录"对话框

　说明：

1）如果正在追加 Access 2007 自动赋予"自动编号"数值的字段，则不要把源表的"自动编号"字段从源表添加到查询设计区的网格中，如果 Access 2007 不自动赋予"自动编号"并且用户确信"自动编号"字段在目标表的现有记录中将不会遇到任何重复值，则可以把"自动编号"字段添加到查询设计区的网格中，这样将不再追加含有重复"自动编号"值的记录。

2）如果只有一条记录要追加，则可选择记录并使用"复制"和"粘贴追加"命令进行。

3）如果正在追加的字段比目标表包含的字段多，则超过的字段将被忽略。如果目标表的字段比源表多，则 Access 2007 只追加含有相匹配名的字段并保留目标表中剩余的空白区。

6.4.4　删除查询

由于数据量的不断增加，其中有些数据可能没有任何用途，对于无用的数据应及时从数据库中删除。Access 提供了一种能够删除某些记录的操作查询，即删除查询。它可以帮助用户从一个或多个表中删除一组记录。

【例 6-17】通过删除查询删除"学生基本情况表"中"政治面貌"为"群众"的信息。
操作步骤：

1）在"教学管理"数据库中，单击"创建"选项卡中的"其他"选项组中的"查询设计"按钮，打开"显示表"对话框，选择"表"选项卡，选择"学生基本情况表"，单击"添加"按钮，并单击"关闭"按钮。

2）切换到"查询工具"→"设计"选择卡，在"查询类型"选项组中单击"删除"按钮，在查询设计网格中出现了"删除"一行，在"政治面貌"字段下的"条件："框中输入"群众"，如图 6-43 所示。

图 6-43　设置删除查询条件

3）在"结果"选项组中单击"运行"按钮，打开"正准备删除"对话框，如图 6-44 所示，单击"是"按钮，将删除"政治面貌"为"群众"的信息。

图 6-44 "正准备删除"对话框

说明：

> 1）删除查询将永久删除指定表中的记录，并且不能用"撤消"命令恢复所做的删除。因此，在执行删除查询时要慎重，最好做好备份，以防由于误操作而引起的数据丢失。
> 2）在执行操作查询前，最好先进行预览，预览即将改变的记录，如果符合要求，则再去执行操作查询，这样可以防止误操作而造成的数据丢失。

6.5 利用 SQL 创建查询

SQL 查询是用户使用 SQL 语句直接创建的一种查询。实际上，Access 所有的查询都可以认为是一个 SQL 查询，因为 Access 查询就是以 SQL 语句为基础来实现查询的功能。如果用户比较熟悉 SQL 语句，可以直接用它来建立查询、修改查询的条件。

【例 6-18】利用已经存在的查询"政治面貌为团员的查询"，将查询"政治面貌"为"团员"的学生信息修改为查询"政治面貌"为"党员"的信息。

操作步骤：

1）在设计视图中打开已经建立的查询"政治面貌为团员的查询"。

2）在"结果"选项组中单击"视图"按钮下的三角按钮，从列表中选择"SQL 视图"命令，出现如图 6-45 所示的查询代码窗口。

图 6-45 SQL 代码窗口

3）在该窗口中选择"团员"，将其修改为"党员"。

4）在"结果"选项组中单击"运行"按钮，则出现"政治面貌"为"党员"的学生信息。

5）单击"保存"按钮，完成此次修改工作。

 **本章小结**

本章主要介绍了查询的基本概念及查询设计器的构成，创建不带条件查询与创建带条件

查询的方法，同时介绍了在查询中数据统计、交叉表查询、参数查询的设置与使用方法，以及动作查询，包括生成表查询、更新查询、追加查询、删除查询的使用方法。通过对本章的学习，读者可以进一步了解与掌握 Access 的查询功能。

 习题

1．填空题

1）查询是在指定的一个或多个表内查找某些特定的_____，完成数据的检索、定位和计算的功能，并将这些记录显示在一个数据表中供用户查看。

2）查询中常用的函数有求和_____、求平均_____、统计个数_____以及求最大值 Max 和求最小值 Min 等。

3）将"学生基本情况表"创建"学生基本情况表 2"，所使用的查询方式是_____。

4）将表"教师授课表"中的某些记录删除，所使用的查询方式是_____。

5）执行_____查询后，字段的旧值将被新值替换。

6）查询设计器分为上下两个部分，上半部分为表的显示区，下半部分为_____。

7）如果一个查询的数据源仍是查询，而不是表，则该查询称为_____。

8）"查询准则"是查询或高级筛选中用于识别所需特定记录的_____。

2．选择题

1）条件语句 Where 性别＝"女"在查询中的意思是（　　　）。

    A．将字段"性别"中的"男"记录显示出来

    B．将字段"性别"中的"男"记录删除

    C．复制字段"性别"中的"男"记录

    D．将字段"性别"中的"男"记录进行替换

2）条件性别＝"男"Or 工资<1800 的意思是（　　　）。

    A．性别为"男"并且工资小于 1800 的记录

    B．性别为"男"或者工资小于 1800 的记录

    C．性别为"男"并非工资小于 1800 的记录

    D．性别为"男"或者工资小于 1800，且二者择一的记录

3）条件中"Between 60 And 99"的意思是（　　　）。

    A．数值 60 和 99 这两个数字

    B．数值 60 到 99 之间的数字

    C．数值 60 和 99 这两个数字之外的数字

    D．数值 60 和 99 包含这两个数字，并且除此之外的数字

4）查询中的分组条件和条件应写在设计视图中（　　　）行。

    A．总计　　　　　　　　B．字段　　　　　　　　C．条件　　　　　　　　D．显示

5）查询"教师基本情况表"中工资为 2000 元以上（不包含 2000 元）至 4000 元（不包含 4000 元）以下的人员记录，表达式应为（　　　）。

    A．实发工资>2000　OR　　实发工资<4000

B．实发工资>2000　AND　实发工资<4000

C．实发工资>=2000　AND　实发工资=<4000

D．实发工资（Between 2000 And 4000）

6）下列说明中，错误的是（　　）。

A．查询是从数据库的表中筛选符合条件的记录，构成一个新的数据集合

B．在 Access 中不能进行交叉查询

C．创建复杂的查询不能使用查询向导

D．可以使用函数、逻辑运算符、关系运算符创建复杂的表达式

7）使用查询向导不能创建（　　）。

A．简单的选择查询　　　　　B．基于一个表或查询的交叉表查询

C．操作查询　　　　　　　　D．查找重复项查询

8）下列不属于 Access 提供的特殊运算符的是（　　）。

A．In　　　　　　B．Between　　　　C．Is Null　　　　D．Not Null

9）假设某数据库中有工作时间字段，查找 2011 年参加工作的职工信息准则是（　　）。

A．Between #2011-01-01#And#2011-12-31#

B．Between "2011-01-01" And "2011-12-31"

C．Between "2011.01.01" And "2011.12.31"

D．#2011-01-01#And#2011-12-31#

10）不属于查询功能的有（　　）。

A．筛选记录　　　B．整理数据　　　C．操作表　　　D．输入接口

3．简答题

1）Access 2007 中的查询类型主要有哪些？

2）操作查询主要有哪几种？

3）举例说明在什么情况下，需要设计生成表查询。

4．操作题

已知：某学校学生成绩数据库中的"成绩表"及内容如下：

学号	姓名	性别	数据库	多媒体	网络	基础	微机原理	总分	平均分
01	李刚	男	90	100	97	99	100		
02	王彤	女	86	90	95	97	75		
03	周岚	女	88	100	70	98	80		
04	赵敏	女	97	100	100	90	90		
05	张阳	男	80	60	79	100	56		

1）建立"查询一"，计算每一科的平均分。

2）建立"查询二"，计算每一科的总分。

3）建立"查询三"，计算每一科的最高分。

4）建立"查询四"，计算每一科的最低分。

5）建立"查询五"，计算"总分"，将值输入表中。

6）建立"查询六"，计算"平均分"，将值输入表中。

第 7 章   创建与维护窗体

学习目标

知识：1）窗体的基本结构；

2）窗体的设计工具与窗体的基本操作；

3）窗体的属性。

技能：1）掌握建立窗体的方法；

2）掌握在设计视图中设计窗体；

3）了解子窗体的使用；

4）掌握在窗体中操作数据的基本方法。

窗体是用户与 Access 2007 应用程序之间进行人机交互的重要窗口，是 Access 2007 数据库中的一个常用对象。窗体可以为用户的输入、修改、查询等数据操作提供一个简单、自然、美观的操作平台。本章将详细介绍窗体的概念和作用、窗体的组成和结构、窗体的创建与使用、窗体中各控件使用等内容。

7.1   初识窗体

7.1.1   窗体的功能

在 Access 2007 数据库管理系统中，用户不仅可以设计表和查询，还可以根据表和查询创建窗体。窗体是用户与 Access 中的表进行数据交互的界面，通过窗体不仅可以显示、查询、增加、删除、修改、打印数据，同时还可以控制应用程序的流程。

在 Access 2007 中，窗体的主要功能如下：

1）数据的显示与编辑。窗体的最基本功能是显示与编辑数据。窗体可以显示来自多个表中的数据。此外，用户可以利用窗体对数据库中的相关数据进行添加、删除和修改，并可以设置数据的属性。使用窗体来显示并浏览数据比使用数据表更为方便直观。

2）数据输入。用户可以根据需要设计窗体，作为数据库中数据输入的接口，这种方式可以节省数据录入时间并且提高数据录入的准确度。

3）应用程序流控制。与 Visual Basic 中的窗体类似，Access 2007 中的窗体也可以使用函数、子程序，在每个窗体中，用户可以使用 VBA 编写代码，并利用代码执行相应的功能。

4）显示信息和数据打印。利用窗体显示各种消息、警告和错误信息。此外，窗体也可以用来执行打印数据库中数据的功能。

很多数据库应用系统并不是给设计人员自己使用的，因此，需要考虑使用者的使用习惯。建立一个美观、友好的使用界面会给使用者带来极大的便利，这是建立窗体的基本目的。

7.1.2 创建窗体的方法

Access 2007 的"创建"选项卡下的"窗体"选项组中提供了 10 种创建窗体的方法，如图 7-1 所示。用户可以使用任意一种方法创建窗体。

图 7-1 创建窗体的方法

1）窗体：向导根据用户所确定的表或查询自动创建窗体。

2）分割窗体：分割窗体是 Access 2007 的新功能，可以同时提供数据的窗体视图和数据表视图。

3）多个项目：使用单窗体工具创建窗体时，Access 创建的窗体一次显示一个记录。如果需要一次显示多个记录，同时又能自定义比数据表强的窗体，则可以使用该工具。

4）数据透视图：向导自动在数据透视图视图中创建窗体。

5）空白窗体：打开空白窗体布局视图，用户可以自主设计窗体。

6）窗体设计：不需要向导，打开空白窗体布局视图，用户可以自主设计窗体。

7）窗体向导：弹出"窗体向导"对话框，用户根据提示一步一步地创建窗体。

8）数据表：向导自动创建带有 Excel 数据表的窗体。

9）模式对话框：向导自动创建带有"确定"和"取消"控件按钮的设计视图窗体。

10）数据透视表：向导自动创建带有 Excel 数据透视表的窗体。

7.1.3 窗体设计工具

在创建窗体前，必须对设计窗体所使用的"窗体设计工具"动态工具栏、工作区、"属性表"窗格与"字段列表"窗格作一介绍。

1."窗体设计工具"动态工具栏

单击"窗体"选项组中的"窗体设计"按钮，Access 2007 自动弹出"窗体设计工具"动态工具栏，如图 7-2 所示。

图 7-2　"窗体设计工具"动态工具栏

1）"视图"按钮：单击"视图"按钮，窗体会以打印预览视图显示。单击其下面的三角按钮，其下拉列表中列出了"窗体视图""数据表视图""数据表透视视图""数据透视图视图""设计视图"5 个选项，用户可以选择不同的显示方式。

2）"字体"选项组：用来设置窗体的字体属性，包括字体、字号、颜色、对齐方式、加粗、斜体、下划线等。

3）"控件"选项组：利用"控件"选项组可向窗体添加各种控件，用于丰富窗体的功能和界面。完成该工作的方法非常容易，只要单击所需的按钮并把光标拖到希望控件出现的地方即可。

4）"添加现有字段"按钮：用来给窗体添加相关数据源的字段。单击此按钮，打开"字段列表"窗格，窗格中显示相应的表及所包含的字段。

5）"属性表"按钮：单击此按钮，打开"属性表"窗口。

在窗体设计过程中，"控件"选项组如图 7-3 所示，它是非常有用的，利用"控件"选项组可以向窗体中添加各种控件，其中各控件的作用如下。

图 7-3　"控件"选项组

1）"徽标"控件：使用此控件可以将图片插入到窗体中作为窗体的徽标。

2）"标题"控件：使用此控件用于显示窗体的标题。

3）"页码"控件：使用此控件可以将页码插入到窗体中。

4）"日期和时间"控件：使用此控件可将当前的日期或时间插入到窗体中。

5）"文本框"控件：用来创建一个可以显示或编辑文本的数据源的框。如果文本框与某个字段中的数据相绑定，则这种文本框称为绑定文本框，否则称为未绑定文本框。

6）"标签"控件：用来创建一个包含固定的描述性或指导性的文本框，它所显示的内容是固定不变的。

7）"按钮"控件：用于执行某种动作创建一个命令按钮。单击此按钮时，将触发按钮的 Click 事件。执行一个宏或 Access VBA 事件处理过程。

8）"列表框"控件：用来显示一个可以滚动数据列表。在窗体视图中，可以从列表中选择值输入到新记录中或者更改现有记录中的值。

9）"组合框"控件：组合框包含一个可编辑的文本框和一个可供选择的数据列表框的特征，用户可以在其中输入数据，也可以在列表中选择输入数据。

10）"子窗口/子报表"控件：分别用于向主窗体或主报表添加子窗体或子报表。在使用该控件之前，要添加的子窗体或子报表必须存在，主要用于显示具有一对多关系的表或查询中的数据。

11)"直线"控件：创建一条直线，可以重新定位和改变直线的长度。

12)"矩形"控件：创建一个矩形，可以改变其大小和位置，其边框颜色、宽度和矩形的填充色可用调色板中的选择来改变。

13)"绑定对象框"控件：绑定对象可以将具有 OLE 功能的声音、图像或图形的数据放入当前窗体中，并且与窗体中某一表对象或查询对象的数据有所关联。

14)"选项组"控件：使用"选项组"控件，可以在窗体、报表或数据访问页中显示一组限制性的选项值，选项组可以使选择变得非常容易。

15)"复选框"控件：可以结合到是/否的独立控件。复选框与选项组按钮的区别是，选项组按钮一次只能选择一组中的一项，而复选框一次可以选择一组中的多项。当被选中时，值为 1；被取消时，值为 0。

16)"选项按钮"控件：其操作与切换按钮类似，用于输入有逻辑性的数据，可以使数据的输入更加方便。另外，"选项按钮"也可以作为定制对话框或选项组的一部分使用。

17)"切换按钮"控件：创建一个在单击时可以在"开"和"关"两种状态之间切换的按钮。开的状态应为 1，而关的状态应为 0。当在一个选项组时，切换一个按钮到开的状态将导致以前所选的按钮切换到关的状态。

18)"选项卡控件"控件：插入一个选项卡控件，将创建一个具有选项卡的窗体或对话框，用户可以在选项卡上添加其他控件。

19)"插入图表"控件：用来在窗体中插入统计图表。在插入统计图表时利用向导按照相应提示进行。

20)"未绑定控件框"控件：利用未绑定控件可以将具有 OLE 功能的声音、图像或图形的数据放入当前窗体中，并且该对象只属于窗体的一部分，并不与窗体中其他对象有所关联。

21)"图像"控件：通过使用此控件可以向窗体、报表中加入图片。

22)"插入或删除分页符"控件：用于插入或删除多页表格的分页位置。

23)"插入超链接"控件：用于给窗体添加超链接。

24)"附件"控件：用于给窗体添加附件。

25)"选择"控件：用于选定某一控件，选定的控件则变为当前控件，以后的所有操作均对这个控件起作用。

26)"使用控件向导"控件：单击该控件，在使用其他控件时，即可在向导的引导下完成设计操作。

27)"ActiveX 控件"控件：单击该控件，Access 2007 会显示所有已加载的 ActiveX 控件，用户可以选择合适的 ActiveX 控件插入到窗体中。

在"窗体设计工具"动态工具栏上切换到"排列"选项卡，如图 7-4 所示。下面分别介绍其各部分的作用。

图 7-4 "窗体设计工具"→"排列"选项卡

①"自动套用格式"选项组：单击此按钮，将打开"自动套用格式"列表窗口，用户可以在此选择喜欢的窗体格式。

②"控件布局"选项组：在此选项组中包含了调整控件布局的一系列功能按钮。

③"控件对齐方式"选项组：在此选项组中包含了调整控件对齐方式的一系列功能按钮。

④"位置"选项组：在此选项组中包含了调整窗体中各元素位置的一系列功能按钮。

⑤"显示/隐藏"选项组：在此选项组中包含了显示/隐藏网格、标尺、窗体页眉/页脚、页面页眉/页脚等一系列功能按钮。

2．工作区

在设计视图状态下，屏幕会显示用于窗体创建或对窗体进行修改、添加等操作的工作区域，这就是窗体设计工作区。窗体通常由页眉、页脚、页面页眉、页面页脚和主体 5 部分组成，每一部分都称为"一节"，如图 7-5 所示。

图 7-5　窗体工作区

现以"空白窗体"的设计视图为例，对窗体的组成进行说明：

（1）窗体页眉/窗体页脚

窗体页眉位于窗体的最上方，是由窗体控件所组成的，主要用于显示标题、窗体的使用说明、控件按钮等。

窗体页脚位于窗体的最下方，是由窗体控件所组成的，主要用于显示窗体的使用说明、控件按钮等。

（2）主体

窗体页眉位于窗体的中部，是由多种窗体控件所组成的，一般放置表的记录，主体是 Access 2007 窗体最核心的部分。

（3）页面页眉/页面页脚

页面页眉/页面页脚分别位于主体的上、下方，主要用于对输出内容的辅助说明，如日期、页码等，一般只用于打印窗体的设计中。

 说明：

如果在窗体中没有"页面页眉/页面页脚"，则可以选择窗体并单击鼠标右键，从弹出的快捷菜单中选择"页面页眉/页面页脚"，即可在窗体中插入"页面页眉/页面页脚"。

3．"属性表"窗格

窗体或其中的每一个控件，都有自己的属性，用户可以在窗体的"属性表"窗格中方便地进行设置。"属性表"窗格由 5 个选项卡组成，分别为"格式""数据""事件""其他"和"全部"，如图 7-6 所示。每个选项卡中都包含若干个属性，用户可以直接输入或选择进行属性设置。

4."字段列表"窗格

在设计视图状态下，当用户要创建基于某个表或查询的窗体时，可通过在窗体中显示相关的表字段。"字段列表"窗格如图7-7所示。

在新建窗体的设计视图状态下，选定数据源后，Access 2007会自动弹出字段列表，也可以切换到"窗体设计工具"→"设计"选项卡，在"工具"选项组中单击"添加现有字段"按钮显示它。如果希望在窗体内创建文本框来显示某一字段，则只需在字段列表中单击该字段，并将其拖动到窗体内，窗体会自动创建一个与其关联的文本框。

图7-6 "属性表"窗格

图7-7 "字段列表"窗格

7.1.4 窗体的类型

在 Access 2007 中，根据显示数据的方式不同，提供了纵栏式窗体、表格式窗体、数据表窗体、主/子窗体、数据透视表窗体和图表窗体共6种类型的窗体。

1. 纵栏式窗体

纵栏式窗体是最常用的窗体，每次只能显示一条记录。窗体中显示的记录按列分割，每列的左边显示字段名，右边显示字段的内容，如图7-8所示。

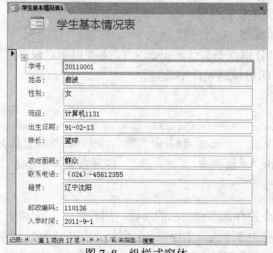

图7-8 纵栏式窗体

在纵栏式窗体中，可以随意安排字段，还可以设置方框、颜色、特殊效果。建立和使用纵栏式窗体，可以美化操作界面，提高工作效率。

2. 表格式窗体

表格式窗体是在一个窗体中一次显示多条记录的信息，如图 7-9 所示。如果要浏览更多的记录，则可以通过垂直滚动条进行浏览。当拖动滚动条进行浏览后面的记录时，窗体上方的字段名称信息固定不变，滚动的只是记录信息。

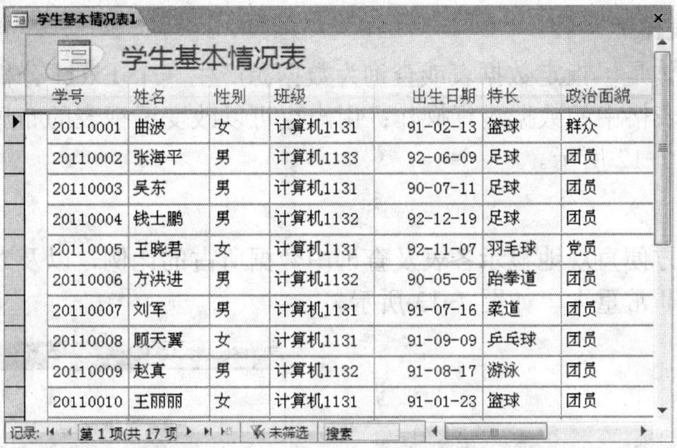

学号	姓名	性别	班级	出生日期	特长	政治面貌
20110001	曲波	女	计算机1131	91-02-13	篮球	群众
20110002	张海平	男	计算机1133	92-06-09	足球	团员
20110003	吴东	男	计算机1131	90-07-11	足球	团员
20110004	钱士鹏	男	计算机1132	92-12-19	足球	团员
20110005	王晓君	女	计算机1131	92-11-07	羽毛球	党员
20110006	方洪进	男	计算机1132	90-05-05	跆拳道	团员
20110007	刘军	男	计算机1131	91-07-16	柔道	团员
20110008	顾天翼	女	计算机1131	91-09-09	乒乓球	团员
20110009	赵真	男	计算机1132	91-08-17	游泳	团员
20110010	王丽丽	女	计算机1131	91-01-23	篮球	团员

图 7-9　表格式窗体

3. 数据表窗体

数据表窗体与数据表和查询显示数据的界面相同，如图 7-10 所示。数据表窗体的主要作用是作为一个窗体的子窗体。

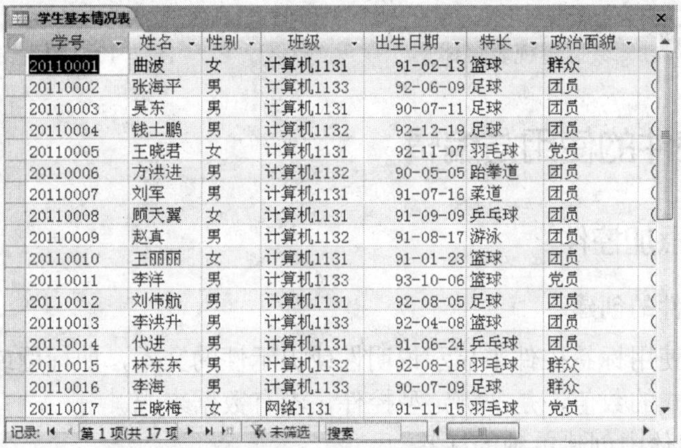

学号	姓名	性别	班级	出生日期	特长	政治面貌
20110001	曲波	女	计算机1131	91-02-13	篮球	群众
20110002	张海平	男	计算机1133	92-06-09	足球	团员
20110003	吴东	男	计算机1131	90-07-11	足球	团员
20110004	钱士鹏	男	计算机1132	92-12-19	足球	团员
20110005	王晓君	女	计算机1131	92-11-07	羽毛球	党员
20110006	方洪进	男	计算机1132	90-05-05	跆拳道	团员
20110007	刘军	男	计算机1131	91-07-16	柔道	团员
20110008	顾天翼	女	计算机1131	91-09-09	乒乓球	团员
20110009	赵真	男	计算机1132	91-08-17	游泳	团员
20110010	王丽丽	女	计算机1131	91-01-23	篮球	团员
20110011	李洋	男	计算机1133	93-10-06	篮球	党员
20110012	刘伟航	男	计算机1131	92-08-05	足球	团员
20110013	李洪升	男	计算机1133	92-04-08	篮球	团员
20110014	代进	男	计算机1131	91-06-24	乒乓球	团员
20110015	林东东	男	计算机1132	92-08-18	羽毛球	群众
20110016	李海	男	计算机1133	90-07-09	足球	群众
20110017	王晓梅	女	网络1131	91-11-15	羽毛球	党员

图 7-10　数据表窗体

4. 主/子窗体

基本窗体称为主窗体，主窗体中的窗体称为子窗体。在这类窗体中，主窗体和子窗体彼此链接，使子窗体只显示与主窗体当前记录相关的记录，如图 7-11 所示。在显示一个具有一对多关系的表或查询中的数据时子窗体特别有用。

图 7-11　主/子窗体

5. 数据透视表窗体

数据透视表窗体是以指定数据表或查询为数据源产生一个 Excel 分析表而建立的窗体形式，它允许用户对表格中的数据进行操作；用户也可以改变透视表的布局，以满足不同的数据分析需要，如图 7-12 所示。

6. 图表窗体

图表窗体可以方便直观地显示各表及查询中数据所占的比例，以及之间的关系，在实际应用过程中其意义非常重大，如图 7-13 所示。

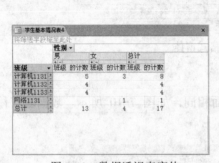

图 7-12　数据透视表窗体

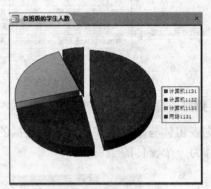

图 7-13　图表窗体

7.2　窗体中控件的使用与编辑

7.2.1　在窗体中添加控件

1. "标签"控件的创建

在窗体中可以使用标签控件来显示说明性或提示性的文本，如标题或简报等，它不能用来显示字段或表达式的数值，是非绑定型控件，没有数据来源。

【例 7-1】在窗体中创建单独的标签。

操作步骤：

1）切换到"创建"选项卡，在"窗体"选项组中单击"窗体设计"按钮，进入窗体设计区。

2）单击"控件"选项组中的"标签"按钮。

3）在设计工作区，用鼠标单击标签的左上角起点，按住鼠标左键拖动标签的右下角终点，然后放开鼠标左键，在标签框内输入相应的文本，如图 7-14 所示。

图 7-14 添加"标签"后的窗体

 说明：

> 如果需要输入的文本超过一行，Access 会在一行的结尾处自动转入下一行。如果要在未到行尾时换行，则可以按<Ctrl+Enter>组合键。如果在标签中使用了&，则必须输入两个&符号，这是由于 Access 在按钮中使用&符号来定义快捷键。

2."文本框"控件的创建

在窗体中可以使用文本框控件来显示数据或供用户输入信息，文本分为 3 种类型即，绑定型控件、未绑定型控件和计算型控件。绑定型控件能够从表或查询中获取所需数据；而非绑定型控件，是指它没有数据来源，可用非绑定型控件的文本框来显示信息；计算型控件可以用于显示表达式的结果，当表达式发生变化时，数值就会被重新进行计算。

【例 7-2】在窗体中创建绑定型文本框。

操作步骤：

1）切换到"创建"选项卡，在"窗体"选项组中单击"窗体设计"按钮，进入窗体设计区。

2）单击"工具"选项组中的"添加已有字段"按钮，选择"教师基本情况表"中的"姓名"字段，按住鼠标左键拖动到设计工作区中的适当位置，然后放开鼠标左键，此时在窗体中添加了一个"姓名"标签和"姓名"文本框，如图 7-15 所示。

图 7-15 添加绑定"文本框"后的窗体

【例 7-3】在窗体中创建非绑定型文本框。

操作步骤：

1）在"窗体"选项组中单击"窗体设计"按钮，进入窗体设计区。

2）单击"控件"选项组中的"文本框"按钮，在设计工作区中，用鼠标左键拖动到窗体适当位置，然后放开鼠标左键，此时会启动文本框向导，在向导中可以设置文本框中文本的字体、字形、字号的特殊效果和对齐方式等，如图 7-16 所示。

3）单击"下一步"按钮，出现设置输入法模式对话框，在"IME 模式"下拉列表中选择"输入法关闭"项，这是为窗体运行时光标进入到此文本框时只输入非中文字符而设置的，如图 7-17 所示。

图 7-16 设置文本框中的文本效果

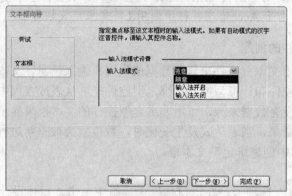

图 7-17 设置输入法模式对话框

4）再单击"下一步"按钮，出现设置文本框名称对话框，输入所需要的名称。

5）单击"完成"按钮，即可创建所需要的文本框。

【例 7-4】在窗体中通过计算型文本框，输入圆的半径，可求出圆的面积。

操作步骤：

1）在"窗体"选项组中单击"窗体设计"按钮，进入窗体设计区。

2）单击"控件"选项组中的"标签"按钮，分别在设计工作区中创建"圆的半径："和"圆的面积："两个标签；再单击"文本框"按钮，在设计视图窗口中，创建两个文本框：一个是存放"圆的半径"的文本框 Text1，另一个是存放"圆的面积"的文本框 Text2。

3）在文本框中输入表达式时，注意每个表达式之前必须加上等号"="，如在圆的面积文本框 Text2 中输入"=3.14*[Text1]*[Text1]"。也可以打开圆的面积文本框 Text2 的"属性"窗口，在"数据"选项卡中的"数据来源"属性框中输入"=3.14*[Text1]*[Text1]"，最后关闭属性窗口，如图 7-18 所示。

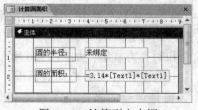

图 7-18 计算型文本框

3．"选项组"控件的创建

选项组中可以包括复选框、切换按钮或选项组按钮。可以在窗体中使用向导创建选项组，也可以在视图中创建选项组。

【例 7-5】使用向导在窗体中创建"性别"的选项组。

操作步骤：

1）在"窗体"选项组中单击"窗体设计"按钮，进入窗体设计区。

2）单击"控件"选项组中的"选项组"按钮，按住鼠标左键在窗体适当位置拖动，打开"选项组向导"对话框-1，在"标签名称"中输入选项组的标题，分别输入"男""女"，如图 7-19 所示。

3）单击"下一步"按钮，打开"选项组向导"对话框-2，设置默认选项，选择"是，默认选项是（Y）"，如图 7-20 所示。

图 7-19 "选项组向导"对话框-1

图 7-20 "选项组向导"对话框-2

4）单击"下一步"按钮，打开"选项组向导"对话框-3，为每一个选项指定相应的值，如图 7-21 所示。

5）单击"下一步"按钮，打开"选项组向导"对话框-4，确定选项组的类型和样式，如图 7-22 所示。

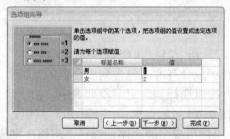

图 7-21 "选项组向导"对话框-3

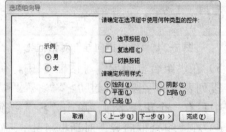

图 7-22 "选项组向导"对话框-4

6）单击"下一步"按钮，打开"选项组向导"对话框-5，如图 7-23 所示。在"请为选项组指定标题"的文本框中输入选项组标题。

图 7-23 "选项组向导"对话框-5

7）单击"完成"按钮，Access 即可在窗体的指定位置插入一个选项组控件。

4．"列表框或组合框"控件的创建

列表框中的列表是由数据行组成的，每行可以是一个或多个字段，通常情况下，从列表中选择一个值比输入更快，同时也不容易出错。

列表框也分为绑定型和非绑定型两种，如果要保存在列表框或组合框中选择的值，则通常选择绑定型。如果要使用列表框和组合框中选择的值来决定其他控件内容，则通常选择非绑定型。

【例 7-6】使用向导在窗体中创建"班级"的列表框。

操作步骤：

1）利用 SQL 从"学生基本情况表"中获得不同的班级名称，SQL 语句代码如下：SELECT DISTINCT 班级 FROM 学生基本情况表，将其保存为"各班级名称"查询。

2）在"窗体"选项组中单击"窗体设计"按钮，进入窗体设计区。

3）单击"控件"选项组中的"列表框"按钮，按住鼠标左键在窗体适当位置拖动，弹出"组合框向导"对话框-1，选择"使用组合框在表或查询中查询数值"选项，如图 7-24 所示，单击"下一步"按钮。

4）在"组合框向导"对话框-2 中，在"请选择为组合框提供数值的表或查询"列表中，选择"查询"，再选择"各班级名称"查询，如图 7-25 所示，单击"下一步"按钮。

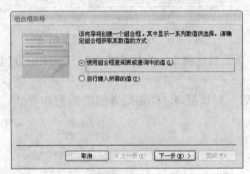

图 7-24 "组合框向导"对话框-1　　　　图 7-25 "组合框向导"对话框-2

5）在"组合框向导"对话框-3 中，确定哪些字段含有准备包含到组合框的数值，将可用字段列表中的字段，通过">"">>""<""<<"按钮选择到选定字段列表中，由于班级信息表中只有一个班级字段，单击">>"按钮，如图 7-26 所示，单击"下一步"按钮。

6）在"组合框向导"对话框-4 中，确定列表中使用排序的次序，选择"班级"字段后，选择"升序"或"降序"，也可不选任何字段，如图 7-27 所示，单击"下一步"按钮。

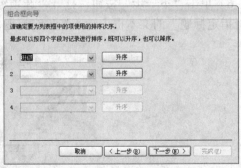

图 7-26 "组合框向导"对话框-3　　　　图 7-27 "组合框向导"对话框-4

7）在"组合框向导"对话框-5 中，可以调整列的宽度，如图 7-28 所示，单击"下一步"按钮。

8）在"组合框向导"对话框-6 中，为组合框设置标签，如图 7-29 所示，单击"完成"按钮，即可在窗体中创建一个组合框。

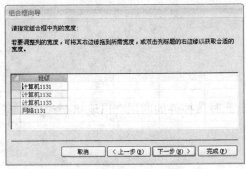

图 7-28 "组合框向导"对话框-5

图 7-29 "组合框向导"对话框-6

说明：

非绑定型的组合框与绑定型组合框的设定方法非常相似。

5．在窗体中添加非绑定控件

【例 7-7】在窗体中插入非绑定控件。

操作步骤：

1）在"窗体"选项组中单击"窗体设计"按钮，进入窗体设计区。

2）单击"控件"选项组中的"非绑定控件"按钮，单击窗体中要放置图片的位置，打开"Microsoft Office Access"对话框，如图 7-30 所示。

图 7-30 "Microsoft Office Access"对话框

3）如果没有创建对象，则在对话框中单击"新建"单选按钮，在"对象类型"列表中选择要创建的对象类型。如果已创建了对象，则选择"由文件创建"单选按钮，输入文件名。

4）单击"确定"按钮，所选择的图片便显示在窗体中。

6．在窗体中添加图片控件

【例 7-8】在窗体中插入图片控件。

操作步骤：

1）在"窗体"选项组中单击"窗体设计"按钮，进入窗体设计区。

2）单击"控件"选项组中的"图像"按钮，单击窗体中要放置图片的位置，打开"插入图片"对话框。

3）在"插入图片"对话框中，选择要插入的图片的文件名。

4）单击"确定"按钮，所选择的图片便显示在窗体中。

7.2.2 控件的编辑

1. 选择控件

（1）选择单个控件

1）在窗体的设计视图中打开窗体。

2）用鼠标单击该控件的任意一个位置即可，此时该控件的四周会出现 8 个句柄，表示该控件被选中。

（2）选择多个相邻控件

1）在窗体的设计视图中打开窗体。

2）从控件以外的任意一点开始，用鼠标拖动成一个矩形，使选取的控件包括在鼠标拖动范围之内，多个相邻控件被选中。

（3）选择多个不相邻控件

1）在窗体的设计视图中打开窗体。

2）在选中一个控件之后，按<Shift>键的同时，再用鼠标单击需要选定的控件，多个不相邻控件被选中。

（4）选择全部控件

1）在窗体的设计视图中打开窗体。

2）执行"编辑"→"全选"菜单命令，或按<Ctrl+A>组合键，可将控件全部选定。

2. 调整控件的大小

在设计视图中插入控件后，可以随意调整控件的大小。

操作步骤：

1）在设计视图中打开要修改的窗体。

2）选择要调整大小的一个或多个控件。

3）将鼠标指针移到其中一个控件的句柄上，此时鼠标指针变成一个双向箭头。

4）拖动句柄就可以调整其大小。如果要微调所选控件大小，则可按住<Shift>键，然后按方向键进行调整。如果要精确调整控件大小，则可选定控件后，在"工具"选项组中单击"属性表"按钮，打开控件的属性表，单击"格式"选项卡，在"宽度"和"高度"文本框中输入具体数值。

3. 移动控件

当鼠标指针移到选定控件上时，鼠标指针除显示双向箭头之外，还可显示为手形。当鼠标指针变为手形时，拖动鼠标移动到所选控件及相关的标签控件。如果要精确调整控件位置，则可选定要移动的控件，单击"工具"选项组中的"属性表"按钮，打开控件的属性表，单击"格式"选项卡，在"左边距"和"上边距"中输入具体数值。

4. 删除控件

选择要删除的控件，可以按以下操作步骤进行：

1）在设计视图中打开要修改的窗体，选择要删除的控件。

2）按<Delect>键或单击鼠标右键，在弹出的快捷菜单中选择"删除"命令。

5．设置控件的边框

如果要设置控件的边框，则可以按以下操作步骤进行。

1）选择要设置边框的一个或多个控件。

2）切换"窗体设计工具"→"设计"选项卡，在"控件"选项组中单击"线条宽度"按钮右侧的下拉按钮，在弹出的列表中选择所需宽度的线条，依此方法，单击"线条类型""线条颜色"等按钮，对控件边框进行线条类型和线条颜色的设置。

6．设置控件的特殊效果

用户可以将控件设置为特殊效果，如凹起、凸起、阴影、蚀刻、凿痕等。

操作步骤如下：

1）选择要设置的特殊效果控件。

2）切换"窗体设计工具"→"设计"选项卡，在"控件"选项组中单击"特殊效果"按钮右侧的下拉按钮，在弹出的列表中选择一种特殊效果。

7．设置控件的前景色和背景色

控件的前景色指文字的颜色，控件的背景色指控件的填充色。适当设置控件的前景色和背景色可以使控件更加醒目、美观。

操作步骤如下：

1）选择要设置前景色和背景色的控件。

2）切换"窗体设计工具"→"设计"选项卡，在"字体"选项组中单击"字体颜色"按钮右侧的下拉按钮，在弹出的调色板中选择所需的颜色作为控件的字体颜色。

3）切换"窗体设计工具"→"设计"选项卡，在"字体"选项组中单击"填充/背景色"按钮右侧的下拉按钮，在弹出的调色板中选择所需的颜色作为控件的填充颜色。

8．设置控件的字体及大小

为了使窗体更加美观，有时需要对窗体中控件的字体及文字大小进行设置。

操作步骤如下：

1）选择要设置字体和大小的控件。

2）切换"窗体设计工具"→"设计"选项卡，在"字体"选项组中单击"字体"按钮右侧的下拉按钮，在下拉列表中选择所需字体。

3）切换"窗体设计工具"→"设计"选项卡，在"字体"选项组中单击"字号"按钮右侧的下拉按钮，在下拉列表中选择所需字号。

9．设置控件排列

为了使控件在窗体中的排列更加整齐、美观，可以对控件进行排列。排列的方式有网格对齐和按指定方式对齐两种形式。

（1）使用网格对齐

操作步骤如下：

1）在设计视图中打开要修改的窗体。如果网格没有出现，则执行"视图"→"网格"菜单命令。

2）选择要调整的控件，最好为多个，可以按<Shift>键进行多选。

3）切换"窗体设计工具"→"排列"选项卡，在"控件对齐方式"选项组中单击"对齐网格"按钮，完成相应的对齐操作。

（2）按指定方式对齐

操作步骤如下：

1）在设计视图中打开要修改的窗体，选择要对齐的对象。

2）切换"窗体设计工具"→"排列"选项卡，在"控件对齐方式"选项组中单击"靠左""靠右""靠上"和"靠下"等按钮，完成相应的对齐操作。

7.3 使用向导创建窗体

7.3.1 使用"窗体"向导创建窗体

要创建一个基于所选择的表或查询的窗体，最简单的方法就是使用"窗体"这种自动创建窗体的向导。自动创建窗体向导创建的窗体包含窗体所依据的表中的所有字段的控件。当字段显示在窗体上时，Access 2007 会自动给窗体添加两类控件：文本框（用于显示数据）和标签（用于显示字段名称和标题）。

【例 7-9】使用"窗体"向导创建"学生基本情况表"窗体。

操作步骤如下：

1）打开"教学管理"数据库，在数据库的"导航窗格"中选择"学生基本情况表"。

2）在"创建"选项卡下的"窗体"选项组中，单击"窗体"按钮，Access 2007 将自动创建窗体，并以布局视图方式显示该窗体。

3）创建完成该窗体，如图 7-31 所示。

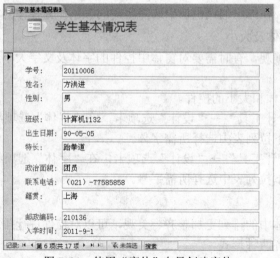

图 7-31　使用"窗体"向导创建窗体

7.3.2 使用"窗体向导"创建窗体

虽然使用"窗体"向导创建窗体的速度很快，但该方法对窗体内容或外观的选择非常不便，也不能满足用户进一步的需要。可以使用"窗体向导"来创建格式更加丰富的窗体，该向导将引导用户完成创建窗体的任务。

【例 7-10】使用"窗体向导"创建"学生基本情况表"窗体。

1）打开"教学管理"数据库，在数据库的"导航窗格"中单击"学生基本情况表"。

2）在"创建"选项卡下的"窗体"选项组中，单击"其他窗体"右侧的三角按钮，在弹出的菜单中选择"窗体向导"命令，打开"窗体向导"对话框-1，如图 7-32 所示，用于确定窗体中使用哪些字段。

3）单击"下一步"按钮，打开"窗体向导"对话框-2，选择窗体使用的布局："纵栏式"，如图 7-33 所示。

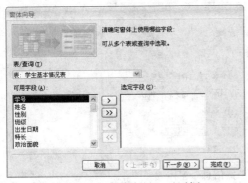

图 7-32　"窗体向导"对话框-1

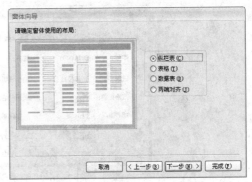

图 7-33　"窗体向导"对话框-2

4）单击"下一步"按钮，打开"窗体向导"对话框-3，用于确定所用样式，如图 7-34 所示。

5）单击"下一步"按钮，打开"窗体向导"对话框-4，用于设置窗体的标题，如图 7-35 所示，最后单击"完成"按钮。

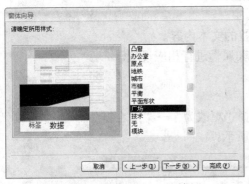

图 7-34　"窗体向导"对话框-3

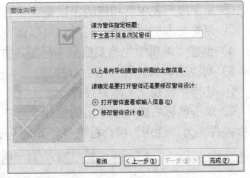

图 7-35　"窗体向导"对话框-4

7.3.3　使用"数据表"窗体向导创建窗体

【例 7-11】使用"数据表"窗体向导创建"学生基本情况表"窗体。

1）打开"教学管理"数据库，在数据库的"导航窗格"中单击"学生基本情况表"。

2）在"创建"选项卡下的"窗体"选项组中，单击"其他窗体"右侧的三角按钮，在弹出的菜单中选择"数据表"命令，即可自动创建"学生基本情况表"窗体。

7.4 利用设计视图创建窗体

利用窗体向导虽然可以方便地创建窗体，但只能满足一般显示的要求。对于一些特殊要求，窗体向导就不能满足要求了。这就需要通过窗体的设计视图来实现，也可以通过窗体的设计视图直接创建窗体。

7.4.1 使用设计视图创建具有编辑功能的窗体

【例 7-12】使用设计视图创建"编辑学生档案信息"窗体，窗体如图 7-36 所示。

图 7-36 "编辑学生档案信息"窗体

操作步骤如下：

1）在"窗体"选项组中单击"窗体设计"按钮，进入窗体设计区域。

2）单击"工具"选项组中的"添加现有字段"按钮，选择"学生基本情况表"。

3）创建绑定控件。

① 在窗体的字段列表中选择一个或多个字段。

② 从字段列表中将相应的字段拖到窗体中。

③ 调整文本框的大小，同时也可以改变标签的文本内容。

4）创建"编辑学生档案信息"标签，并对其属性进行相应设置。

5）更改文本框控件为组合框控件。

① 选择"性别"文本框控件。

② 单击鼠标右键，在弹出的快捷菜单中选择"更改为"→"组合框"命令，"性别"文本框控件变为"性别"组合框控件，如图 7-37 所示。

图 7-37 更改"性别"文本框控件为"性别"组合框控件

③ 选择"性别"组合框，并按鼠标右键，在弹出的快捷菜单中选择"属性"选项，打开"属性表"对话框选择其中的"数据"选项卡，其各项设置如图 7-38 所示。

图 7-38　设置"性别"组合框属性

6）使用向导创建"下一项记录"命令按钮。

① 在工具箱中，单击"命令按钮"工具按钮。

② 在窗体中，单击要放置命令按钮的位置，打开"命令按钮向导"对话框-1，在对话框中选择命令按钮的类别和操作。在"类别"列表中选择"记录导航"项，在"操作"列表中选择"转至下一项记录"项，如图 7-39 所示。

③ 单击"下一步"按钮，打开"命令按钮向导"对话框-2，该对话框用于确定命令按钮的外观，即显示文本还是图片。此处选择"文本"单选按钮，并输入文字"下一项记录"，如图 7-40 所示。

图 7-39　"命令按钮向导"对话框-1

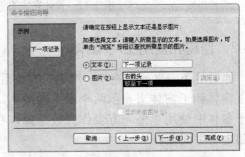

图 7-40　"命令按钮向导"对话框-2

④ 单击"下一步"按钮，打开"命令按钮向导"对话框-3，指定命令按钮的名称，如图 7-41 所示。

⑤ 单击"完成"按钮，完成创建"下一项记录"命令按钮工作。

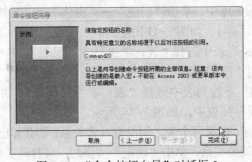

图 7-41　"命令按钮向导"对话框-3

7）依次创建"前一项记录""第一项记录""最后一项记录"命令按钮，其操作与步骤6）类似，不再详述。

8）创建"添加记录""保存记录"命令按钮，在如图 7-39 所示的"类别"列表中选择"记录操作"项，在"操作"列表中选择"添加新记录""保存记录"项，其他操作与步骤6）类似。

9）创建"关闭"命令按钮，在如图 7-39 所示的"类别"列表中选择"窗体操作"项，在"操作"列表中选择"关闭窗体"项，其他操作与步骤 6）类似。创建完成后的结果如图 7-42 所示。

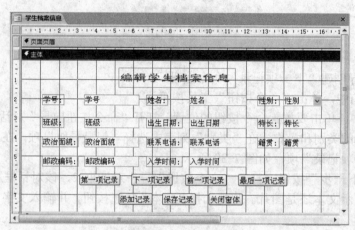

图 7-42   设计完成的"编辑学生档案信息"窗体

7.4.2   创建和使用主/子窗体

如果两个表之间存在"一对多"的关系，则可以通过公共字段将它们关联起来，并使用主窗体和子窗体来显示两个表中的数据，即在主窗体中使用"一"方表作为数据源，在子窗体中使用"多"方表作为数据源，在主窗体中移动当前记录时，子窗体中的内容也随之发生变化。

1．同时创建主窗体和子窗体

【例 7-13】创建主/子窗体，要求主窗体显示"学生基本情况表"的基本信息，子窗体显示"学生选课表"的"课程号"和"成绩"。

操作步骤如下：

1）在"教学管理"数据库中，单击"创建"→"窗体"→"其他窗体"→"窗体向导"选项，打开"窗体向导"对话框-1，如图 7-43 所示。

2）在"表/查询"下拉列表中选择"表：学生基本情况表"，并将"学号""姓名""性别"和"班级"字段，添加到"选定字段"列表中。

3）再次在"表/查询"下拉列表中选择"表：学生选课表"，并将"课程号"和"成绩"字段，添加到"选定字段"列表中，如图 7-44 所示。

4）单击"下一步"按钮，如果两个表之间没有设置关系，则会弹出一个提示信息，如图 7-45 所示，要求建立两个表之间的关系。单击"确定"按钮后，可打开关系视图同时退出窗体向导。

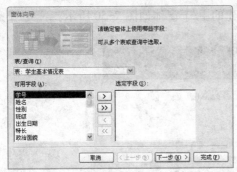

图 7-43 "窗体向导"对话框-1

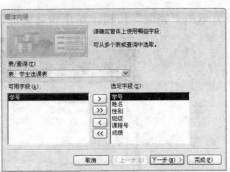

图 7-44 "窗体向导"对话框-2

图 7-45 窗体向导提示信息

如果两个表之间已经正确设置了关系，则会弹出"窗体向导"对话框-3，确定查看数据的方式，此处选择默认设置。如图 7-46 所示。

5）单击"下一步"按钮，在"窗体向导"对话框-4 中选择子窗体的布局，默认为"数据表"，如图 7-47 所示。

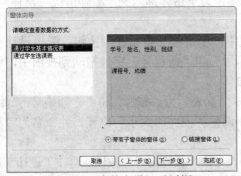

图 7-46 "窗体向导"对话框-3

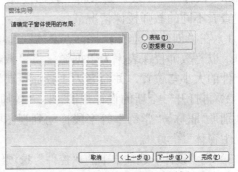

图 7-47 "窗体向导"对话框-4

6）单击"下一步"按钮，在"窗体向导"对话框-5 中选择子窗体的样式，此时选择"广场"，如图 7-48 所示。

7）单击"下一步"按钮，在"窗体向导"对话框-6 中为窗体指定标题，分别为主窗体和子窗体添加标题"学生情况"和"学生成绩"，如图 7-49 所示。

图 7-48 "窗体向导"对话框-5

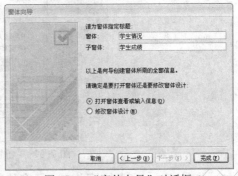

图 7-49 "窗体向导"对话框-6

8）单击"完成"按钮，结束窗体向导，创建的主/子窗体如图 7-50 所示。

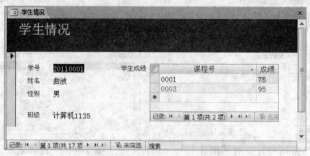

图 7-50　创建的主/子窗体

2．创建子窗体并插入到主窗体中

在实际应用中，往往存在这种情况：当某个窗体已经建立后，再将其与另一个窗体关联起来时，需要将一个窗体（子窗体）插入到另一个窗体（主窗体）中。这种情况可使用"子窗体/子报表"按钮控件来完成。

【例 7-14】在窗体"教师情况主窗体"上显示"教师基本情况表"中的"教师编号""姓名""性别""职称""学历"等字段，窗体"教师授课"显示"教师授课表"中的"教师编号"和"课程号"字段。要求将"教师授课"窗体作为子窗体插入到"教师情况主窗体"中，以便查看不同的教师授课情况。

1）在"创建"选项卡下的"窗体"选项组中，单击"窗体设计"按钮，弹出设计视图窗口，以"教师授课表"为数据源，将"教师编号"和"课程号"字段拖动到视图中，调整各控件的大小与位置，并命名为"教师授课"窗体。

2）再打开一个新的设计视图，以"教师基本情况表"为数据源，将"教师编号""姓名""性别""职称""学历"等字段拖动到视图中，调整各控件的大小与位置，并命名为"教师情况主窗体"。

3）在"设计"选项卡下的"控件"选项组中，单击"控件向导"按钮，再在"设计"选项卡下的"控件"选项组中，单击"子窗体/子报表"按钮，在窗体的主体部分单击鼠标，打开"子窗体向导"对话框-1，选择"使用现有的窗体"单选按钮，并在其列表中选择"教师授课"，如图 7-51 所示。

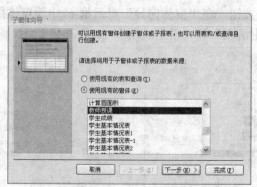

图 7-51　"子窗体向导"对话框-1

4）单击"下一步"按钮，在"子窗体向导"对话框-2 中确定主子表连接的字段，此时选择"教师编号"字段，即默认值，如图 7-52 所示。

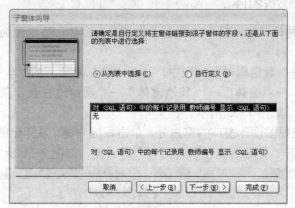

图 7-52　"子窗体向导"对话框-2

5）单击"下一步"按钮，在"子窗体向导"对话框-3 中指定子窗体的名称，取默认值"教师授课"，如图 7-53 所示。

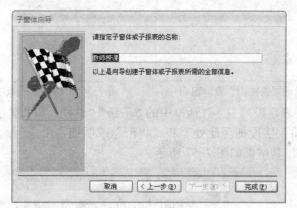

图 7-53　"子窗体向导"对话框-3

6）单击"完成"按钮，"教师授课"子窗体插入到当前窗体中，如图 7-54 所示。可以调整子窗体的大小，直到满意为止，保存窗体，并命名为"教师情况主窗体"。

图 7-54　插入了"教师授课"子窗体的主窗体

7.4.3 生成数据透视表窗体

【例 7-15】创建并计算各班级不同性别学生数据的窗体，数据源为"学生基本情况表"。
操作步骤如下：

1）在"教学管理"数据库对象列表中，选择"表"对象下的"学生基本情况表"。

2）选择"创建"→"窗体"→"其他窗体"→"数据透视表"菜单项，打开"数据透视表视图"设计窗口，如图 7-55 所示。

3）在数据透视表视图设计窗口的空白处，单击鼠标右键，从弹出的快捷菜单中选择"字段列表"菜单项，打开"数据透视表字段列表"对话框，如图 7-56 所示。

图 7-55 "数据透视表视图"设计窗口　　　　图 7-56 "数据透视表字段列表"对话框

4）将"数据透视表字段列表"对话框中的"班级""性别"和"学号"字段分别拖到"将行字段拖至此处""将列字段拖至此处"和"将汇总或明细字段拖至此处"区域，用于设置"数据透视表"布局，其结果如图 7-57 所示。

图 7-57 设置"数据透视表"布局

5）关闭"数据透视表字段列表"对话框，由于只计算和班级不同性别的人数，而不需要显示明细数据，因此依次单击各班级下一行上的"－"按钮，将所有明细隐藏起来即可。其设计结果如图 7-58 所示。

6）计算各班级不同性别的人数。将鼠标置于窗口的"班级"列上，在其右键的快捷菜单中执行"自动计算"→"计数"命令，则自动显示各班级的不同人数，如图 7-59 所示。

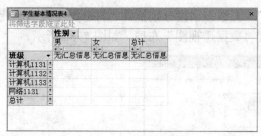

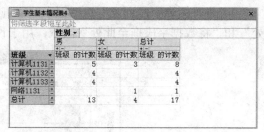

图 7-58 隐藏"数据透视表"明细　　　　图 7-59 "数据透视表"窗体设计结果

7.4.4 创建图表窗体

图表窗体可以方便直观地显示各表及查询中的数据。可以使用"图表向导"创建图表窗体。

【例 7-16】利用已建立的"统计各班级学生人数"查询，创建班级人数统计图表窗体。

操作步骤如下：

1）在"教学管理"数据库对象列表中，选择"查询"对象下的"统计各班级学生人数"查询。

2）单击"创建"选项卡下的"窗体"选项组中的"数据透视图"按钮，打开"数据透视图设计"窗口，如图 7-60 所示。

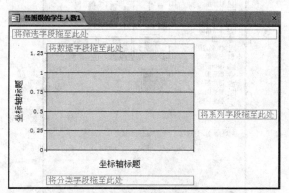

图 7-60 "数据透视图设计"窗口

3）在"数据透视图设计"窗口的空白处，单击鼠标右键，从弹出的快捷菜单中选择"字段列表"菜单项，弹出"图表字段列表"对话框，如图 7-61 所示。

图 7-61 "图表字段列表"对话框

4）将"图表字段列表"对话框中的"班级""人数"字段分别拖到"将分类字段拖至此处"和"将数据字段拖至此处"区域，用于设置"数据透视图"布局，如图7-62所示。

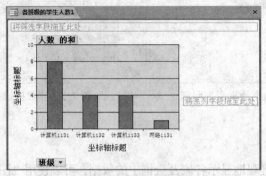

图7-62　设置"数据透视图"布局

5）在设置区域，单击鼠标右键，从弹出的快捷菜单中选择"更改图表类型"菜单项，打开"属性"对话框，如图7-63所示。在"属性"对话框中，选择"类型"选项卡，选择某一种"饼图"样式，则所设计的图表样式发生了变化。

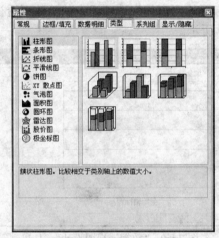

图7-63　"属性"对话框

6）切换到"设计"选项卡下的"显示/隐藏"选项组，单击"图例"和"拖放区域"2个按钮，则此时的"数据透视图"设计区域显示结果如图7-64所示。

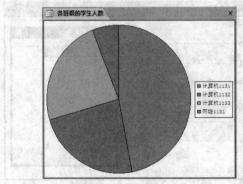

图7-64　图表设计结果

 说明：

> 在创建数据透视表窗体和图表窗体时，都是调用 Microsoft Office 中的 Excel 功能，如果系统中没有安装 Excel，则此项功能就不能实现。

7.5　使用窗体处理数据

在数据库中创建窗体，并可以使用这些窗体对表或查询中的数据进行各种维护操作，不仅可以在窗体中定位、浏览和查找记录，也可以添加新记录、修改和删除现有记录，同时还可以对记录进行排序和筛选。

7.5.1　浏览记录

在"窗体"视图中打开窗体时，总会在窗体的左下部看到一排浏览按钮和一个记录编号框，如图 7-65 所示。窗体的"浏览按钮"属性决定窗体上是否显示浏览按钮和记录编号框，将该属性设置为"是（默认值）"，就会在窗体上看到浏览按钮和记录编号框。浏览按钮提供了在窗体中指定记录的有效方法，通过浏览按钮可以移到"第一个""上一个""下一个""最后一个或空白（新）"记录；记录编号框显示当前记录的编号。记录的总数显示在浏览按钮的旁边。在记录编号框中输入数字并按<Enter>键，可以移到指定记录。

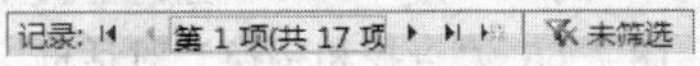

图 7-65　记录号导航

7.5.2　编辑记录

编辑记录包括在窗体上添加、删除和修改记录。

1．添加记录

单击窗体下部的"记录号导航"的"添加记录"按钮，系统将自动移动到一个新记录中，为每个空白字段输入新值，再从"开始"选项卡上的"记录"选项组中选择"保存记录"选项或按<Shift+Enter>组合键，系统将保存新记录。

2．删除记录

先将当前记录定位在要删除的记录中，单击"记录号导航"中的"删除记录"按钮，该记录将从数据表中删除。

7.5.3　查找与替换数据

在窗体中修改或删除一条记录时，首先要定位到这条记录上，然后才能进行修改或删除操作；当表中记录较少时，通过"浏览"按钮或"记录编号"框即可完成定位操作。但在记录比较多的时候，通过逐行定位记录效率比较低，通过指定记录编号定位难度较大。如果用

户已经知道表中某个字段的值，要查找相应的记录，则可以通过使用"编辑"|"查找"命令实现。

【例7-17】通过"学生基本情况表-2"窗体快速查找一个姓名为"王晓梅"的信息。

操作步骤如下：

1）在"窗体"视图中，打开"学生基本情况表-2"窗体。

2）在"学生基本情况表-2"窗体中，将插入点放置在"姓名"字段中。

3）单击"开始"选项卡中的"查找"选项组中"查找"按钮，打开"查找和替换"对话框，在"查找内容"文本框中输入要查找的内容"王晓梅"，然后单击"查找下一个"按钮，如果找到相应的记录，则会定位到该记录，并以反相显示的形式显示到字段值，如图7-66所示。

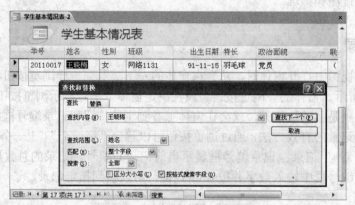

图7-66 "查找和替换"对话框

如果要对查找到的内容作替换，则在"查找和替换"对话框中选择"替换"选项卡，在"替换值"文本框中输入要替换的值，单击"替换"按钮逐个替换，或单击"替换全部"按钮，可替换所有的内容。

7.5.4 排序记录

在默认情况下，窗体中所显示的记录是按照窗体数据来源表中记录的物理顺序排列的，也可对窗体中的记录设置某种排序方式。

【例7-18】在"学生基本情况表-2"窗体中按出生日期从低到高进行排序。

操作步骤如下：

1）在"窗体"视图中，打开"学生基本情况表-2"窗体。

2）单击"开始"选项卡中的"排序和筛选"选项组中"升序"按钮，此时，窗体中记录将按出生日期从低到高进行排序。

3）如果要恢复原来的记录顺序，则可单击"清除所有排序"按钮恢复原来的记录顺序。

7.5.5 筛选记录

在默认情况下，窗体显示来源表或查询中的全部记录。如果只查看某一部分记录，则应在窗体中对记录进行筛选。在窗体中可以使用4种类型的筛选：按选定内容筛选、按窗体筛

选、输入筛选目标和高级筛选/排序。不同的筛选方法适用于不同的场合，这与第 4 章所介绍的数据表记录的筛选类似，此处不再详述。

 本章小结

窗体在数据库的应用程序中占有重要地位。本章介绍了窗体的基本概念、窗体的类型、创建窗体的方法、创建窗体工具、窗体的结构等。同时，重点介绍了窗体各控件的使用方法以及创建主/子窗体、创建编辑功能窗体、创建数据透视表窗体、创建图表窗体等方面的操作与使用方法，为读者进一步创建实用窗体奠定了良好的基础。

习题

1. 填空题

1）窗体一般由_____、_____和_____ 3 个部分组成。

2）窗体结构的设计及维护，是在_____下完成的。

3）窗体的数据源主要来源于表和_____。

4）在 Access 2007 中，可以建立_____、_____、_____、_____、_____和_____窗体。

5）将数据表中的字段拖到设计窗口中时，会自动创建_____控件和_____控件。

6）在文本框中输入表达式，注意每个表达式前必须加上_____。

7）在窗体中的文本框分为结合型和_____两种。

8）窗体由多个部分组成，每部分称作一个_____。

9）如果将窗体背景图片存储到数据库文件中，则"图片类型"属性框指定为_____方式。

10）主/子窗体通常用于显示查询和多个表中的数据，而这些数据间的关系为_____。

2. 选择题

1）（   ）是用户用 Access 2007 处理自己数据的界面，用户可以提供自己的习惯操作。

    A．窗体   B．报表   C．记录表   D．记录浏览器

2）在 Access 2007 的窗体设计视图中，按住（   ）键单击鼠标可以选中多个控件。

    A．Ctrl   B．Shift   C．Alt   D．Space

3）在 Access 2007 中，窗体有 3 种视图，即（   ）。

    A．设计视图、窗体视图和查询视图   B．设计视图、窗体视图和数据表视图

    C．设计视图、窗体视图和动作查询视图   D．设计视图、窗体视图和页视图

4）在 Access 2007 中，在窗体设计视图下，可以使用（   ）上的按钮打开窗体属性窗口。

    A．工具箱   B．生成器

    C．窗体设计工具栏   D．格式工具栏

5）窗体的数据源可以是（　　　）。

    A．表　　　　　　　　B．数据库　　　　　　C．报表　　　　D．宏

6）Access 2007 中的自动窗体包括（　　　）。

    A．纵栏式　　　　　　B．表格式　　　　　　C．数据表　　　D．图表式

7）图表式窗体中出现的字段不包括（　　　）。

    A．系列字段　　　　　B．数据字段　　　　　C．筛选字段　　D．类别字段

8）下面关于主/子窗体的叙述，错误的是（　　　）。

    A．主、子窗体必须有一定的关联，在主/子窗体中才能显示相关数据

    B．子窗体通常会显示为单一窗体

    C．如果数据表内已建立了子数据表，则对该表自动产生窗体时，也会自动显示子窗体

    D．子窗体的数据可以来源于数据表、查询或另一个窗体

9）不是窗体格式属性的选项是（　　　）。

    A．标题　　　　　　　B．帮助　　　　　　　C．默认视图　　D．滚动条

10）用于显示线条、图像的控件类型是（　　　）。

    A．结合型　　　　　　B．非结合型　　　　　C．计算型　　　D．查询型

11）确定一个控件在窗体中位置的属性是（　　　）。

    A．Width 或 Height`1　　　　　　　　　B．Width 和 Height

    C．Top 和 Left　　　　　　　　　　　　D．Top 或 Left

12）窗体中的信息不包括（　　　）。

    A．设计者在设计窗体时附加的一些提示信息

    B．设计者在设计窗体时输入的一些提示信息

    C．所处理表的记录

    D．所处理查询的记录

13）窗体中可以包含一列或几列数据，用户只能从列表中选择值，而不能输入新值的控件是（　　　）。

    A．列表框　　　　　　　　　　　　　　B．组合框

    C．列表框和组合框　　　　　　　　　　D．以上两者都不可以

14）可以作为窗体数据源的是（　　　）。

    A．表　　　　　　　　　　　　　　　　B．查询

    C．Select 语句　　　　　　　　　　　　D．表、查询和 Select 语句

15）下列选择窗体控件对象正确的是（　　　）。

    A．单击可选择一个对象

    B．按住<Shift>键再单击其他多个对象可选择多个对象

    C．按<Ctrl+A>键可以选定窗体上的所有对象

    D．以上均正确

3. 简答题

1）简述窗体的用途。

2）窗体有哪几种？如何进行切换？

3）什么是子窗体？如何在窗体中建立子窗体？

4）简述使用设计视图建立窗体的步骤。

5）工具箱的作用是什么？绑定控件和非绑定控件有什么区别？

6）如何设置窗体和控件属性？

4．操作题

在教学管理数据库中创建以下窗体：

1）使用向导创建"学生基本信息浏览"窗体。

2）使用设计视图创建按"性别"查询"学生基本信息浏览"子窗体。

3）使用设计视图创建按"性别"统计"各班级学生人数"窗体。

第8章 创建与维护报表

在实际应用中，人们常常希望将数据表、查询或窗体中的数据打印出来，而在输出数据时，又需要进行分类汇总、累计、求和等数值运算。Access 2007 中所提供的报表对象可以轻松地实现这些功能。本章将详细介绍报表的组成、报表创建、报表美化以及计算报表中的数值等方法。

8.1 初识报表

报表用于对数据库中的数据进行计算、分组、汇总和打印。如果希望按照某些指定的格式来打印输出数据库中的数据，使用报表是一种非常理想的方法。

8.1.1 报表的功能

报表作为 Access 2007 数据库的一个重要组成部分，不仅可以用于数据分组，单独提供各种数据和执行计算，还提供以下功能：

1）报表不仅可以执行简单的打印功能，还可以对大量的原始数据进行比较和小计。

2）报表可以生成清单、订单及其他所需要的内容，从而方便有效地处理各种事务。

3）可以提供各种丰富的功能，使用用户的报表更易于阅读和理解。

4）可以使用剪贴画、图片或扫描图像来美化报表的外观。

5）可以在每页的页眉和页脚打印标识信息。

6）可以利用图表和图形帮助说明数据的含义。

8.1.2 报表的视图方式

Access 2007 报表共有 4 种视图方式，分别是"报表视图""打印预览视图""布局视图"

和"设计视图"。切换"报表设计工具"选项卡的"视图"选项组，单击其下面的三角按钮，弹出快捷菜单，如图 8-1 所示。可以在这 4 种视图方式间切换。

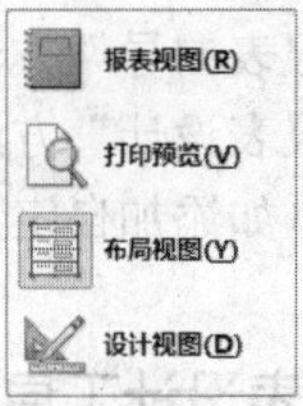

1)"报表视图"方式：用于显示报表的设计结果视图，如图 8-2 所示。

2)"打印预览视图"方式：用于查看报表的页面数据输出

图 8-1　报表视图方式

形态，打印预览视图与 Word 中的打印预览是一样的，它提供打印前的预览，如图 8-3 所示。

图 8-2　报表视图

图 8-3　打印预览视图

3)"布局视图"方式：用于根据报表数据调整布局并设置报表布局及控件的属性，如图 8-4 所示。

4)"设计视图"方式：用于创建和编辑报表的结构，在创建报表时，必须在设计视图中进行。报表设计视图是用户自己定义的窗口，可以根据实际的需要在设计视图中进行定义和更改，如图 8-5 所示。

图 8-4　布局视图

图 8-5　设计视图

8.1.3　创建报表的方法

Access 2007 的"创建"选项卡下的"报表"选项组中提供了 5 种创建报表的方法，用户可以使用任意一种方法创建窗体。

1)"报表"方法：创建当前查询或表中的数据的基本报表，可在该基本报表中添加功能。

2)"标签"方法：启动标签向导，启动标准标签或自定义标签。

3)"空报表"方法：新建空报表，可在其中插入字段和控件，并可设计该报表。

4）"报表向导"方法：启动报表向导，帮助创建简单的自定义报表。

5）"报表设计"方法：在设计视图中创建一个空白报表。在设计视图中可以进行高级设计与更改，如添加自定义控件类型和编写代码。

8.1.4 报表设计工具

为了更好地掌握报表的设计，有必要对报表设计工具进行介绍。下面依次介绍各种报表设计工具。

1. 报表设计工具动态工具栏

Access 2007 有一个功能强大的报表设计动态工具栏，利用它可以直接进行报表设计操作，方便有效。切换到"创建"选项卡，在"报表"选项组中单击"报表设计"按钮，在数据库窗口中打开报表设计视图，选择"报表设计工具"→"设计"选项卡，如图 8-6 所示。

图 8-6 "报表设计工具"→"设计"选项卡

"报表设计工具"→"设计"选项卡上的各按钮和选项组的功能如下。

1）"视图"按钮：单击此按钮，报表以打印预览视图显示，单击其下面的下三角按钮，弹出下拉列表，在列表中共有"报表视图""打印视图"和"设计视图"3 个选项，用户可以选择不同的显示方式。

2）"字体"选项组：用于设置报表的字体属性，包括字体、字号、颜色、对齐方式、加粗、斜体、下划线等。

3）"分组和排序"按钮：单击此按钮，将打开"分组和排序"对话框，在对话框中可以对报表数据进行分组和排序。

4）"控件"选项组：利用"控件"选项组可以向报表中添加各种控件，用于丰富报表的功能和界面。

5）"添加现有字段"按钮：用于给报表添加相关数据源中的字段。单击此按钮，打开"字段列表"窗格，窗格中显示了相关的表及所包含的字段。

6）"属性表"按钮：单击此按钮，打开"属性表"窗口。

在"控件"选项组中排列着许多控件按钮，在报表设计过程中，利用"控件"选项组可以向报表中添加各种控件，它是十分有用的。"控件"选项组中各控件的功能如下。

1）"徽标"控件：使用此控件可以将图片插入到报表中作为报表的徽标。

2）"标题"控件：使用此控件用于显示报表的标题。

3）"页码"控件：使用此控件可以将页码插入到报表中。

4）"日期和时间"控件：使用此控件可将当前的日期或时间插入到报表中。

5）"文本框"控件：用来在窗体、报表或数据访问显示输入或编辑数据的控件，也可输出计算结果或接受用户的输入。

6）"标签"控件：在窗体、报表或数据访问页上显示标题、说明等描述性文本的控件。

7）"按钮"控件：用于执行某种活动。单击此按钮时，将触发按钮的 Click 事件。执行一个宏或 Access VBA 事件处理过程。

8）"列表框"控件：用来显示一个可以滚动的数据列表。如果在窗体、数据访问页使用了列表框，用户可以从列表中选择，以在新刻录中输入或更改现存记录的数据。

9）"组合框"控件：包括了列表框和文本框的特征，用户可以在其中输入数据，也可以在列表中选择输入数据。

10）"子窗口/子报表"控件：用于将其他表中的数据放置在当前报表中，从而可以在一个窗体或报表中显示多个表。

11）"直线"控件：可在窗体、报表或数据访问页中使用。

12）"矩形"控件：可绘制方框或填满颜色的方块。

13）"复选框"控件：可以结合到是/否的独立控件。复选框与选项组按钮的区别是，选项组按钮一次只能选择一组中的一项，而复选框一次可以选择一组中的多项。当被选中时，值为 1；被取消时，值为 0。

14）"切换按钮"控件：创建一个在单击时可以在"开"和"关"两种状态之间切换的按钮。开的状态应为 1，而关的状态应为 0。当在一个选项组时，切换一个按钮到开的状态将导致以前所选的按钮切换到关的状态。

15）"选项按钮"控件：其操作与切换按钮类似，用于输入有逻辑性的数据，可以使数据的输入更加方便。另外，"选项按钮"也可以作为定制对话框或选项组的一部分使用。

16）"选项卡控件"控件：插入一选项卡控件，将创建一个具有选项卡的窗体或对话框，用户可以在选项卡上添加其他控件。

17）"选项组"控件：使用"选项组"控件，可以在窗体、报表或数据访问页中显示一组限制性的选项值，从而使选择值变得更为容易。

18）"未绑定对象框"控件：用于显示未绑定的 OLE 对象，就是说 OLE 对象只属于报表的一部分，不与某一表或查询等对象数据相关联。

19）"绑定对象框"控件：用于在报表或窗体上显示一系列图片，所绑定的对象不但属于报表的一部分，而且与某一表或查询等对象数据相关联。

20）"图像"控件：通过使用此控件可以向窗体、报表中加入图片。

21）"附件"控件：用于给报表添加附件。

22）"选择"控件：用于选定某一控件，选定的控件则变为当前控件，以后的所有操作均对这个控件起作用。

23）"使用控件向导"控件：单击该控件，在使用其他控件时，即可在向导的引导下完成设计操作。

24）"插入 ActiveX 控件"控件：单击该控件，Access 2007 会显示所有已加载的 ActiveX 控件，用户可以选择合适的 ActiveX 控件插入到报表中。

在"报表设计工具"动态工具栏上切换到"排列"选项卡，如图 8-7 所示。

图 8-7 "报表设计工具"→"排列"选项卡

"报表设计工具"→"排列"选项卡上的各按钮和选项组的功能如下。

1）"自动套用格式"按钮：单击此按钮，打开"自动套用格式"列表窗口，用户可在此选择喜欢的格式，使所设计的报表更加美观。

2）"控件布局"选项组：在此选项组中包含了调整控件布局的一系列功能按钮。

3）"控件对齐方式"选项组：在此选项组中包含调整控件对齐方式的一系列功能按钮。

4）"位置"选项组：在此选项组中包含调整报表中各元素位置的一系列功能按钮。

5）"显示/隐藏"选项组：在此选项组中包含了显示或隐藏网格、标尺、报表页眉/页脚、页面页眉/页脚等功能按钮。

在"报表设计工具"动态工具栏上切换到"页面设置"选项卡，如图 8-8 所示。

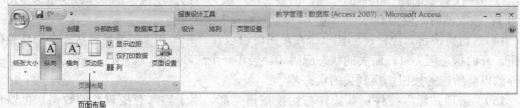

图 8-8 "报表设计工具"→"页面设置"选项卡

使用"页面设置"选项卡中的"页面布局"选项组，可以设置报表的打印页面的纸张大小、打印方向和页边距等。

2．工作区

报表是输出数据的最好方式，同时它提供更多的控制数据格式的方法，包括对记录的排序、总结和小计，以及控制报表的布局和外观。报表的工作区通常是由"页面页眉""主体""页面页脚"组成，除此 3 个区段外，还有"报表页眉"和"报表页脚" 2 个区段，共 5 个区段，如图 8-9 所示。

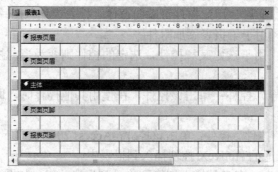

图 8-9 报表工作区

在图 8-9 中，这 5 个部分都称为报表的"节"。另外报表还具有"组标头"和"组注脚"

两个专门的"节"，在报表进行分组显示时使用它们。报表中每一个"节"都具有特定的功能，具体功能如下。

1）"报表页眉"区段：在报表页眉的工作区里可以设置报表的标题等信息。因为只有报表的第一页才会出现报表页眉的内容，所以报表页眉经常用来制作报表的封面。

2）"页面页眉"区段：在页面页眉里出现的文字会在每页的顶端出现，这一点类似于"Word"中的"页眉"。通常在这一区域输入字段信息来为每一页的数据标识字段。如果页面页眉和报表页眉同时出现在第一页上，那么页面页眉的数据会出现在报表页眉数据的下方，报表的每一页只有一个页面页眉。

3）"主体"区段：数据输出的主区域。数据源中的每条记录都会出现在主体区域中。主体中还经常包括计算字段。

4）"页面页脚"区段：在页面页脚里出现的文字会在每页的底端出现，这一点类似于"Word"中的"页脚"。通常在这一区域输入本页的汇总数据或者页码及控件。报表的每一页只有一个页面页脚。

5）"报表页脚"区段：报表页脚区域里的内容会出现在报表的最后，通常使用它来显示整份报表的汇总信息。

 说明：

> 1）如果页面页脚和报表页脚同时出现在最后一页上，那么页面页脚的数据会出现在报表页脚数据的下方。
> 2）在"显示/隐藏"选项组中单击"报表页眉/页脚"按钮，可在工作区中添加"报表页眉"和"报表页脚"区段。可以使用鼠标移动报表窗口的边框和工作区边界来改变工作区的大小区段。如果要改变区段的大小，可使用鼠标移动工作区左侧滑块上方或区段标题栏上方，当鼠标指针变成╋图标时，可拖动鼠标改变区段的大小。

3．属性窗口

报表的每个区域或其中的每个控件，都有其自身的属性。如果希望设置或更改其属性，可以通过报表的属性窗格来实现。

首先单击选定的工作区域或控件，然后切换到"报表设计工具"→"设计"选项卡，在"工具"选项组中单击"属性表"按钮；或在报表中单击鼠标右键，在弹出的快捷菜单中选择"属性"命令。打开"属性表"窗格，如图8-10所示。

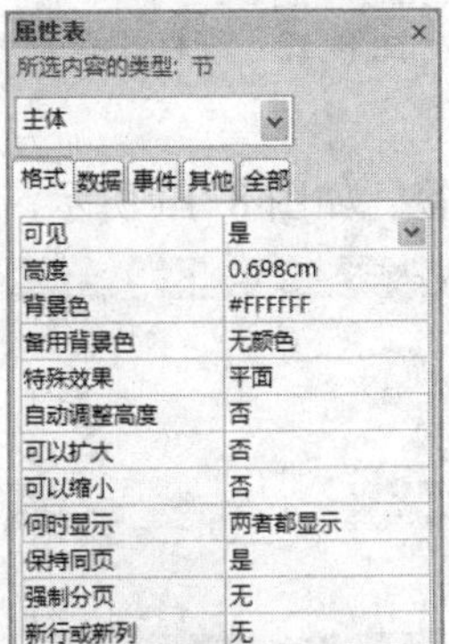

图8-10　"属性表"窗格

8.1.5 报表的类型

报表的类型有多种，常见的有纵栏式表报、表格式报表、标签报表等。下面分别对各类报表进行介绍。

1. 纵栏式报表

纵栏式报表又称为窗体报表，它以整齐的列和行来显示数据库中的数据。可以看到在每一栏中会显示一条记录的数据，也可以在每一栏输入汇总信息或统计字段。如图 8-11 所示，以纵栏形式显示学生信息。

图 8-11 纵栏式报表

2. 表格式报表

表格式报表的特点是直观易懂，和我们日常使用的表格十分相似，通常一行显示一条记录、一页显示多行记录。如图 8-12 所示，以表格形式显示学生信息。

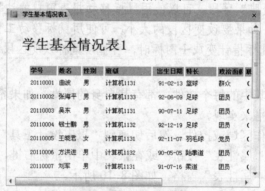

图 8-12 表格式报表

3. 标签报表

标签报表主要用来制作各类标签。如图 8-13 所示，以标签形式显示学生信息。

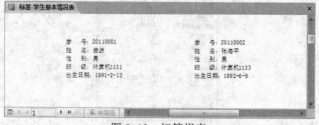

图 8-13 标签报表

8.1.6 报表与窗体的区别

通过前面的学习，在窗体中可以美观地显示数据库中的数据信息。报表和窗体有许多共同之处，它们的数据来源都是基础表、查询和 SQL 语句，创建窗体时所使用的控件基本上在报表中均可以使用，在窗体设计时所使用的各种操作在报表设计时均可以使用。

报表和窗体的区别主要在于用途不同：在窗体中可以输入数据，在报表中则不能；报表的主要用途是按照指定格式来打印输出数据，报表除不能输入数据以外，几乎可以完成窗体的所有工作，也可以将窗体保存为报表，然后在报表视图中自定义窗体控件。

报表和窗体的另一项区别在于计算的处理方式，窗体采用计算字段，通过窗体进行计算；报表则以分组记录为依据，将每页的结果值或整份报表的输出结果统计出来。

报表和窗体的另一项主要区别在于，窗体是将最终结果显示在屏幕上，而报表则可以打印到纸上；另外，窗体可以实现交互操作，而报表则不能。

8.2 创建报表

8.2.1 自动创建报表

在 Access 2007 提供的"自动创建报表"是一种最简单的创建报表的方式，以表格形式显示，利用这种方法可以快速地创建报表。

【例 8-1】利用"自动创建报表"，创建"教师基本情况表"。

操作步骤如下：

1）在打开的数据库窗口中，在对象列表中选择"教师基本情况表"。

2）切换到"创建"选项卡，在"报表"选项组中单击"报表"按钮，则自动以布局视图方式显示报表，如图 8-14 所示。

图 8-14 "新建报表"对话框

3）单击工具栏上的"保存"按钮，显示"另存为"对话框，在"报表名称"框中输入"教师基本情况表 1"，单击"确定"按钮。

8.2.2 使用向导创建报表

报表向导提供了一种灵活的创建报表的方法，利用向导，用户只需回答一系列创建报表的问题，Access 2007 就可根据用户的选择创建所需要的报表。

在报表向导中，需要选择在报表中出现的信息，并在多种格式中选择一种格式以确定报表的外观。与自动报表不同的是，用户可以使用报表向导选择希望在报表中出现的字段，这些字段可能来自于多个表或查询，向导最终会按照用户选择的布局和格式，建立报表。

【例 8-2】利用"报表向导"创建"教师基本情况表"，并按科室进行分类汇总。

操作步骤如下：

1）切换到"创建"选项卡，在"报表"选项组中单击"报表向导"按钮，打开"报表向导"对话框-1，在"表/查询"列表中选择"教师基本情况表"，在"可用字段"列表框中选择相应字段添加到"选定字段"列表框中，如图 8-15 所示。

2）选择完成后，单击"下一步"按钮，打开"报表向导"对话框-2，如图 8-16 所示，将询问用户是否添加分组级别。用户通过分组，可将某些具有相同属性的记录作为一组进行显示，同时还可以进行行数据汇总，选择"科室"作为分组字段。

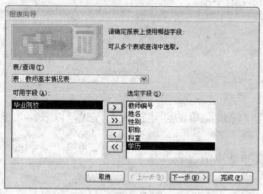

图 8-15 "报表向导"对话框-1

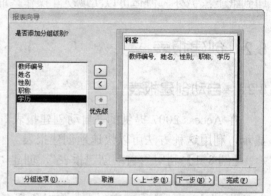

图 8-16 "报表向导"对话框-2

3）选择完成后，单击"下一步"按钮，打开"报表向导"对话框-3，如图 8-17 所示。将询问用户可以指定每个组内字段的排序的顺序，一次最多对 4 个字段进行排序，单击列表框右侧的按钮，对选定字段进行升序或降序排列，选择"教师编号"进行排序。

4）选择完成后，单击"下一步"按钮，打开"报表向导"对话框-4，如图 8-18 所示。询问用户确定报表的布局样式。用户可以在各种布局中进行选择，并在左侧的预览框中进行预览。在"方向"选项组中可以确定报表方向是横向还是纵向。

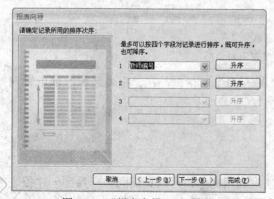

图 8-17 "报表向导"对话框-3

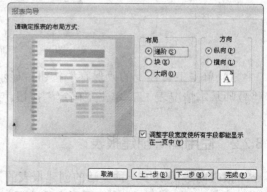

图 8-18 "报表向导"对话框-4

5）选择完成后，单击"下一步"按钮，打开"报表向导"对话框-5，如图 8-19 所示。将询问用户所希望报表的样式，报表的样式常常取决于其用途，这与设计者的喜好有关，用户可以在左侧的预览框中进行预览。选择"教师编号"进行排序。

6）选择完成后，单击"下一步"按钮，打开"报表向导"对话框-6，用于设置报表的标题，如图 8-20 所示。输入"教师基本情况"。Access 2007 自动将所设计的标题显示在打印预览的标题栏上，并将其作为报表本身的文件名。

图 8-19　"报表向导"对话框-5 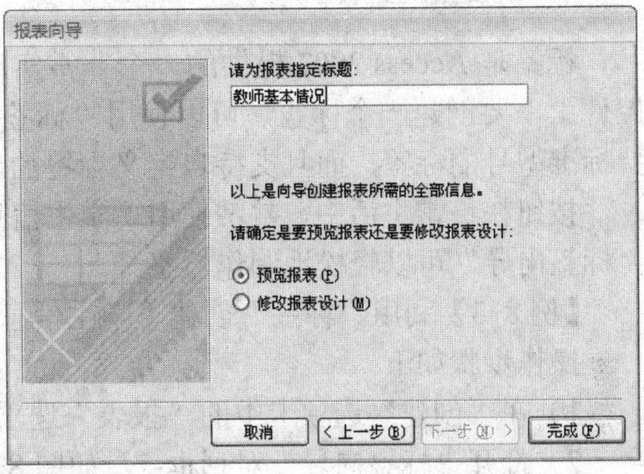　　　　　图 8-20　"报表向导"对话框-6

7）设计的报表结果，如图 8-21 所示。

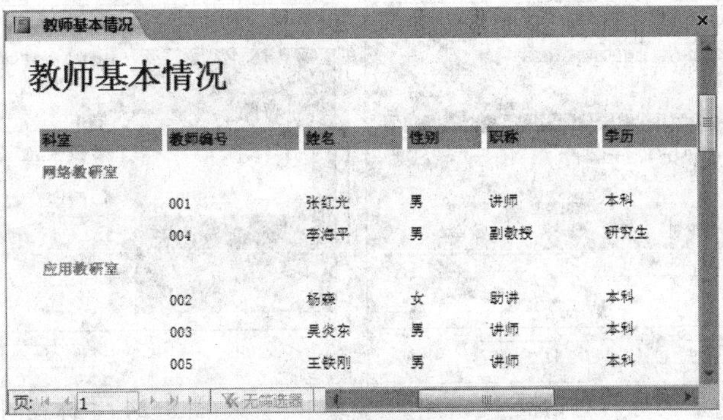

图 8-21　报表设计结果

如果报表创建完成后需要更改样式，可在报表设计视图中显示报表，然后切换到"报表设计工具"→"排列"选项卡。在"自动套用格式"选项组中单击"自动套用格式"按钮，打开"自动套用格式"列表，选择其中一种，选择其中的选项以修改报表样式。

8.2.3　创建空报表

如果对使用报表工具或报表向导不感兴趣，那么可以使用空白报表工具从头开始生成报表。这是一种非常方便快捷的报表生成方式，用于计划在报表上放置较少的字段时使用。

操作步骤如下：

1）在"创建"选项卡下的"报表"选项组中，单击"空报表"按钮。

2）在布局视图中显示一个空白报表，而且在 Access 2007 窗口右侧将显示"字段列表"窗格，如图 8-22 所示。

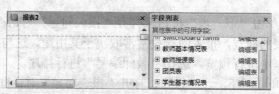

图 8-22　空白报表

8.2.4　创建标签报表

标签是 Access 2007 提供的一个非常实用的功能，利用它可以将数据库中的数据加载到控件上。要创建一个标签，可以使用"标签"向导。"标签"向导的功能非常强大，不但支持标准型号的标签，而且支持自定义标签的创建。

按钮在日常生活中，常常使用"学生信息""物品信息"标签，利用 Access 2007 提供的"标签向导"可以轻松地制作标签。

【例 8-3】利用"标签"创建"学生信息"标签报表。

操作步骤如下：

1）在"创建"选项卡中的"报表"选项组中，单击"标签"按钮。

2）打开"标签向导"对话框-1，如图 8-23 所示，询问用户选择标签型号。

3）选择完成后，单击"下一步"按钮，打开"标签向导"对话框-2，如图 8-24 所示，询问用户选择标签中文本所要使用的字体、字号、粗细和颜色。

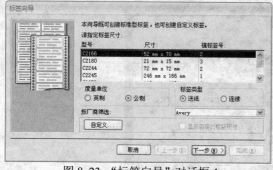

图 8-23　"标签向导"对话框-1　　　　　　　　图 8-24　"标签向导"对话框-2

4）选择完成后，单击"下一步"按钮，打开"标签向导"对话框-3，如图 8-25 所示，询问用户填写"原型标签"信息。

说明：

> 向"原型标签"列表框中添加字段，选中所用的字段后双击该字段。也可在"原型标签"列表框中直接输入在每个标签上所希望见到的文本，用户可以按<Enter>键后换行输入。如果在"原型标签"列表框中输入错误或用户不想文本出现在报表中，则选中该文本，然后按<Delete>键。若要添加文本，则将光标置于要添加文本的位置上，输入文本即可。

5）填写完"原型标签"信息后，单击"下一步"按钮，打开"标签向导"对话框-4，如图 8-26 所示。询问用户选择字段对标签进行排序，单击"下一步"按钮。进入最后一个对话框，在此填写报表的名称，然后单击"完成"按钮，标签报表就制作完毕了。

图 8-25 "标签向导"对话框-3

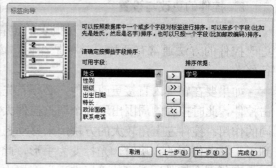

图 8-26 "标签向导"对话框-4

8.2.5 使用设计视图创建报表

本节介绍如何利用"控件"选项组中的工具进行简单的报表创建。

1. 向报表工作区中添加控件

在报表中每一个对象，都可以称为"控件"，报表控件通常分为 3 种：

1）绑定控件。绑定控件与表字段绑定在一起。在向绑定控件输入值时，Access 会自动更新当前表中的表字段值。大多数允许输入信息的控件都是绑定控件，绑定控件可以与大多数数据类型捆绑在一起，包括文本、日期、数值、是/否、图片和备注字段。

2）未绑定控件。未绑定控件保留所输入的值，不更新表字段值。这些控件用于显示文本、将值传递给宏、直线和矩形、存放没有存储在表中但保存在窗体或报表的 OLE 对象。

3）计算控件。计算控件是建立在对表达式基础上的。计算控件也是未绑定控件，不能更新字段值。

用户在设计视图设计报表时，可以对控件进行如下操作：

1）通过鼠标拖动创建新控件。

2）通过按<Delete>键删除控件。

3）通过鼠标拖动移动控件。

4）激活控件对象，拖动控件的边界调整框调整控件的大小。

5）利用属性对话框改变控件属性。

6）通过格式改变控件的外观，可以运用边框、粗体等效果。

7）对控件增加边框和阴影效果。

如果要在报表中添加未绑定控件，必须从"控件"选项组中选择相应的控件。如在报表主体区段中添加一个标签，可选用"标签"控件，其操作方法为：将"控件"选项组中的"标签"控件拖动到主体区段，此时报表内出现一个矩形块，在其中输入文字后，就可以利用控件四周的大小调整框调整其大小。

向报表中添加绑定控件是创建报表的一项重要工作，这类控件主要是文本框，它与字段列表中的字段相结合来显示数据。向报表中添加"文本框"控件的操作方法为：将字段列表中需要显示的字段拖动到相应的空白工作区。完成后，Access 2007 会自动为其设置文本框，并且这些文本框的宽度一致。

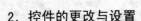

2．控件的更改与设置

在创建报表的过程中，常常对报表的位置和大小不满意，需要对控件进行重新设置。更改控件的方法通常有两种：一种是在窗体内直接修改；另一种是利用"属性表"窗格进行修改。

如果要在窗体内直接更改控件，必须首先选中要更改的控件。其操作方法为：用鼠标单击控件，此时控件的周围出现 8 个调整控件大小的方块，称为调整方块。不同调整方块有不同的作用：控件左上角较大的方块用来移动控件，其余方块用来调整控件的大小。当光标指到用于移动位置的方块时，光标变为手形，此时可以拖动选中的控件。

在每一个控件所对应的"属性表"窗格中，其"格式"选项卡中都有控制位置与尺寸的属性：如"左边距""上边距""高度"和"宽度"，只要更改这 4 个属性，就可以改变控件的位置和大小。

3．在报表中添加节

为了使报表便于理解，可将报表分为若干节，在报表上以不同的间隔显示信息。用户可以在这些节中添加标题和标签。

切换到"报表设计工具"→"排列"选项卡，在"显示/隐藏"选项组中单击"报表页眉/页脚"按钮，就为报表增加了两个节："报表页眉"和"报表页脚"，它们总是成对出现的。

"报表页眉"和"报表页脚"的使用方法与"页面页眉"和"页面页脚"的使用方法不同。报表页眉并不出现在报表打印的每一页上，而只是在报表的第一页出现一次，报表页脚也仅在报表的最后一页出现一次。报表页眉是添加报表标题的最佳位置，而报表页脚是添加的作者等信息的最佳位置。

Access 2007 创建的页眉的页脚较小，其高度可以改变，以容纳添加进来的控件。为了增加或减少节的高度，可以移动鼠标指针到节底边缘的上方，等到鼠标指针变为双箭头时，按住鼠标左键，向下移动可以增加节的高度，向上移动可以减少节的高度。要调整节的宽度，可移动鼠标指针到报表右边缘的上方，等到鼠标指针变为双箭头时，按住鼠标左键，向左或向右拖动节的边缘即可改变宽度。

4．属性设置

除了可以移动控件位置与更改控件尺寸外，还可以通过"属性表"窗格设置控件的其他属性。其操作方法为：选择需要进行属性设置的控件并单击鼠标右键，在弹出的快捷菜单中选择"属性"命令，此时弹出该控件的"属性表"窗格。在该窗格中可以更改控件的颜色、文本的字体、颜色和大小等。

5．保存报表

在对报表进行修改后，单击工具栏上的"保存"按钮，打开"另存为"对话框。在文本框中输入报表的名称，然后单击"确定"按钮，就可以保存报表。

【例 8-4】利用"设计视图"创建"教师基本情况表"。

1）在"创建"选项卡下的"报表"选项组中单击"报表设计"按钮。在设计视图中将显示一个空白报表，在报表设计的右侧同时打开"字段列表"窗格，在"字段列表"窗格中选择数据来源表，选择"教师基本情况表"，单击其左侧的加号（+），展开"教师基本情况表"字段列表，如图 8-27 所示。

2）将段列表中的"学号"字段拖动到如图 8-28 所示的位置，用户根据内容调整控件的位置与大小。

3）使用步骤 2）的方法，将其他所需控件添加到设计区，然后单击工具栏上的"直线"控件，在"页面页眉"节中添加直线，并双击该直线，同时弹出其属性对话框，将其宽度设为 25cm，结果如图 8-29 所示。

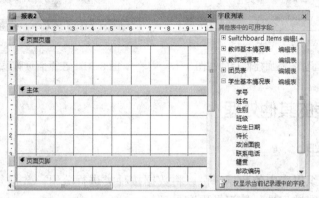

图 8-27 展开"教师基本情况表"字段列表

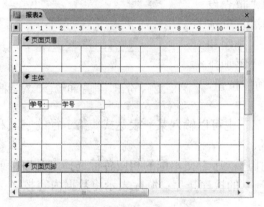

图 8-28 添加"学号"字段

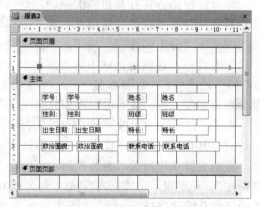

图 8-29 添加控件后的设计视图

4）单击"控件"选项组中的"标签"控件，在"页面页眉"节中的直线上添加一个"标签"控件，并输入"学生基本信息"作为报表的标题，设置其字号为 14，此标签控件是一个未绑定控件，而前面的控件均为绑定控件，如图 8-30 所示。

5）单击"控件"选项组中的"文本框"控件，在"页面页脚"节中添加一个"文本框"控件，然后打开其"属性表"对话框，在"数据"选项卡中的"控件来源"中输入"="第"&[Page]&"页""，用以标识该页是第几页，也可以单击"控件来源"右侧的表达式生成器按钮来生成表达式，再调节一下"主体"节的大小，效果如图 8-31 所示。

6）切换到"报表设计工具控件"→"设计"选项卡，在"设计"选项组中单击"视图"按钮，然后打开"视图"下拉菜单中的"打印预览"选项来观看效果，如果不满意，返回设计视图重新设计，直到满意后保存退出。

图 8-30 在页面页眉添加控件后的视图

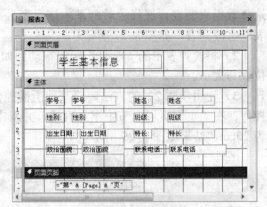

图 8-31 在页面页脚添加控件后的视图

8.3 有关报表的其他处理

8.3.1 排序和分组

为了更好地组织报表中的数据，可以将数据按种类进行分组。数据分组允许用户根据一个或多个常用字段安排记录，使记录更容易理解。

以设计视图方式打开相应的报表，切换到"报表设计工具控件"→"设计"选项卡，在"分组和汇总"选项组中单击"分组和排序"按钮，打开"分组、排序和汇总"对话框，在该对话框中有"添加组"和"添加排序"两个功能按钮，如图 8-32 所示。单击每个功能按钮，都会弹出字段列表，从而可以添加分组或排序。

图 8-32 "分组、排序和汇总"对话框

在"字段/表达式"文本框中可以选择字段名，也可以输入某一表达式。第 1 行的字段和表达式，具有最高的排序优先级，以后依次降低。

在选定好字段或输入表达式后，可以在"排序次序"文本框的相应各行选择"升序"或"降序"。升序表示将数据内容按 A 到 Z 或 0 到 9 的次序排序；降序表示将数据内容按 Z 到 A 或 9 到 0 的次序排序。

如果要对数据进行分组时，可以单击要设置分组属性的字段或表达式，然后设置其组属性。最多可以对 10 个字段和表达式进行分组。"组属性"选项的含义见表 8-1。

表 8-1 "组属性"选项含义

选 项	含 义
分组形式	选择值或值的范围，以便创建新组，可用选项取值决定分组字段的数据类型
升/降序	用于设定分组的升/降序排序
组间隔	指定分组字段或表达式值之间的间隔值
有无汇总	用于设定汇总类型、设定汇总显示位置或者无汇总
有标题	用于设定分组页眉的标题
有/无页眉节	用于设定是否显示该组的页眉
有/无页脚节	用于设定是否显示该组的页脚
保持同页与否	用于指定是否将组放在同一页上

下面对于不同数据类型进行分组介绍。

1．按日期/时间字段分组记录

如果按日期/时间字段分组记录时，可以按照表 8-2 所列出的"分组形式"属性来设置。对于除了"按整个值"以外的所有选项，均可将"组间隔"属性设置为对分组字段或表达式值有效的任何值。如果将"分组形式"属性设置为"按整个值"，则"组间隔"的属性值为 1。

表 8-2　按日期/时间字段分组记录

分组形式属性	含　义
按整个值	按照字段或表达式相同的值对字段进行分组
年	按照相同历法年中的日期对记录进行分组
季度	按照相同历法季度中的日期对记录进行分组
月	按照同一月份中的日期对记录进行分组
周	按照同一周中的日期对记录进行分组
日	按照同一天的日期对记录进行分组
自定义	按照自定义的天、小时、分钟的时间间隔对记录进行分组

2．按文本字段分组记录

如果按文本字段分组记录时，则可以按照表 8-3 列出的"分组形式"属性来设置。如果将"分组形式"属性设置为"自定义"，则"组间隔"属性可设置为分组字段有效的任何值。如果"分组形式"属性设置为"按整个值"，则"组间隔"属性为 1。

表 8-3　按文本字段分组记录

分组形式属性	含　义
按整个值	按照字段或表达式相同的值对字段进行分组
按第一个字符	按照字段或表达式中第一个字符相同的值对字段进行分组
按前两个字符	按照字段或表达式中前两个字符相同的值对字段进行分组
自定义	按照字段或表达式中自定义的前 n 个字符相同的值对字段进行分组

3．按自动编号字段、货币字段或数字字段分组记录

如果按自动编号字段、货币字段或数字字段分组记录时，则可以按照表 8-4 列出的"分组形式"属性来设置。如果将"分组形式"属性设置为"按整个值"，则"组间隔"属性为 1。如果"分组形式"属性设置为"自定义"，则"组间隔"属性设置为对分组字段或表达式值有效的任何数值。Access 2007 从 0 开始对自动编号字段、货币字段或数字字段分组。

表 8-4　按自动编号字段、货币字段或数字字段分组记录

分组形式属性	含　义
按整个值	按照字段或表达式相同的值对字段进行分组
特定间隔	按照指定的 5、10、100、1000 条记录间隔值对记录进行分组
自定义	按照自定义间隔中的值对记录进行分组

4．应用实例

在对报表进行排序与分组时，可以添加组页眉与组页脚。组页眉在每组数据的开始处显示，而组页脚在每组的结尾处显示信息。组页眉通常包含报表数据分组所依据的字段，

称为分组字段；组页脚通常用于计算每组的总和或其他汇总数据。如果要创建一个组级别并设置其他分组属性，必须设置为"有页眉节"和"有页脚节"；在设置"有页眉节"和"有页脚节"时，不必像"报表页眉"和"报表页脚"必须成对出现，可以分别进行设置。

【例8-5】对"学生基本情况表"进行修改，以"班级"为分组字段，并将每个班级的人数统计出来。

操作步骤如下：

1）以设计视图方式打开"学生基本情况表"，切换到"报表设计工具控件"→"设计"选项卡，在"分组和汇总"选项组中单击"分组和排序"按钮，打开"分组、排序和汇总"对话框，单击"添加组"按钮，在字段列表中选择"班级"选项，则"班级"就成为分组字段，如图8-33所示。

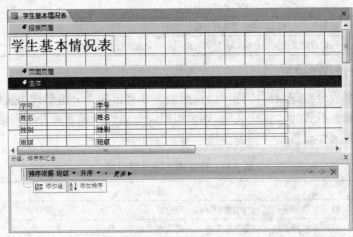

图8-33 "班级"成为分组字段

2）单击"更多"按钮，设置更多组属性。单击"无页眉节"按钮上的下三角按钮，从打开的下拉列表中选择"有页眉节"选项，"班级眉节"出现在报表中。利用同样的方法将"有页脚节"添加到报表中，此时报表的设计视图，如图8-34所示。

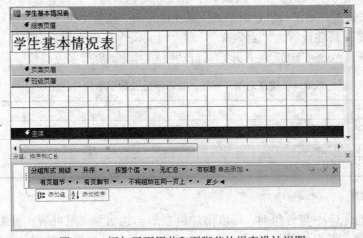

图8-34 添加了页眉节和页脚节的报表设计视图

3）单击"关闭"按钮，关闭"分组、排序和汇总"对话框，使用添加绑定型控件的方法，将"班级"字段拖动到"班级眉节"节的适当位置。

4）在"班级页脚"节中添加一个未绑定型文本框，将其命名为"总人数："，在"控件来源"中输入"=count(*)"，这样该控件就成为了一个计算控件，同样也可以使用表达式生成器生成该表达式，如图 8-35 所示。

5）这样就可以达到预期的效果，通过报表预览不断对报表的设计样式进行修改完善，直至满意，然后保存报表并退出。

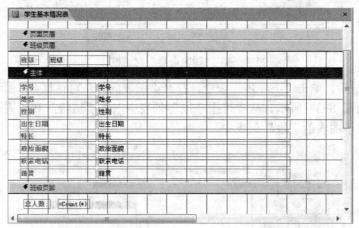

图 8-35　在组页眉和组页脚中添加控件后的报表设计视图

8.3.2　子报表

前面所讲解的报表创建方法都是如何创建单一的报表，有时需要将多个报表结合起来，这就需要创建子报表。通常采用在一个报表中插入另一个报表的方法来创建子报表，前一个报表就称为主报表，后者为子报表。如果子报表与主报表相关，在建立子报表之前必须确信已经正确建立了表格关联。

建立子报表的方法和建立子窗体的方法类似，简单介绍如下：

1）在"设计试图"中打开要作为主报表的一个报表。

2）选择"工具箱"，单击"子窗体/子报表"按钮。

3）依照向导对话框的提示，在主报表中希望添加子报表的地方添加子报表。

8.3.3　创建图表报表

【例 8-6】利用"图表向导"创建"统计各班级的学生人数"报表。

操作步骤如下：

1）在"创建"选项卡中的"报表"选项组中，单击"报表设计"按钮。在设计视图中将显示一个空白报表。

2）选择"报表设计工具"选项卡中的"设计"选项组，单击"控件"选项组的"插入图表"按钮，打开"图表向导"对话框-1，用于选择创建图表所使用的表或查询，如图 8-36 所示。由于要制作各班级学生人数的统计图表，所以应选择"各班级的学生人数"查询。

167

图 8-36 "图表向导"对话框-1

3）选择完成后，单击"下一步"按钮，打开"图表向导"对话框-2，用于选择图表数据所在的字段，如图 8-37 所示。从"可用字段"列表中双击"班级"和"人数"两个字段，将其添加到"用于图表的字段"列表中。

图 8-37 "图表向导"对话框-2

4）单击"下一步"按钮，打开"图表向导"对话框-3，用于选择图表的类型，如图 8-38 所示，选择"饼图"。

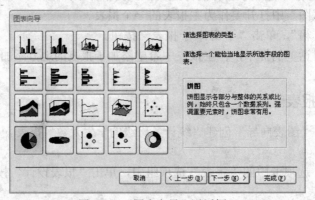

图 8-38 "图表向导"对话框-3

5）单击"下一步"按钮，打开"图表向导"对话框-4，用于指定数据在图表中的布局方式，如图 8-39 所示。

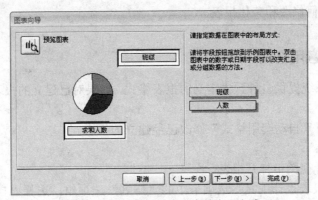

图 8-39 指定数据在图表中的布局方式

6）单击"下一步"按钮，打开"图表向导"对话框-5，用于指定图表的标题，如图 8-40 所示，在文本框中输入"各班级的学生人数"，单击"完成"按钮。

图 8-40 指定图表的标题

7）单击工具栏上的"保存"按钮，显示"另存为"对话框，在"报表名称"框中输入"统计各班级学生人数"，单击"确定"按钮。打开该报表，显示效果如图 8-41 所示。

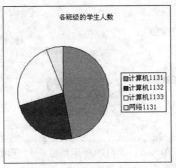

图 8-41 图表显示效果

8.4 修改与美化报表

报表设计结束后，往往需要对报表的布局、样式以及外观进行修改。在调整报表时，可以修改文本的字体、字号等外观信息，也可以修改外观，还可以直接套用系统提供的报表格式。本节将学习如何修改和美化报表。

8.4.1 报表自动套用格式

Access 2007 系统提供多种预先定义的报表格式，如果对已建立的报表格式不满意，则可以重新进行修改。

【例 8-7】利用"自动套用格式"修改已经建立的报表。

操作步骤如下：

1）在报表设计视图中打开报表。

2）切换到"报表设计工具"选项卡中的"排列"选项组，选择"自动套用格式"选项组右侧选项按钮，打开"自动套用格式"组，如图 8-42 所示。

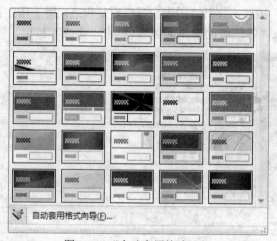

图 8-42 "自动套用格式"组

3）单击图 8-42 底部的"自动套用格式向导……"按钮，打开"自动套用格式"对话框，如图 8-43 所示。

图 8-43 "自动套用格式"对话框

4）选择一种合适的自动套用格式来代替当前的报表格式。

5）单击"确定"按钮即可。

8.4.2 设计报表背景图案

如果设计的报表以美观的图画作为背景，不同的报表采用不同的图画作为背景，那么设

计的报表一定是非常有个性的报表。

【例8-8】为报表设置背景图案。

操作步骤如下：

1）在报表设计视图中打开报表。

2）切换到"报表设计工具"选项卡中的"工具"选项组，单击"属性表"按钮，打开"属性表"对话框，如图8-44所示。

3）在报表"属性表"对话框中，选择"格式"选项卡，可以使用"图片"相关属性设置报表背景效果。

4）单击"图片"右侧的按钮回，打开"插入图片"对话框，选择合适的图片，单击"确定"按钮，此时系统已将图片放到报表背景中了，设置报表背景图片的属性，如图8-45所示。

5）单击"预览"按钮，可查阅其显示效果，如果不满意则可继续进行修改。

图8-44 报表的"属性表"窗格　　　图8-45 设置"报表背景图片"属性

 说明：

1）图片类型：可以选择"嵌入"或"链接"图片方式。

2）图片缩放模式：可以选择"剪裁""拉伸"或"缩放"来调整图片的大小。

3）图片对齐方式：可以选择"左上""右上""中心""左下"或"右下"来确定图片的对齐方式。

4）图片平铺：选择是否平铺图片。

5）图片出现的页：可以设置显示图片的报表页，如"所有页""第一页"和"无"。

8.4.3 添加页码

自动创建报表时Access已经在页面页脚添加了页码，如果希望在其他地方添加页码则可以按照下面的方法完成。

【例8-9】为报表设置页码。

操作步骤如下：

1）在报表设计视图中打开报表。

2）切换到"报表设计工具"选项卡，单击其中的"页码"按钮，打开"页码"对话框，如图8-46所示。

图8-46 "页码"对话框

3）根据需要设置页码的格式、位置以及对齐方式，最后单击"确定"按钮。

说明：

> 页码的对齐方式有以下 5 种形式。
> 1）左：在左页边距添加文本框。
> 2）中：在左右页边距的正中添加文本框。
> 3）右：在右页边距添加文本框。
> 4）内：在左、右页边距之间添加文本框，奇数页打印在左侧，偶数页打印在右侧。
> 5）外：在左、右页边距之间添加文本框，偶数页打印在左侧，奇数页打印在右侧。

8.4.4 添加日期和时间

添加日期和时间的方法与添加页码的方法类似。

【例 8-10】为报表设置页码。

操作步骤如下：

1）在报表设计视图中打开报表。

2）切换到"报表设计工具"选项卡，单击其中的"日期与时间"按钮，打开"日期与时间"对话框，如图 8-47 所示。

图 8-47 "日期与时间"对话框

3）根据需要设置日期与时间的格式，最后单击"确定"按钮。

4）保存报表。

8.5 计算报表中的数值

在报表中可以加入计算字段来完成计算功能，建立计算字段的方法很简单，只需要在报表的设计视图下插入文本框，然后在文本框中输入正确的公式或函数即可。如前文提到的日期，可以在文本框中输入"=now（）"，效果是一样的。下面，学习一些基本函数的使用。

8.5.1 统计报表记录的平均值、最大值和最小值

【例 8-11】利用报表求"学生选课成绩表"中的"平均分""最高分"和"最低分"。

操作步骤如下：

1）创建一个报表，数据源"学生选课成绩表"，最后完成设计。

2）在完成设计后，切换到"报表设计工具"选项卡，单击其中的"设计视图"按钮，重新设计报表。在"报表页脚"设计区域添加 3 个标签，标签内容分别输入"平均分""最高分"和"最低分"，并添加 3 个文本框，在文本框内输入相应的函数，其函数内容分别为"=Avg（[成绩]）""=Max（[成绩]）""=Min（[成绩]）"，如图 8-48 所示。

3）保存后单击"打印预览"按钮，就可以看到在报表末尾出现如图 8-49 所示的计算结果。

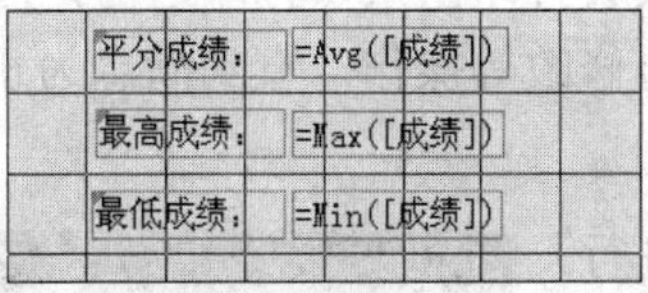

图 8-48　统计报表记录的平均值、最大值和最小值　　　图 8-49　计算结果

8.5.2　统计报表中的记录个数

统计报表的记录个数也很简单，和上一节一样，需要在文本框中输入一个公式，只不过这次用的是"count"函数，在文本框中输入"=count（[姓名]）"，将标签内容更改为"总记录数"。

8.5.3　建立报表中的计算字段

【例 8-12】利用报表根据"出生日期"，求出"学生基本情况表"中的学生年龄。

操作步骤如下：

1）创建一个报表，数据源"学生基本情况表"，最后完成设计。

2）在完成所设计后，切换到"报表设计工具"选项卡，单击其中的"设计视图"按钮，重新设计报表。将"页面页眉"节内的"出生日期"标签标题改为"年龄"。

3）将"主体"内的"出生日期"文本框删除，然后在该位置添加一个文本框，并删除附带的标签。

4）在文本框中输入计算年龄表达式"=Year（Date()）-Year（[出生日期]）"。

5）执行"视图"选项组中的"打印预览"菜单项，显示结果如图 8-50 所示。

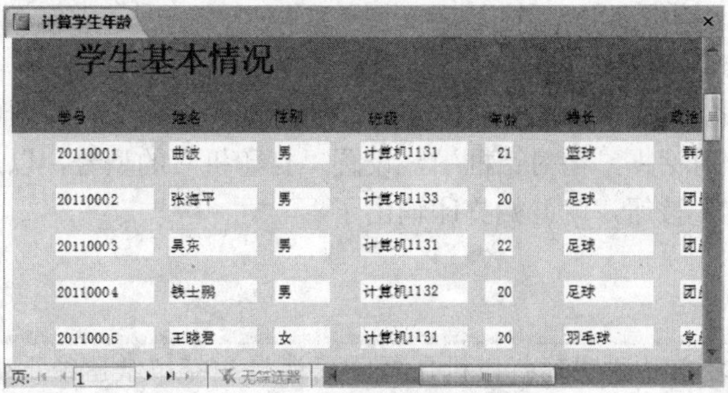

图 8-50　计算"年龄"显示结果

 说明：

> 在文本框中输入的表达式前必须加上等号（=）运算符，并且必须是英文半角状态的。

8.6 打印报表

经过创建、编辑、美化报表操作之后，就需要将报表打印出来，打印之前，还要对报表的边界等信息进行设置，经过预览、修改，再预览、再修改等操作，直到满意为止。

1. 页面设置

为了使打印的效果更加令人满意，需要对报表进行"页面设置"，如设置边界、纸张大小、打印方向等。其操作步骤如下：

1）在数据库中，选择"报表"对象，双击要进行页面设置的报表。

2）切换到"报表设计工具"选项卡，单击其中的"页面设置"按钮，打开"页面设置"对话框，如图 8-51 所示。在对话框中可以设置"边距""页""列"这 3 项，其设置的方法与 Microsoft Word 相同。

3）设置完成后，单击"确定"按钮。

图 8-51 "页面设置"对话框

2. 打印预览

创建报表的目的是为了将显示的结果打印出来，为了保证打印出来的效果符合要求，就需要在打印前进行打印预览，其操作方法非常简单，可选择"报表设计工具"选项卡中的"视图"选项组。单击"视图"选项组中的"打印预览"菜单命令，来观看报表的实际效果，如需修改，则返回设计视图进行修改。

3. 打印输出报表

使用报表的主要目的是为了打印，发放给人使用和查阅。打印是通过打印机进行输出的，重要的是设置好打印格式。

操作步骤如下：

1）在数据库中，选择要打印的报表。

2）单击"Office" 按钮，选择"打印"菜单命令，弹出级联菜单，分别为"打印""快速打印"和"打印预览"3 个选项。通常在打印时选择"打印"菜单项，执行"打印"菜单项后，打开"打印"对话框，在对话框中，设置"打印机"的型号，以及打印范围和打印份数，最后单击"确定"按钮，就开始打印输出了。

 说明：

> 在进行打印之前必须明确打印机已经正确连接和打印纸已经正确安装这两点，才能打印输出。

 本章小结

本章主要介绍了报表的报表设计器的构成及创建报表的方法，通过学习使读者初步掌握报表的其他处理方法以及报表的美化方法，读者可以快速地掌握报表设计的各种方法，从而可以使自己创建漂亮实用的报表。

 习题

1. 填空题

1）用于显示整个报表的计算汇总或其他统计数字信息的是_____。

2）为了在报表的每一页底部显示页码，应设置 _____。

3）_____主要用于对数据库中的数据进行分组、计算、汇总和打印输出。

4）创建报表时，可以设置_____对记录进行排序。

5）绘制报表中的直线时，按住_____键可以保证画出的直线在水平或垂直方向上没有歪曲。

6）利用报表向导设计报表时，无法设置_____。

2. 选择题

1）在报表中页眉的作用是（　　　）。

　　A. 用于显示报表的标题、图形或说明性文字

　　B. 用于显示整个报表的汇总说明

　　C. 用于显示报表中的字段名称或记录的分组名称

　　D. 打印表或查询中的记录数据

2）只能在报表的开始处的是（　　　）。

　　A. 页面页眉节　　　　　　　　　　　B. 页面页脚节

　　C. 组页眉节　　　　　　　　　　　　D. 报表页眉节

3）预览主/子报表时，子报表页面页眉中的标签（　　　）。

　　A. 每页都显示一次　　　　　　　　　B. 每个子报表只在第一页显示一次

　　C. 每个子报表每页都显示　　　　　　D. 不显示

4）用于显示整个报表的计算汇总或其他的统计数字信息的是（　　　）。

　　A. 报表页脚节　　　　　　　　　　　B. 页面页脚节

　　C. 主体节　　　　　　　　　　　　　D. 页面页眉节

5）如果需要制作一个公司员工的名片，则应使用的报表是（　　　）。

　　A. 纵栏式报表　　　　　　　　　　　B. 表格式报表

　　C. 图表式报表　　　　　　　　　　　D. 标签式报表

6）下列选项不属于报表数据源的是（　　　）。

  A. 宏和模块   B. 基表

  C. 查询   D. SQL 语句

7）使用"自动报表"创建的报表只包含（   ）。

  A. 报表页眉   B. 页脚和页面页眉

  C. 主体区   D. 页脚节区

8）实现报表的分组统计数据的操作区间是（   ）。

  A. 报表的主体区域   B. 页面页眉或页面页脚区域

  C. 报表页眉或报表页脚区域   D. 组页眉或组页脚区域

9）关于报表功能的叙述不正确的是（   ）。

  A. 可以呈现各种格式的数据

  B. 可以包含子报表与图表数据

  C. 可以分组组织数据，进行汇总

  D. 可以进行计数、求平均、求和等统计操作

10）如果要求在页面页脚中显示的页码形式为"第 X 页，共 Y 页"，则页面页脚中的页码的控件来源应设置为（   ）。

  A. ="第" &[Pages]& "页，共" &[Page]& "页"

  B. ="共" &[Pages]& "页，第" &[Page]& "页"

  C. ="第" &[Page]& "页，共" &[Pages]& "页"

  D. ="共" &[Page]& "页，第" &[Pages]& "页"

3. 操作题

1）制作一份"成绩单"，显示全班所有人的各科成绩及总分、平均分。

2）为图书馆的每种图书制作标签。

第9章 Web 发布、OLE 应用

本章主要介绍 Web 页的制作及如何在 Access 2007 中制作数据访问页和如何在 Web 中发布信息。同时还介绍了 OLE 技术的相关概念，以及在 Access 2007 中使用 OLE 对象。

9.1 Web 发布

使用 Access 2007 可以在数据库中添加超级链接（Hyperlink），以显示对象、一个文件、Web 页或电子邮件。为了使数据库中的对象能够在 Web 上查看，可以将数据导出成一个 HTML 文件。用户可以通过 HTML 文件查看数据库中的数据，但不可以修改数据库本身。

9.1.1 创建超级链接

超级链接是打开数据库对象或非 Access 2007 文件的快捷方式，在 Access 2007 中也可以创建电子邮件超级链接，单击该链接后可以启动用户的电子邮件，同时显示已输入具体的电子邮件地址的邮件写作窗口，用户就可以像正常情况一样发送电子邮件了。

为了在数据库中添加超级链接，首先必须设置要使用超级链接的字段为"超链接"数据类型。然后在数据表或窗体视图中指定用户通过单击超级链接可以查看 Web 地址、文件或数据库对象。使用"插入超链接"对话框可以创建超级链接，该对话框可以链接到许多不同的对象，如图 9-1 所示。

对话框中各按钮的功能如下。

"原有文件或网页"按钮：允许用户选择用超级链接的 Web 页或非 Access 2007 文件。

"此数据库中的对象"按钮：链接到当前数据库中的对象。

"电子邮件地址"按钮：创建电子邮件地址超级链接，为用户选择的地址创建一封电子邮件。

"屏幕提示"按钮：添加当用户的鼠标指针在超级链接上停留时显示的文字，"要显示的文字"文本框包含超级链接的名称。

图 9-1 "插入超链接"对话框

【例 9-1】应用"教师基本情况表"中的数据创建超级链接。

操作步骤如下：

1）在数据库中打开"教师基本情况表"，选择"主页"字段并单击鼠标右键，在弹出的快捷菜单中选择"超链接"→"编辑超链接"命令，打开"编辑超链接"对话框，如图 9-2 所示。

2）在"编辑超链接"对话框中，单击"链接到"选项组中的"原有文件或网页"图标按钮，在"地址"下拉列表框中可以直接输入网址，也可以在"查找范围"列表中找到超级链接对象保存的位置。

3）在地址中选择"www.pconline.com.cn"，单击"确定"按钮。则"www.pconline.com.cn"以超级链接的形式出现在"教师基本情况表"中，它以蓝色字体并带有下划线的形式显示。

4）单击该超级链接，则"www.pconline.com.cn"网址被打开。此时表明超级链接已建立完成。

  说明：

如果对已经完成超级链接的字段内容重新进行编辑，则其操作方法与插入超级链接的方法相同，同时显示"编辑超链接"对话框，如图 9-2 所示。

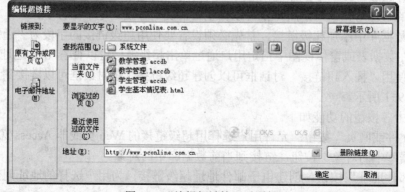

图 9-2 "编辑超链接"对话框

9.1.2 将窗体导出为 HTML

为了能够使不习惯使用 Access 数据库的用户更加方便地访问数据库信息，可以将数据库对象（表、查询、窗体和报表）导出为 HTML 文档，使用户可以通过 Web 或局域网查看 HTML 文档。

将数据库对象以另一种文件格式（如 HTML）保存，称为导出。在实际应用中，应尽量导出窗体、报表等而不是表，因为导出 HTML 后，用户可以查看但不能更改数据。

【例 9-2】将"编辑学生档案信息"窗体导出为 HTML 格式文档。

操作步骤如下：

1）在数据库窗体列表中，选择"编辑学生档案信息"窗体选项。

2）切换到"外部数据"选项卡，在"导出"选项组中单击"其他"按钮，打开下拉列表，选择"导出-HTML 文档"命令，打开"导出-HTML 文档"对话框，如图 9-3 所示。

图 9-3 "导出-HTML 文档"对话框

3）在"导出-HTML 文档"对话框中选中"完成导出操作后打开目标文件"复制框，这样在完成导出操作后系统会自动在浏览器中打开目标文件。

4）单击"确定"按钮，打开"HTML 输出选项"对话框，如图 9-4 所示。

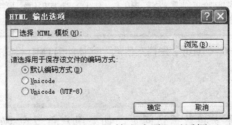

图 9-4 "HTML 输出选项"对话框

5）在"HTML 输出选项"对话框中可以选择一种 HTML 页的外观模板，或者选择一种文件编码方式，然后单击"确定"按钮。

6）开始导出，导出完成后，弹出导出成功对话框，如图 9-5 所示，并且该 HTML 文档可在 IE 中自动打开，如图 9-6 所示。

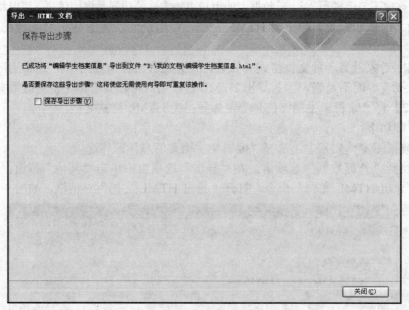

图 9-5　导出成功

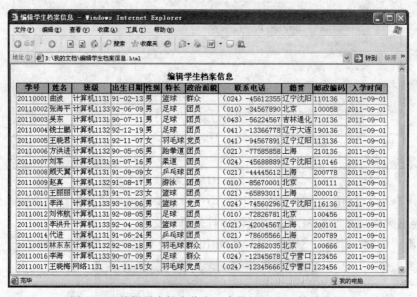

图 9-6　"编辑学生档案信息"窗体的 HTML 格式文档

 说明：

在 Access 2007 中不支持数据访问页，如果用户希望在 Web 上发布数据输入窗体，并在 Access 中存储所生成的数据，则可将数据库建立在 Windows Server 2003 操作系统上的网络服务器上。

9.2　OLE 应用

OLE（Object Linking and Embedding，对象链接和嵌入）是在不同的 Windows 应用程序之间传递数据的一种技术。在应用程序中使用 OLE 技术传递的数据被称为 OLE 对象，可以是一个 WAV 和 MIDI 格式的音频文件，也可以是一个视频文件。OLE 技术的出现使 OLE 对象可以方便地在不同应用程序间进行传递，方便文件的应用。

9.2.1　OLE 基础知识

使用 OLE 可以创建内容丰富的复合文件，它是由一种或几种单一的文件组成的，每一个单一文件都可以由支持 OLE 技术的应用程序提供。建立复合文件的应用程序称为 OLE 客户程序，而提供单一文件的外部应用程序称为 OLE 服务程序。

Access 2007 是一个 OLE 客户程序，它也可以创建复合文件。如果在窗体、报表、数据表等对象中包括了 OLE 对象，则它们都称为复合文件。

OLE 技术还包括一种称为对象超链接的功能，它与对象嵌入基本相似，只是源文件不包含在复合文件中，它们之间是相互关联的关系，此类复合文件不能离开源文件。

Access 2007 支持所有由 OLE 服务程序所生成的 OLE 对象，其中常用的包括：Microsoft 照片编辑器的扫描对象；Microsoft 照片编辑器的照片；BMP 图像；Excel 表格；PowerPoint 幻灯片；Word 图片；Word 文档；MathType 公式对象；Ms 组织结构图对象；电影剪辑（AVI）对象；画笔图片；媒体文件；图像文档；写字板文档。

对于其他 OLE 服务程序生成的 OLE 对象，Access 2007 也具有支持功能。在实际应用过程中，尽量少使用 OLE 对象，由于 OLE 对象一般都很大，使用 OLE 对象会使数据库文件变得很大，不利于数据的各种操作。

9.2.2　使用 OLE 对象

在 Access 2007 中使用 OLE 的方法有多种，可以在窗体、报表或数据表中使用，通常是在窗体中添加图像。

1．使用 OLE 对象向窗体中插入图像

【例 9-3】向"编辑学生档案信息"窗体插入图像。

操作步骤如下：

1）以设计视图方式打开"编辑学生档案信息"窗体，然后切换到"窗体设计工具"→"设计"选项卡，在"控件"选项组中单击"未绑定控件"按钮。

2）在窗体中拖动出一个适当大小的方框，Access 2007 自动弹出一个用于插入对象的对话框，如图 9-7 所示。

3）选择"新建"单选按钮，在"对

图 9-7　插入对象对话框

象类型"列表中选择"位图图像"选项，然后单击"确定"按钮，打开 Windows 画板，创建一个新的图像文件作为插入对象，在窗体中插入一个"红色"的色块，保存文件，并关闭窗口，将图像插入到窗体中。

4）重新打开"编辑学生档案信息"窗体，在窗体中已经插入一个"红色"的色块，如图 9-8 所示。

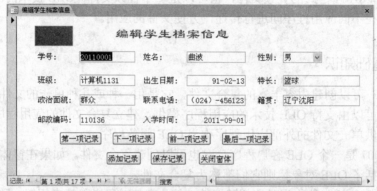

图 9-8　插入图像后所显示的窗体

如果要使用一个已有的图像文件，则可以在插入对象对话框中选中"由文件创建"单选按钮，如图 9-9 所示。

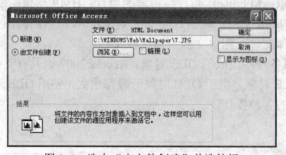

图 9-9　选中"由文件创建"单选按钮

单击对话框中的"浏览"按钮，选择所要插入的图像文件。如果要使用链接方式引用 OLE 对象，则应选中"链接"复选框。默认情况下使用嵌入方式，然后单击"确定"按钮便可插入 OLE 对象。

2. 在数据表中使用 OLE 对象

【例 9-4】在数据表中使用 OLE 对象。

操作步骤如下：

1）以设计视图方式打开"教师基本情况表"，在表结构中添加"图片"字段，并将该字段类型设定为"OLE 对象"。

2）切换到"表工具"→"设计"选项卡，在"视图"选项组中单击"视图"按钮，在打开的菜单中选择"数据表视图"命令，打开数据表，选择"图片"行中的某一单元格并单击鼠标右键，在弹出的快捷菜单中选择"插入对象"命令，打开插入对象对话框，如图 9-7 所示。

3）选中"由文件创建"单选按钮，然后单击"浏览"按钮，打开"浏览"对话框，从

磁盘目录中找到所适应的图片，然后单击"确定"按钮。

4）单击"保存"按钮。在数据表视图中双击该"图片"字段，系统就会调用 Windows 默认的图片编辑工具打开该图片。

9.3　Access 对象发布为 PDF 或 XPS

在 Microsoft Office System 中的许多程序包含以下功能，即发布为可移植文件格式（PDF）或 XML 纸张规格（XPS）格式，使用该功能可以控制保存或发布哪些内容，就像在打印时报告的操作一样。

9.3.1　PDF 与 XPS 基础知识

现在，可以将数据导出为 PDF（可移植文档格式）或 XPS（XML 纸张规范）格式以进行打印、发布和电子邮件分发，但前提是首先将 Publish 作为 PDF 或 XPS 加载项安装。通过将窗体、报表或数据表导出为.PDF 或.XPS 文件，可以捕获保留了所有格式特性且便于分发的窗体中的信息，但不需要其他人在其计算机上安装 Access 以便打印或审阅你的输出。

可移植文档格式（PDF）是一种固定布局的电子文件格式，可以保留文档格式并支持文件共享。PDF 格式确保了在联机查看或打印文件时，可以完全保留所需的格式，而文件中的数据不能轻易复制或更改。对于要使用专业印刷方法进行复制的文档，PDF 格式也很有用。

XPS 是一种电子文件格式，可以保留文档格式并支持文件共享。XPS 格式确保了在联机查看或打印文件时，可以完全保留所需的格式，而文件中的数据不能轻易复制或更改。

只有当安装了该加载项后，才能从 Office Access 2007 中将数据导出到.PDF 或.XPS 格式文件。

9.3.2　安装 Publish

如果要将文件保存为 PDF 或 XPS 格式，必须首先安装 Publish 作为 Microsoft Office System 的 PDF 或 XPS 的加载项。

在微软网站下载适用于 Microsoft Office System 2007 程序的 Microsoft Save as PDF or XPS 加载项下载到本地计算机并安装。

在系统中安装 Publish 作为 PDF 或 XPD 加载项后，即可将文件导出为 PDF 或 XPS 格式，否则无法在系统中将文件导出为 PDF 或 XPS 格式。

9.3.3　将文件导出 PDF 或 XPS 格式

【例 9-5】将"教学管理"文件中的"学生基本情况表"导出为 PDF 或 XPS 格式文件。

操作步骤：

1）打开"教学管理"Access 数据库文件。

2）打开"学生基本情况表"。

3）单击"Office 按钮"按钮，在打开的菜单中选择"另存为"→"PDF 或 XPS"命令，如图 9-10 所示。

图 9-10　选择"PDF 或 XPS"选项

4）打开"发布为 PDF 或 XPS"对话框，如图 9-11 所示，在"文件名"文本框中输入"学生信息"。

5）在"保存类型"下拉列表中选择 PDF 或"XPS 文档"。

6）如果要在保存文件后立即打开它，需要选中"发布后打开文件"复选框。

7）单击"发布"按钮，即可将表保存为 PDF 或 XPS 格式文件。

图 9-11　"发布为 PDF 或 XPS"对话框

　说明：

　　如果文件发布为 PDF 后立即打开它，则系统必须先安装 PDF 阅读器。

在"优化"选项组中，根据用户更重视文件大小还是打印质量，其说明如下：

1）如果表格或报表要求较高的打印质量，可以单击"标准（联机发布和打印）"。

2）如果打印质量不如文件大小重要，可以单击"最小文件大小（联机发布）"。

在"发布为 PDF 或 XPS"对话框中的"选项"按钮的含义如下：

如果要控制保存或发布哪些内容，则可以单击"选项"按钮，打开"选项"对话框，保存为 PDF 格式时的"选项"对话框，如图 9-12 所示。保存为 XPS 文档时的"选项"对话框，如图 9-13 所示。在"选项"对话框中选择范围和包括非打印信息后，单击"确定"按钮，返回"发布为 PDF 或 XPS"对话框。

图 9-12　保存为 PDF 格式时的"选项"对话框　　　图 9-13　保存为 XPS 文档时的"选项"对话框

 说明：

将文件另存为 PDF 后，不能使用 Office 2007 发布程序直接对此 PDF 文件进行更改。必须在创建原始 Office 2007 发布版文件的 Office 2007 发布版程序中对该文件进行更改，然后再次将文件存为 PDF。

 本章小结

本章主要介绍了如何将 Access 2007 对象发布为 Web 对象、OLE 对象的应用以及如何将 Access 对象另存为 PDF 或 XPS 文件的方法等内容，通过学习，使读者进一步加强了对 Access 2007 的理解和掌握。

 习题

1．简答题

1）Access 2007 中可以用哪些方法创建 Web 页？

2）如何将 Access 2007 中的数据表另存为 PDF 文件，并显示它？

2．操作题

1）将 Access 中的数据表创建成 Web 数据页。

2）利用 OLE 控件向窗体中添加图片。

第 10 章　创建与维护宏

学习目标

知识：1）宏和宏组的相关知识；
　　　2）设计宏的函数。
技能：1）掌握创建与编辑宏的方法；
　　　2）掌握调试宏的操作方法。

用户在利用 Access 时，常常会重复进行某一项工作，这样既浪费时间又不能保证完成工作的一致性。可以利用宏来完成这些重复的工作。在 Access 中，可以利用宏自动执行某些任务。

前面已经学习了 Access 2007 数据库的多种对象，它们的功能都非常强大。如果能将 Access 2007 各个对象的功能综合起来，则能实现更加简便的操作。宏对象就可以自动完成这一项工作。本章将介绍宏的基本概念，学习如何创建宏，掌握常用宏操作以及调试方法。

10.1　宏

10.1.1　认识宏和宏组

1. 宏

宏是指一个或多个操作的集合，其中每一个操作实现特定的功能，如打开表、调入数据报表、切换窗口等。它是一种简化用户操作的工具，是事前指定的动作序列。可以把各种动作依次定义到宏中，执行宏时，Access 会依照定义的顺序运行，宏名用于标识宏的唯一名称。

宏实际上和菜单操作命令功能一样，它们二者之间的差别在于对数据库施加作用的时间和条件不同。菜单命令一般用在数据库的设计过程中，而宏命令则用在数据库的执行过程中。菜单命令必须由使用者来施加这个操作，而宏命令则可以在数据库中自动执行。

2. 宏组

Access 允许将多个宏以特定的方式集中在一起，这些宏的集合称之为宏组。

宏组是以一个宏名称来存储的相关宏的集合。如果有很多宏，则可以将相关的宏放在同一个宏组中，宏组中的每一个宏都有自己的名字，它们相互独立，互不依赖，有助于用户更方便地对数据库进行管理。宏名在建立时是必需的，在宏组中执行宏的调用格式是：宏组名.宏名。

宏组类似于程序设计中的"主程序"，而宏组中的"宏名"列中的宏类似于"子程序"。使用宏组既可以增加控制，又可以减少编制宏的工作量。

10.1.2　宏设计基础知识

1."宏工具"→"设计"选项卡

单击数据库窗口的"创建"选项卡中的"新建"选项组中的"宏"按钮,可以打开宏的定义窗口和宏的设计工具栏。在设计宏之前,首先对"宏工具"工具栏及设计窗口做简单介绍。

"宏工具"→"设计"选项卡,如图 10-1 所示。

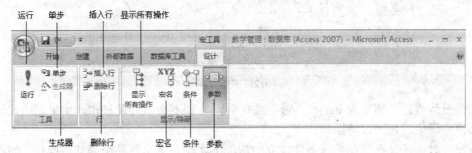

图 10-1　"宏工具"→"设计"选项卡

"宏工具"→"设计"选项卡中各按钮的功能如下。

1)"运行"按钮:单击此按钮,可以运行宏。

2)"单步"按钮:单击此按钮,可以单步运行宏。

3)"生成器"按钮:单击此按钮,可以帮助用户设置宏的操作参数。

4)"插入行"按钮:单击此按钮,在宏定义窗口的设定当前行前面增加一个空白行。

5)"删除行"按钮:单击此按钮,删除当前行。

6)"显示所有操作"按钮:单击此按钮,在宏定义窗口的"操作"列定义操作时,操作下拉列表中的 70 种宏操作。

7)"宏名"按钮:反复单击此按钮,可在宏定义窗口中显示或隐藏"宏名"列。

8)"条件"按钮:反复单击此按钮,可在宏定义窗口中显示或隐藏"条件"列。

9)"参数"按钮:反复单击此按钮,可在宏定义窗口中显示或隐藏"参数"列。

2．宏定义窗口

宏定义窗口,如图 10-2 所示。整个窗口分为上下两个部分:上部分列表框用于设置宏中的操作,下部分用于操作参数的设定。

在默认情况下,上部分的列表框由"操作"列和"注释"列组成,单击"宏工具"→"设计"选项卡中的"宏名"按钮、"条件"按钮和"参数"按钮后,在列表框中就增加了"宏名"列、"条件"列和"参数"列,各列的功能如下。

1)"宏名"列:在此列中输入宏的名称,在多个操作的宏组中这一列是必选的。如果"宏"对象仅仅包含一个宏,则宏名不是必需的。通过"宏"对象的名称即可引用该宏。但对于宏组,必须为每个宏指定一个唯一的名称。如果"宏名"列在宏生成器中不可见,则单击"设计"选项卡上的"显示/隐藏"组中的"宏名"。

2)"条件"列:在此列中输入条件表达式,在执行操作之前必须满足某些标准,从而决定宏的运行条件。可以使用计算结果等于 True/False 或"是/否"的任何表达式(表达式:算术或逻辑运算符、常数、函数和字段名称、控件和属性的任意组合，计算结果为单个值。表达式可执行计算、操作字符或测试数据。）

图 10-2　宏定义窗口

如果表达式计算结果为 False、"否"或 0（零），则不会执行此操作。如果表达式计算结果为其他任何值，则运行该操作。

用户有时不仅仅希望在某些条件成立的情况下才在宏中执行某个或某些操作。如在使用宏来检验窗体中的数据时，希望对于记录的不同输入值显示不同的信息。对此，用户可以使用条件控制宏的执行情况。

宏中的条件是逻辑表达式，根据条件的真假，宏执行不同的操作。可以使用表达式生成器创建表达式，在宏的"条件"列中不能使用 SQL 表达式。

3）"操作"列：在此列中输入宏的所有操作，运行时将按照输入顺序执行。操作是宏的基本构成模块，Access 提供了大量的操作，用户可以从中进行选择，创建各种命令。如打开报表、查找记录、显示消息框等一些常用的操作。

选定操作后，在"操作参数"区域将显示一组相应的操作参数，可在各对应的文本框中输入数值，以设定操作参数的属性。通常情况下，当用户单击操作参数文本框时，会在文本框右侧出现一个下三角按钮，单击此按钮，可在打开的下拉列表中选择操作参数。在某些特殊操作中，也可以使用拖动操作设置操作参数。

用户也可以使用表达式生成器生成的表达式设置操作参数，单击"生成器"按钮，打开"表达式生成器"对话框，在表达式前面加上等号。

4）"参数"列：参数是一个值，向操作提供信息。如在消息框中显示字符串、操作的控件等。有些参数是必需的，有些参数是可选的。参数显示在宏生成器底部的"操作参数"区域中。

5）"注释"列：在此列中输入对应操作的备注，以使用户更清楚这个操作的功能。"注释"用于对该行或以下几行的宏操作的功能、意义进行说明，它对宏的执行没有任何影响，是为了提高宏对象的可读性而设立的。

说明：

在选定操作后，窗口的左下方"操作参数"区域将显示一组相关的操作参数，用来设定操作的相关参数。

在宏定义窗口的右下角区域包含一组帮助信息，当用户在窗口的不同位置进行工作时，此区域将显示相应的帮助信息。

10.1.3　宏中的常用操作

在操作列单击空白单元格，在该单元格右侧出现下拉按钮，单击下拉按钮就出现下拉列表框，在其中按字母顺序列出 Access 2007 内置的全部 70 个宏操作命令名称。宏的部分常用操作，见表 10-1。

表 10-1　宏的常用操作

操 作 名 称	功 能 说 明
AddMenu	将菜单添加到窗体或报表的自定义菜单栏中
ApplyFilter	对表、窗体或报表应用筛选、查询或 SQL WHERE 子句
Beep	通过计算机的喇叭发出嘟嘟声，用于出错信息的提示
CancelEvent	可以取消导致 Microsoft Office Access 2007 运行包含此操作的宏的事件
ClearMacroError	可以清除存储在 MacroError 对象中错误的相关信息
Close	关闭在参数区中指定的任何对象
CloseDataBase	关闭当前数据库
CopyDataBaseFile	可为与 Access 项目连接的当前 Microsoft SQL Server 7.0 或更高版本的数据库制作一个副本
CopyObject	将指定的数据库对象复制到不同的 Access 数据库中，或者以新的名称复制到同一数据库或 Access 项目中
DeleteObject	可删除指定的数据库对象
Echo	用来决定在宏执行期间是否更新屏幕
FindNext	在 FindRecord 操作的基础上继续查找下一个满足条件的记录
FindRecord	在表、查询或窗体中查找符合条件数据的第 1 个或下一个记录
GoToControl	在当前窗体上转移控件的焦点
GoToRecord	在表或查询中转到宏操作中指定的记录
Hourglass	可以将鼠标指针变为沙漏形状的图像
LockNavigationPane	防止用户删除显示在导航窗格中的数据库对象
Maximize	最大化当前激活的窗口
Minimize	最小化当前激活的窗口
MoveSize	将当前激活的窗口调整为在操作参数栏中指定的窗口大小
MsgBox	在屏幕上显示一个消息框
NavigateTo	可以控制导航窗格中数据库对象的显示
OnError	指定宏出现错误时如何处理
OpenDataAccessPage	可以在页面视图或设计视图中打开数据访问页
OpenForm	可以打开指定窗体的设计视图、窗体视图或数据表视图
OpenModule	以设计视图打开在参数区中指出的模块
OpenPutTo	把当前数据库中数据表等对象导出为 Excel、文本和网页文件
OpenQuery	在设计视图中打开指定的查询
OpenReport	以数据表视图打开指定的报表
OpenTable	以报表浏览视图打开指定的数据表
PrintOut	将当前激活的数据库对象输出到打印机

（续）

操 作 名 称	功 能 说 明
Quit	关闭所有打开的数据库对象，并且关闭 Access 数据库
Requery	按指定条件，在当前激活的控件上重新应用查询
Restore	恢复窗体位置和大小
RunApp	运行在参数栏中指定的对象或当前激活的对象
RunCode	用来调用 VBA 模块的 Public 全局函数
RunCommand	用来执行 Access 的菜单、工具栏命令
RunMacro	在当前宏运行的过程中，运行在参数栏中指定的其他宏
RunSQL	用来运行 SQL 命令
Save	保存指定的对象或当前激活的对象
SendKey	在该操作参数栏中指定的键值发送到 Access 或其他应用程序
SetMenuItem	设置自定义菜单栏或全局菜单栏上菜单项的状态
SetValue	给字段、控件属性赋值
SetWarnings	用来决定在宏执行期间是否显示系统提示或警告信息
ShowToolBar	显示在参数栏中指定的工具栏
StopAllMacro	停止所有运行的宏
StopMacro	停止当前运行的宏
TranferDataBase	把当前数据库中的数据导出到其他数据库，或将其他数据库的数据导入到当前数据库
TranferSpreadsheet	把当前数据库中的数据导出到 Excel 或将 Excel 数据导入到当前数据库
TranferText	把当前数据库中的数据导出到文本文件，或将文本文件数据导入到当前数据库

上表中列出了一些较常用的宏，对于其他宏的名称及操作方法，用户可以参考 Access 2007 用户手册中的帮助文件。

10.2 创建与编辑宏

在 Access 中创建宏不等同于编程，用户可以不用编写程序代码，不用掌握太多的语法结构，所有的操作均在宏的操作列表中安排一些简单的选择。用户可以创建一个宏，用以执行某个特定的操作，要创建一个能完成某些功能的宏，首先要进入到宏的设计窗口中进行设计。

10.2.1 创建简单的宏

在使用 Access 2007 的过程中，用户可以根据需要随时创建一个宏对象，创建宏的过程实际上就是选择和组织宏的过程。

【例 10-1】制作一个宏，通过运行宏可以自动打开一个窗体。

操作步骤如下：

1）在数据库对象列表中切换到"创建"选项卡，在"其他"选项组中单击"宏"按钮，打开下拉菜单，选择"宏"命令。打开"宏工具"→"设计"选项卡，同时打开宏定义窗口，在"操作"列中选择"OpenForm"操作命令，再在"操作参数"列表中选择窗体名称"学生基本情况表"，如图 10-3 所示。在运行时就会自动打开"学生基本情况表"这一窗体。

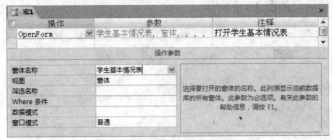

图 10-3　创建与编辑宏

2）单击"保存"按钮，打开"另存为"对话框，将宏命名为"打开窗体"，单击"确定"按钮。选择该宏，单击工具栏中的"运行"按钮便可打开窗体了。

从上面的宏的设计步骤和具体实例可以看出，宏的设计方法是非常简单的，从中可以体会到为什么会引入宏，以及宏的优点是什么。

10.2.2　创建事件宏

事件是在数据库中执行的操作，如单击按钮完成打开窗体、打印报表等操作。在多数情况下，Access 2007 中宏的执行须有一个触发器。而这个触发器通常是由窗体、页及其上面的控件的各种事件来担任的。

Access 2007 可以识别大量的事件，但可用的事件并不是一成不变的，这取决于事件将要触发的对象类型，常用的可指定给宏的事件，见表 10-2。宏的事件类型不止这些，更多信息可参考窗体的"属性表"窗格中的"事件"选项卡中列出的事件类型。

表 10-2　宏的常用事件类型

事　件	说　明
OnOpen（打开）	当一个对象被打开并且第 1 条刻录显示之前执行一个操作
OnCurrent（当前）	当对象的当前记录被选中时执行一个操作
OnClick（单击）	当用户单击一个具体的对象时执行一个操作
OnClose（关闭）	当对象被关闭并从屏幕上清除时执行一个操作
OnDblClick（双击）	当用户双击一个具体的对象时执行一个操作
OnActivate（激活）	当一个对象被激活时执行一个操作
OnDeactivate（停用）	当一个对象不再活动时执行一个操作
BeforeUpdate（更新前）	在用更新后的数据更新记录之前执行一个操作
AfterUpdate（更新后）	在用更新后的数据更新记录之后执行一个操作

【例 10-2】用户在打开窗体"学生基本情况表"时，显示"该窗体用于显示学生的基本信息的窗体"，再单击窗体，窗体显示的记录向前移动 3 条记录。

操作步骤如下：

1）在数据库窗口中切换到"创建"选项卡，在"其他"选项组中单击"宏"按钮，打开下拉菜单，选择"宏"命令。打开"宏工具"→"设计"选项卡，同时打开宏定义窗口，

2）创建两个宏，分别取名为 aa1 和 aa2。其中 aa1 宏用于显示"该窗体用于显示学生的基本信息的窗体"消息框，其设计视图窗口如图 10-4 所示；aa2 宏用于使记录指针向前移动 3 条，其设计视图窗口，如图 10-5 所示。

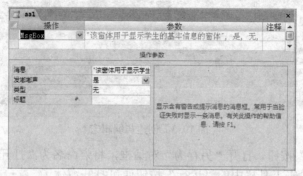

图 10-4　aa1 宏的设计视图

图 10-5　aa2 宏的设计视图

3）在设计视图方式打开"学生基本情况表"窗体，然后打开窗体的"属性表"窗格，单击"事件"标签，单击"打开"下拉列表框右侧的下三角按钮，在下拉列表中选择 aa1 选项，如图 10-6 所示。当窗体打开后，会显示该宏的信息。

4）打开"主体"的"属性表"窗格，单击"事件"标签，单击"单击"下拉列表框右侧的下三角按钮，在打开的下拉列表中选择 aa2 宏，如图 10-7 所示。这样，当用户单击窗体时就会运行该宏所设置的操作。

图 10-6　"事件"标签

图 10-7　窗体单击事件运行指定宏

5）关闭"属性表"窗格，并保存对窗体的修改。

6）在数据库窗口中运行该窗体，此时会弹出一个消息框，如图 10-8 所示。

图 10-8　消息框

7）单击"确定"按钮后，窗体视图出现 1 条记录。

8）单击窗体主体的空白区域，该窗体中的记录就会前进 3 条，从而显示第 4 条记录，如图 10-9 所示。

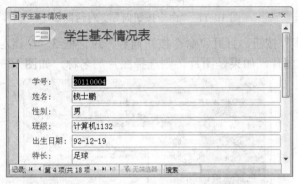

图 10-9　aa2 宏的运行结果

　说明：

　　要创建事件宏，首先要创建一个宏，然后将此宏添加到窗体属性的相应事件中。

【例 10-3】利用命令按钮引用宏。

操作步骤如下：

1）在数据库中选择一个窗体对象，在设计视图中打开窗体对象。

2）切换到"创建"选项卡，在"控件"选项组中单击"按钮"按钮，在窗体中适当位置添加命令按钮，打开"命令按钮向导"对话框-1，在对话框的"类别"列表框中选择"杂项"，然后选择"操作"列表框中的"运行宏"选项，如图 10-10 所示。

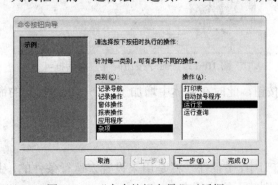

图 10-10　"命令按钮向导"对话框-1

193

3）单击"下一步"按钮，打开"命令按钮向导"对话框-2，从宏列表框中选择其中一个宏，如图 10-11 所示。

图 10-11 "命令按钮向导"对话框-2

4）单击"下一步"按钮，打开"命令按钮向导"对话框-3。在该对话框中选择在按钮上是显示文本还是显示图片，如果是图片，则选择图片的名称，如图 10-12 所示。

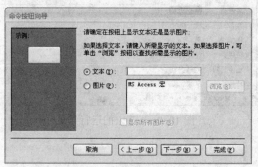

图 10-12 "命令按钮向导"对话框-3

5）单击"下一步"按钮，打开"命令按钮向导"对话框-4。在对话框的文本框中给按钮命名，如图 10-13 所示。

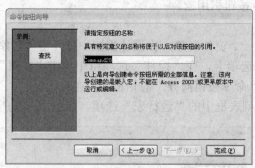

图 10-13 "命令按钮向导"对话框-4

6）单击"完成"按钮，此时在窗体中增加了一个可以运行宏的命令按钮。

10.2.3　创建条件宏

在"宏"的编辑窗口中，"条件"栏是用来设置宏运行条件的，只有条件成立时才能运行宏所对应的操作，否则就不能执行宏。

【例 10-4】在学生选课成绩的窗体中，通过在成绩文本框中移动光标，当文本框中的成绩大于 90，则显示"这名学生的成绩很好，继续努力！"消息框，否则不显示该消息框。

操作步骤如下：

1）在数据库对象列表中切换到"创建"选项卡，在"其他"选项组中单击"宏"按钮，打开下拉菜单，选择"宏"命令。打开"宏工具"→"设计"选项卡，同时打开宏定义窗口。

2）在"宏工具"→"设计"选项卡下的"显示/隐藏"选项组中单击"条件"按钮，"条件"列出现在宏定义窗口中。

3）在"条件"列的第 1 个单元格内输入"[成绩] ＞90"，即条件要求成绩大于 90；将插入点移到"操作"列的第 1 个单元格内，在其右侧出现下三角按钮，单击下三角按钮，在打开的下拉列表中选择 MsgBox 选项，当条件满足时，宏将显示一个消息框，此时 MsgBox 操作的参数出现在"操作参数"中，在"操作参数"区域中的"消息"文本框中输入"这名学生的成绩很好，继续努力！"，在"标题"文本框中输入"提示信息"，设计好的宏如图 10-14 所示。

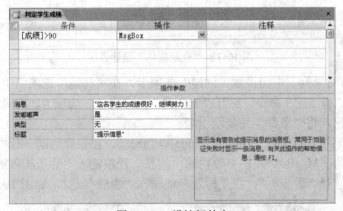

图 10-14　设计好的宏

4）将宏保存为"判断学生成绩"，然后关闭。

5）在设计视图中打开"学生成绩"窗体，打开成绩文本框所对应的"属性表"窗格。

6）在"事件"选项卡中，选择"单击"选项下拉列表框右侧的下三角按钮，在打开的下拉列表中选择"判断学生成绩"宏。

7）关闭"属性表"窗格，并保存对窗体的修改。

8）在数据库窗口中运行该窗体，此时会弹出相应消息框，如图 10-15 所示。

图 10-15　运行结果

【例 10-5】利用宏，建立密码登录窗体。如果密码正确，则弹出登录成功消息框，否则弹出登录失败消息框。假定密码为"abc"。

操作步骤如下：

1）在数据库对象列表中切换到"创建"选项卡，在"窗体"选项组中单击"窗体设计"按钮，弹出一个空白窗体的编辑窗口。

2）在空白窗体的编辑窗口，单击"标签"按钮，在窗体中添加标签，设置标签的标题为"请输入密码"，再单击"文本框"按钮，建立一个用于输入密码的文本框，并将控件命名为"Input"，再单击"命令按钮"按钮，创建一个"确定"和"退出"按钮，并将窗体命名为"登录窗体"，如图 10-16 所示。

图 10-16 "登录窗体"设计界面

3）在数据库对象列表中切换到"创建"选项卡，在"其他"选项组中单击"宏"按钮，打开下拉菜单，选择"宏"命令。打开"宏工具"→"设计"选项卡，同时打开宏定义窗口，单击"条件"按钮，将"条件"列显示出来。

在"条件"列第一行输入"[input].[Value]<>"abc""，在条件的同一行中，单击"操作"列，选择宏操作为"MsgBox"，在参数栏的"消息"项中输入"你所输入的密码错误！"；在"类型"选项中选择"警告？"；在"标题"项输入"警告信息"，如图 10-17 所示。

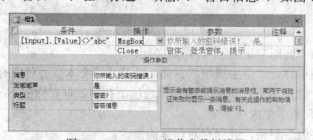

图 10-17 MsgBox 操作参数栏设置

4）在"MsgBox"的下一行选择"登录窗体"宏操作，关闭"登录窗体"对象，如图 10-18 所示。

图 10-18 Close 操作参数栏设置

5）关闭"宏"定义窗口，以"宏 1"保存该宏。

6）重新以设计视图方式打开"登录窗体"，并将"确定"按钮的"单击事件"设置为"宏1"，再设置"退出"按钮的事件代码。

7）保存该窗体，运行窗体，输入错误的密码，此时出现密码错误所对应的提示信息，如图 10-19 所示。

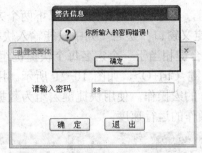

图 10-19　"登录窗体"运行界面

10.2.4　创建其他特殊的宏

1.AutoExec 宏

在 Access 2007 中有种特殊的宏，即 AutoExec 宏，本节将介绍这种宏的功能和使用。

有时打开数据库之后需要自动执行一些特殊操作，为了实现这一目的，可以创建一个宏，其中包含运行的操作，最后以 AutoExec 为文件名进行保存。当下一次打开数据库时，该操作将自动运行，其功能类似于以前在 DOS 环境中的 Autoexec.bat 文件的功能，如果在打开数据库时不希望运行 AutoExec 宏，则可在打开数据库的同时按住<Shift>键。

【例 10-6】创建 AutoExec 宏。

操作步骤如下：

1）在数据库对象列表中切换到"创建"选项卡，在"其他"选项组中单击"宏"按钮，打开下拉菜单，选择"宏"命令。打开"宏工具"→"设计"选项卡，同时打开宏定义窗口。

2）在宏定义窗口，在操作列表中选择"MsgBox"操作命令，再在"操作参数"列中的"消息"框中输入"欢迎使用本系统"，在"标题"框中输入"系统提示"，在"类型"框中选择"信息"，如图 10-20 所示。

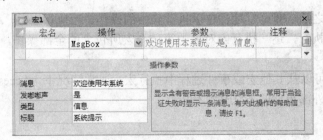

图 10-20　设置 AutoExec 宏的操作及其参数

3）单击工具栏中的"保存"按钮，打开"另存为"对话框，在"宏名称"文本框中输入"AutoExec"，单击"确定"按钮，保存该宏。

说明：

当下一次打开数据库时，Microsoft Access 将自动运行该宏，打开一个消息提示框。

2．快捷键宏组

这是一个非常特殊的宏组，其特殊性主要体现在以下两个方面：一是宏组的名必须是英文的 AutoKeys；二是在它的定义窗口"宏名"列中只能输入快捷键或快捷键组合。

"宏名"列中的每一个组合键相当于一个宏名每个快捷键组合可以包含多个操作。

例如"^O"，相当于快捷键<Ctrl+O>，如图 10-21 所示。用户在任何时候按该快捷键，都会执行该快捷键组合所包含的宏操作。使用快捷键宏组为数据库预定义若干个快捷键，通过快捷键执行宏，提高各种操作的运行速度。

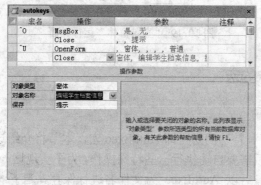

图 10-21　快捷键宏组定义窗口

 说明：

如果在快捷键宏组中定义的快捷键与 Access 系统定义的快捷键重名，则系统定义的快捷键被屏蔽，而快捷键宏组中定义的快捷键有效。打开数据库时系统自动运行 AutoKeys 宏，使用的快捷键宏组自动生效。

10.3　宏的运行与调试

当宏设计完成之后，即可以运行它以执行其中的操作。当执行宏时，Access 2007 会从一个宏对象的开始处执行，逐一执行宏对象中第一个宏所包含的全部操作，直到执行完这个宏的最后一个操作。

除此之外，还可以从其他宏或事件过程中执行宏。通常情况下，Access 2007 数据库都是采用窗体控件响应外部事件的方法来执行宏。

10.3.1　运行宏

1．直接执行宏

直接执行宏的目的是为了便于观察宏的执行效果，确定宏设计的正确性。执行宏时，可

以采用以下方法中的任何一种。

1）在 Access 2007 数据库对象列表中，选中需要运行的宏，单击"宏工具"选项卡中"工具"选项组中的"运行"按钮即可。

2）在 Access 2007 数据库对象列表中，选中需要运行的宏，双击该对象即可。

3）在宏设计窗口中，在保存宏之后直接单击"宏工具"选项卡中"工具"选项组中的"运行"按钮即可。

4）在"数据库工具"选项卡中选择"宏"选项组，单击"执行宏"按钮，打开"执行宏"对话框，在对话框中输入需要执行的宏，如图 10-22 所示。单击"确定"按钮以执行宏。

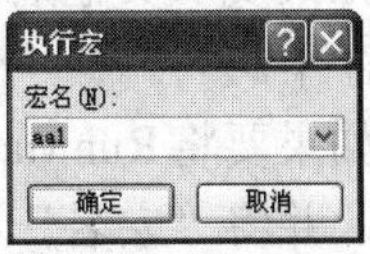

通常情况下，直接运行宏只是进行测试。通过测试确保宏的设计的正确性，再将作为其他对象中控件对于事件的响应方法使用，以对事件做出相应的处理。

图 10-22　"执行宏"对话框

2．单步执行宏

为了确定宏设计的正确性，往往要逐个观察宏中每个操作的执行情况，就需要设定宏的单步。

使用单步执行宏可以观察到宏的流程和每一个操作的执行情况，找出排除导致错误的处理方法。下面说明如何设定宏的单步执行状态、如何进行宏的单步执行和如何观察单步执行过程中的各个操作的执行情况。

1）设定宏的单步执行状态

在"宏工具"选项卡中选择"工具"选项组，单击"单步"按钮，即可设定宏的单步执行状态。

2）如何进行宏的单步执行

在已设定宏的单步执行状态下，执行任意一个宏都是以单步方式执行的。例如，在已经设定了单步执行的状态后，在 Access 2007 数据库对象列表中选择要执行的宏，单击"运行"按钮，打开"单步执行宏"对话框，如图 10-23 所示。

图 10-23　"单步执行宏"对话框

3）观察单步执行过程中的各个操作执行情况

在已设定宏的单步执行状态下，执行宏的每一个操作之前，Access 2007 会显示一个称为"单步执行宏"对话框，显示当前待执行操作的各种操作参数及操作条件的逻辑值，以便观察一个操作执行前的执行状态。

3．在宏组中运行宏

要将宏作为窗体或报表中的事件属性设置，或作为 RunMacro 操作中的 MacroName

说明，可以使用下面的结构指定宏：

[宏组名.宏名]

如果希望运行宏组中的某一个宏，可以使用以下方法进行：

1）使用 Docked 对象的 RunMacro 方法，从 Visual Basic 程序中运行宏组中的某个宏。

2）使用[宏组名.宏名]结构指定宏组中的宏。

4. 从其他宏或 Visual Basic 程序中运行宏

如果要从其他宏或 Visual Basic 程序中运行宏，则需要将 RunMacro 操作添加到相应的宏或程序中。

如果要将 RunMacro 操作添加到宏中，则在宏设计视图中，需要在"操作"行选择 RunMacro 选项，并将"宏名"参数设置为要运行的宏名。

如果要将 RunMacro 操作添加到 Visual Basic 程序中，则需要使用在程序中添加 DoCmd 对象的 RunMacro 方法，然后指定要运行的宏名。

如：DoCmd.RunMacro "My Macro"

RunMacro 操作的功能是执行某个宏，该宏必须在宏组中。通常在下述情况中使用该操作：

1）从另一个宏中运行宏。

2）执行基于某个条件的宏。

3）将宏附加到一个自定义的菜单命令上。

RunMacro 操作参数设置，见表 10-3。

表 10-3　RunMacro 操作参数设置

操 作 参 数	描　　述
宏名	执行的宏的名称。宏的定义窗口"操作参数"区域中的"宏名"文本框显示了当前数据库中所有的宏名称。如果宏位于宏组中，则将以"宏组名.宏名"的方式出现在宏组中
重复次数	宏执行的最大次数。如果该参数文本框为空白，则宏只执行一次
重复表达式	表达式结果为 Ture 或 False。如果表达式值为 False，则宏停止运行。每次运行宏时都将对表达式求值

如果在"宏名"参数中设置宏组名，则 Access 2007 将自动运行宏组中的第一个宏。用户可以使用"重复次数"和"重复表达式"参数设定执行的次数，其组合形式与最终执行结果，见表 10-4。

表 10-4　重复次数及重复表达式的组合形式

重复次数变量值	重复表达式变量值	
	空	表　达　式
空	宏运行一次	宏一直运行到表达式计算结果为 False
数字	宏运行指定次数	宏运行指定次数或直到表达式计算结果为 False，视哪个条件先满足而定

5. 以事件响应方式执行宏

如果希望将一个窗体控件的事件处理指定为一个宏，则首先必须确保这个宏存在和正确。从事件中运行宏是 Access 2007 应用程序中最直观、最重要的运行方式。

Access 提供了大量的对象，几乎所有的对象都有属性、事件和方法。其中事件是对象可以感知的外部动作，如窗体可以感知自身被打开、被关闭等一系列动作。

对象的事件一旦被触发，就立即运行对应的事件过程，事件过程可以是 VBA 代码（VBA 代码将在第 11 章详述），也可以是一个宏，通过执行事件过程完成各种各样的操作。

常用的事件任务的类型大致可以分成表 10-5～表 10-10 所示的六大类。

表 10-5 数据操作事件

事 件	事件属性	发 生 情 况
确定删除后（窗体）	AfterDelConfirm	记录已经被删除后
插入后（窗体）	AfterInsert	在一条新记录添加到数据库中之后
更新后（窗体和控件）	AfterUpdate	在控件或记录用更改过的数据更新之后
更新（控件）	OnChange	当文本框或组合框的文本框部分内容被更改时
当前（窗体）	OnCurrent	焦点从一条记录移动到另一条记录时
不在列表中（控件）	OnNotInList	当输入一个不在组合框列表中的值时

表 10-6 窗体报表事件

事 件	事件属性	发 生 情 况
载入（窗体）	OnLoad	当打开窗体，并且显示其记录时发生
打开（窗体和报表）	OnOpen	窗体打开，在第一条记录显示之前发生；在报表打开，报表打印前发生
调整大小（窗体）	OnResize	当窗体的大小变化时发生
卸载（窗体）	OnUnload	当窗体关闭，但是在从屏幕上消失之前发生
关闭（窗体和报表）	OnClose	关闭窗体或报表时发生

表 10-7 焦点事件

事 件	事件属性	发 生 情 况
激活（窗体和报表）	OnActivate	窗体和报表成为活动窗口时
获得焦点（窗体和控件）	OnGotFocus	当控件或窗体接收焦点时
失去焦点（窗体和控件）	OnLostFocus	当控件或窗体失去焦点时

表 10-8 键盘事件

事 件	事件属性	发 生 情 况
键按下（窗体和报表）	OnKeyDown	在键盘上按任何键时
击键（窗体和控件）	OnKeyPress	按下一个产生标准的字符的键时
键释放（窗体和控件）	OnKeyUp	释放一个按下的键时

表 10-9 鼠标事件

事 件	事件属性	发 生 情 况
单击（窗体和报表）	OnClick	单击鼠标左键时发生
双击（窗体和控件）	OnDbClick	双击鼠标左键时发生
鼠标按下（窗体和控件）	OnMouseDown	在窗体和控件上，按下鼠标键时发生
鼠标移动（窗体和控件）	OnMouseMove	在窗体和控件上，鼠标移动时发生
鼠标释放（窗体和控件）	OnMouseUp	在窗体和控件上，释放按下的鼠标键时发生

表 10-10　错误和计时器事件

事　件	事件属性	发 生 情 况
出错（窗体和报表）	OnError	在窗体或报表中产生一个运行错误时
计时器触发（窗体）	OnTimer	当属性 InterVal 指定的时间间隔已过时

以上事件不仅在宏应用中要使用，而且在 VBA 编程时更要用到，因此是十分重要的。

10.3.2　调试宏

宏的调试是保证一个宏实现预期目标的有效手段，一般以单步执行来查找宏中的错误。单步执行宏，可以观察宏的流程和每一个操作的结果，并且可以排除导致错误或产生非预期结果的操作。

【例 10-7】调试"查找"宏。

操作步骤如下：

1）在宏设计视图中打开"查找"宏，单击工具栏上的"单步"按钮。

2）这样在运行宏时就会弹出一个对话框，如图 10-24 所示。

3）在这个对话框上，单击"单步"按钮以执行显示在"宏单步执行"对话框中的操作。单击"停止"按钮，以停止宏的执行并关闭对话框。单击"继续"按钮，以关闭单步执行并执行宏的未完成部分。

如果宏中存在错误，在按照上述过程执行"单步执行宏"时，则会在窗口中显示"操作失败"对话框，这个对话框将显示出错误操作的操作名称、参数以及相应的条件。利用该对话框可以了解在宏中出错的操作，然后单击"暂停"按钮进入宏设计窗口，对出错的宏进行相应的操作修改。

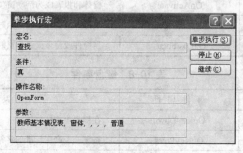

图 10-24　单步执行宏

本章小结

本章介绍了有关宏的定义和宏的功能，并详细介绍了宏的创建和运行过程、条件宏的创建和运行过程、事件宏的创建和运行过程、宏组的创建和运行过程、如何在窗体中运行宏，以及如何调试宏。

习题

1．填空题

1）OpenForm 操作打开_____。

2）在 Access 中，用户在_____中可以创建或编辑宏的内容。

3）通过宏打开某个数据表的宏命令是_____。

4）调整活动窗口大小的宏操作是_____。

5）通过宏查找下一条记录的宏操作是_____。

6）在一个宏中可以包含多个操作，在运行时按照_____顺序来运行这些操作。

7）宏命令 OpenReport 的功能是_____。

8）用于最大化激活窗口的宏命令是_____。

9）为窗体或报表上的控件设置属性值的正确宏操作命令是_____。

10）能够创建宏的设计器是_____。

2．选择题

1）VBA 的自动运行宏，应当命名为（　　）。

　　A．AutoExec　　　　　　　　　B．Autoexe

　　C．Auto　　　　　　　　　　　D．AutoExec.bat

2）有关宏操作，以下叙述错误的是（　　）。

　　A．宏的条件表达式不能引用窗体或报表的控件值

　　B．所有宏操作都可以转化成相应的模块代码

　　C．使用宏可以启动其他应用程序

　　D．可以利用宏组来管理相关的一系列宏

3）要限制宏命令的操作范围，可以在创建宏时定义（　　）。

　　A．宏操作对象　　　　　　　　B．宏条件表达式

　　C．窗体或报表控件属性　　　　D．宏操作目标

4）用于显示消息框的宏命令是（　　）。

　　A．Beep　　　　　　　　　　　B．MsgBox

　　C．InputBox　　　　　　　　　D．DisBox

5）下列关于 VBA 面向对象中"方法"说法正确的是（　　）。

　　A．方法是属于对象的　　　　　B．方法是独立的实体

　　C．方法也可以由程序员定义　　D．方法是对事件的响应

6）下列关于运行宏的方法中，错误的是（　　）。

　　A．运行宏时，对每个宏只能连续运行

　　B．打开数据库时，可以自动运行名为 AutoExec 的宏

　　C．可以通过窗体、报表上的控件来运行宏

　　D．可以在一个宏中运行另一个宏

7）宏组中的宏的调用格式为（　　）。

A. 宏组名.宏名   B. 宏名称

C. 宏名.宏组名   D. 以上都不对

8）下列关于有条件的宏的说法，错误的一项是（   ）。

A. 条件为真时，将执行此行中的宏操作

B. 宏在遇到条件内有省略号时，中止操作

C. 条件为假，将跳过该行操作

D. 以上都不对

9）下列选项中能产生宏操作的是（   ）。

A. 创建宏   B. 编辑宏

C. 运行宏   D. 创建宏组

10）宏组是由下列哪一项组成的（   ）。

A. 若干宏操作   B. 子宏

C. 若干宏   D. 都不正确

3. 简答题

1）如何理解 Access 2007 中的宏和宏组？

2）简述 Access 2007 中宏设计视图的各组成部分的功能。

3）宏命令和菜单命令有什么不同？

4. 操作题

1）创建一个简单的宏，使之能够完成关闭某一窗体的操作。

2）在窗体中添加一个按钮，使之成为触发器，单击它可运行宏。

第 11 章 数据库开发工具 VBA

学 习 目 标

知识：1）VBA 基础知识；

2）VBA 编程环境；

3）过程与模块。

技能：1）掌握 VBA 中表达式的书写方法；

2）熟悉过程与模块的建立及调用。

虽然 Access 的交互功能非常强大，易于掌握，但在数据库应用系统中，还是希望通过自动操作达到数据管理的目的。Access 拥有一套功能强大的编辑工具——VBA（Visual Basic for Application），使用这套编程工具，有编程经验的用户可以开发出功能比较完善的数据库系统。VBA 与 VB（Visual Basic，可视化 Basic 语言）具有相同的语言功能。本章将简要介绍应用 VBA 编写应用程序的方法。

11.1 VBA 基础知识

11.1.1 VBA 基本概念

1. 数据类型

VBA 基本语法继承了传统的 Basic 语言，并且提供了比较完善的数据类型。在 VBA 程序中需要对变量的类型进行说明。一般情况下，在 Access 数据库中，数据表中字段所使用的数据类型在 VBA 中都有对应的类型，但对于 OLE 对象及备注字段的数据类型在 VBA 中没有定义。VBA 中数据类型名称及取值范围见表 11-1。

表 11-1　VBA 基本数据类型

VBA 类型	含　义	类型说明符	取 值 范 围	默 认 值
Byte	字符		0～255	0
Integer	整型	%	−32 768～32 767	0
Long	长整型	&	−2 147 483 648～2 147 483 647	False
Boolean	布尔型		True 和 False	0
Single	单精度	!	−3.4E38～3.4E38	0
Double	双精度	#	−1.8E308～4.9E324	0

（续）

VBA 类型	含　义	类型说明符	取　值　范　围	默　认　值
Currency	货币	@	−922 337 203 685 477～922 337 203 685 477	0
String	字符串	$	根据字符串长度而定	空串
Date	日期/时间		100.1.1～9 999.12.31	0
Object	对象		任何可用对象	空
Variant	变体		任何可用对象	空

2．VBA 常量、变量和表达式

作为程序设计语言，除了提供各种数据类型之外，还必须具有一些语言元素，这里主要指常量、变量和表达式，具备了这些语言要素才能进行相应的数据运算和编程。

（1）常量

常量是指在程序执行的过程中，其值不会发生变化的量。在程序中引入常量主要是提高程序的可读性，此外还有固有常量（Access 及 VBA 所支持的常量），可保证常量所代表的具体值在 Access 的不同版本之间能正常运行。

1）文字常量。文字常量可以是数值、字符和日期。

例如，下面声明一个日期型文字常量 Mn，可以通过以下代码实现。

```
Public Mn as Date=#01/01/2012#
```

2）符号常量。符号常量类似于一个变量，多用于表示在模块中其值不变的量，引用符号常量可以增加程序的可读性和可维护性，符号常量使用 Count 语句来创建。

例如，说明 PI 是一个圆周率常量，可以通过以下代码实现。

```
Count PI=3.14
```

3）固有常量。在 VBA 中有一些内置常量，可通过直接使用它的常量名称，这些常量为固有常量。在 VBA 中所有固有常量均以 "vb" 可头，约有 700 多个，来自 Access 库中的固有常量以 "ac" 开头，来自 ADO 库中的固有常量以 "ad" 开头。

例如，vbCurrency、adAddNew、acForm

4）Access 系统自定义常量。系统定义有 3 个常量，包括 True、False 和 Null，系统定义的常量可以在计算机的所有应用程序中使用。

5）查看固有对象列表。用户在使用过程中，通过对象浏览器可以查看对象库中的固有常量列表。

操作方法如下：

① 在数据库窗口中切换到"创建"选项卡，在"其他"选项组中单击"宏"按钮，打开下拉菜单，选择"模块"命令，进入模块的 Visual Basic 代码窗口。

② 选择 Visual Basic 代码窗口的"视图"菜单中的"对象浏览器"选项，打开"对象浏览器"对话框，如图 11-1 所示。

③ 要查看可以使用的常量，在"对象浏览器"对话框中的工程/库下拉列表框中选择"所有库"选项。此时，在对话框的"类"列表框中将显示出所有引用对象库中的类。

④ 在"搜索文字"下拉列表中输入""，单击"对象浏览器"工具栏上的"搜索"按钮，则会在"搜索结果"列表框中显示所有的固有常量类型。这些固有常量可以在宏或 VBA 中使用。

图 11-1 "对象浏览器"对话框

（2）变量

变量是在程序运行过程中其值可以变化的量，它是存储程序运行时所产生的中间结果和最终结果。每个变量都必须有一个变量名，用户可以通过变量名来访问数据。因此，在定义变量的同时还必须说明这个变量的类型和使用范围。

1）声明变量。对变量进行声明主要可以采用 3 种方法：使用类型说明符、Dim 语句和 DefType 语句。

① 使用类型说明符声明变量。

VBA 中的类型说明符有几种形式：

X%＝100	'定义 X 为整型变量，其值为 100
M#=123.456	'定义 M 为双精度型变量，其值为 123.456
ab$="Book"	'定义 ab 为字符串型变量，其值为 Book

② 使用 Dim 语句声明变量。

Dim 语句格式：Dim 变量名 As 数据类型

Dim x as Long　定义 X 为长整型变量

也可以在一个语句中同时给多个变量定义类型，例如：

Dim x as Long，y,z as Integer

③ 使用 Deftype 声明变量。

Deftype 语句格式：Dim 字母[, 字母范围]

Deftype 语句只适用于模块的通用声明部分，用来为变量和传递给过程的参数设置默认的数据类型，Def 为保留字，Type 是类型符，可以为整型、长整型、单精度、双精度等。Deftype 语句与对应数据类型见表 11-2。

表 11-2　Deftype 语句和对应数据类型

语　句	数据类型	说　明
DefBool	Boolean	布尔
DefByte	Byte	字节
Defint	Integer	整型
DefLong	Long	长整型
DefCur	Currency	货币
DefSng	Single	单精度
DefDbl	Double	双精度
DefDate	Date	日期/时间
DefStr	String	字符串

Def int a,b   在模块中定义 a、b 两个变量类型为 int 类型。

2）命名变量。变量名必须是字母开头，其后面可以跟字母、数字和下划线，变量名不能超过 255 个字符，而且中间不能包括句点或其他说明符，变量名不区分大小写。

例如，ab、m1、zh_1 等都是合法的变量名。

例如，1ab、m1、zh&1 等都是不合法的变量名。

3）变量的作用域。变量的作用域是指变量在整个程序中所使用的范围，在 VBA 中通常可以用以下方法来声明变量。

本地变量：仅在声明变量的过程和函数中有效，不论是否使用 Dim 语句，都是本地变量。本地变量使用的级别最高，即当存在与本地变量同名的其他模块级的变量时，其他模块级的变量将被屏蔽。其格式如下：

Dim 变量名 As 数据类型

私有变量：对当前模块中所有模块和过程都有效。私有变量必须在模块的通用声明部分进行声明。其格式如下：

Private 变量名 As 数据类型

公共变量：在所有模块的所有过程和函数中都有效。公共变量必须在模块的通用声明部分进行声明。其格式如下：

```
Public 变量名 As 数据类型
Public a as integer                 'a 的作用域为整个应用程序的整型变量
Private x as string                 'a 的作用域为当前模块中的所有过程的字符变量
Private Sub Mn()
    Dim k as String                 'K 的作用域为 Mn 过程中的字符变量
End Sub
```

（3）表达式

表达式是许多 Access 的基本组成部分，是运算符、常量、变量、函数、字段名、控件和属性的组合。

1）算术运算符和算术表达式。算术运算符是最常见的运算符，用来执行简单的自述运算。VBA 提供了 8 种算术运算符，其功能见表 11-3。

表 11-3 算术运算符

运 算	运 算 符	示 例
加法运算	+	X+Y
减法运算	−	X−Y
取负运算	−	−X
乘法运算	*	X*Y
整除运算	\	X\Y
浮点整除运算	/	X/Y
指数运算	^	X^Y
取模运算	Mod	X Mod Y

算术运算符执行顺序：指数运算→取负运算→乘法运算→浮点整除运算→整除运算→加法运算、减法运算。其中，乘法运算和浮点整除运算是同级别的，加法运算和减法运算是同级别。如果在表达式中包含括号，则先计算括号内表达式的值。有多层括号时，则先计算内

层括号中的表达式。

2）字符串连接符与字符串表达式。字符串连接符（&）用来连接两个以上字符串。

例如，"abc" & "123"，字符串连接的结果为 abc123。

3）关系运算与关系表达式。关系运算也就是逻辑运算，用来对两个表达式的值进行比较，其结果为一个逻辑值，即真（True）或假（False）。用关系运算符连接起来组成的表达式称为关系表达式。VBA 提供了 6 个关系运算符，见表 11-4。

表 11-4　关系运算符

运　算　符	说　　明	运　算　符	说　　明
<	小于	<>或><	不等于
>	大于	<=	小于等于
=	等于	>=	大于等于

4）逻辑运算符。逻辑运算也称为布尔运算，由逻辑运算符将逻辑型数据连接起来而成的，其运算结果为逻辑型的。其运算符有 NOT（非）、AND（或）、OR（与），其优先顺序依次为 NOT、AND、OR。

例如，1>2 AND NOT 8>6，运算结果为假（False）。

5）类型转换函数。在 VBA 编程的过程中，用户常常需要将某种类型的数据转换成另外一种特定的数据类型。在 VBA 中常用的数据类型转换函数，见表 11-5。

表 11-5　关系运算符

转　换　函　数	目　标　类　型	转　换　函　数	目　标　类　型
Cbyte	Byte	Cdbl	Double
Cint	Integer	Ccur	Currency
Clng	Long	Cdate	Date
Csng	Single	Cvar	Variant

例如，A=Cstr(2000)，其运算结果为字符串。

6）对象运算符。对象运算表达式中使用 "!" 和 "." 两种运算符，使用对象运算符指示随后将出现的项目类型。"!" 运算符的作用是指出随后为用户定义的内容。使用 "!" 可以引用一个开启的窗体、报表或开启窗体、报表上的控件。例如：

```
Forms![学生基本情况]              '打开"学生基本情况"窗体
Report![学生基本情况]             '打开"学生基本情况"报表
Forms![学生基本情况]![编号]       '打开"学生基本情况"窗体上的"编号"控件
```

11.1.2　编写 VBA 语句

VBA 中的语句是一个完整的结构单元，它代表一种操作、声明或定义。一条语句通常占一行，用户也可以使用 "："在一行中包含多条语句，如果一条语句过长，则用户可以使用行继续符 "_" 在第 2 行接着编写。

VBA 中的语句分为 3 种：声明语句、赋值语句和可执行语句。

1．声明语句

在声明语句中，用户可以给变量、常量或程序设置名称，并且指定一个数据类型。之前所说明的变量、常量的声明都可以在声明语句中实现。

2．赋值语句

赋值语句用于指定变量的值，指定变量为某一表达式。赋值语句中通常包括一个符号。最简单的赋值语句是直接用等号赋值，如 Y=28。另外，设置属性值的语句也是一条赋值语句，如 Active Cell Font Bold=True，该语句将活动单元格的 Font 对象的 Bold 属性值设置为 True。

3．可执行语句

在 VBA 程序中，可执行语句是其中的关键部分，一条可执行语句可以执行初始化操作，也可以执行一个方法或函数，并且可以循环或从代码块中分支执行。可执行语句通常包括数学或条件运算符。

为了增加程序的可读性，用户可以在程序中加入注释。注释可以解释当前行或过程。在VBA 程序运行时，注释将被忽略。

有两种方法可以加入一条注释语句，目前通常使用一个单引号"'"；另外，用户也可以使用过程中的关键字 Rem 来注释。这两种方法如下：

MsgBox"All OK! "   MsgBox"All OK! "
'显示 All OK!信息   :Rem 显示 All OK!信息

如果用户要在程序的语句后加入注释，则可以直接使用单引号；如果使用 Rem 形式，则需要在前面加入一个冒号。例如：

```
If Int(x / 5) = x / 5 Then
    MsgBox "X 能够被 5 整除！"   '如果 X 能够被 5 整除，则显示该信息
Else
    MsgBox "X 不能被 5 整除！"   :Rem 如果 X 不能够被 5 整除，则显示该信息
End If
```

11.1.3 VBA 语法结构

程序流程控制语句是控制程序执行循环、跳转功能的语句。对于简单的程序可以不使用流程控制语句，只让代码从上至下、从左至右运行。但对于相对复杂的程序，则需要流程控制语句来改变程序的执行顺序。在 VBA 中提供了几种功能强大的流程控制语句，大致可分为条件判断语句和循环语句。

1．条件判断语句

在 VBA 中支持的条件判断语句有以下 3 种形式：If…Then、If…Then…Else 和 Select Case。
（1）If…Then 语句
格式：

```
If <条件> Then <程序代码>
```

功能：该语句可以有条件地执行某些语句，根据条件判断程序是否继续执行。
例如：

```
If S>5 Then Print "Book"
```

（2）If…Then…Else 语句
格式：

```
If<条件 1> Then
    <程序代码 1>
    [ElseIf <条件 2> Then
    <程序代码 2>]
        ⋮
    [Else
    <程序代码 N+1>]
End If
```

功能：该语句首先判断<条件 1>的值是否为 True，若是 True，则执行<程序代码 1>；否则，就判断<条件 2>的结果是否为 True，若为 True，则执行<程序代码 2>……。如果所有的条件均不成立，则执行 Else 后面的<程序代码 N+1>。

例如：

```
If m > 100 Then
    hf = m * 0.5
ElseIf m > 10 Then
    hf = m * 0.6
Else
    hf = m * 0.7
End If
```

 说明：

> If 与 End If 必须成对使用。If…Then…ElseIf 只是 If…Then…Else 的一个特例，可以根据实际需要使用任意个 ElseIf 子句，或一个也不使用，也可以使用一个 Else 语句，而没有 ElseIf 子句，即：

```
If<条件> Then <程序代码> Else
    <程序代码>
End If
```

（3）Select Case 语句

格式：

```
Select Case <条件 1>
    Case <结果 1>
        <程序代码 1>
    [Case <结果 2>
        <程序代码 2>]
            ⋮
    [Case Else
        <程序代码 N>]
End Select
```

功能：该语句为判断测试变量的值与哪一个结果值相同，若与某个结果值相同，则执行此结果值后的程序代码；若不相同，则执行 Case Else 后的程序代码。测试变量的类型与结果值的类型必须一致。

例如：

```
Select Case x
    Case 1
        Print "One"
    Case 2
        Print "Two"
    Case 3
        Print "Three"
End Select
```

 说明：

> 在 Select 结构中，Select Case 语句必须与 End Select 语句成对出现，表示结构的开始与结束。在 Select Case 语句中的测试变量可以是变量、属性或表达式，Case 语句后的结果值 1、结果值 2 等可以是数值、字符串或表达式。Case 语句可以有多个表达式，各表达式间用逗号分开（结果值 1，结果值 2），表示或者的意思，只要一个表达式匹配，就可以执行 Case 下的语句块。
>
> Select Case 结构中的 Case Else 子句，表示当测试变量与所有 Case 后表达式的值都不匹配时，就转去执行 Case Else 后的程序块，然后转到 End Select 下继续执行。

上面例子可以用 Case Else 子句，其代码如下：

```
Select Case x
    Case 1
        Print "One"
    Case 2
        Print "Two"
    Case 3
        Print "Three"
    Case Else
        Print "Bad"
End Select
```

2. 循环语句

在 VBA 中可以使用的循环语句主要有以下 3 种：Do…Loop、For…Next 和 While…Wend。

（1）Do…Loop 语句

格式：

```
Do While <条件表达式>
    <循环体>

Loop
```

功能：首先判断条件表达式的值是否为 True，若不是，则退出循环，执行 Loop 后面的语句；若是 True，则执行<循环体>，当执行到 Loop 语句时，返回到 Do While 语句，继续判断条件表达式的值是否为 True，如此反复执行，直到条件表达式的值为 False，退出循环。

 说明：

> 1）Do While 和 Loop 必须成对出现。
> 2）如果第 1 次执行 Do 语句，循环的条件就为 False，那么循环一次都不执行。
> 3）条件表达式的值应是逻辑值。
> 4）循环体中要有控制循环的语句，避免出现死循环。
> 5）VBA 允许程序代码中嵌套条件或循环语句，但应层次分明，避免出现交叉嵌套。

【例 11-1】输出从 1～100 之间的自然数。

```
Dim I As Integer
I = 1
Do While I <= 100
    Print I
    I = I + 1
Loop
```

该循环结构存在另外 3 种格式的变形，分别是 Do…Loop While、Do Until…Loop 和 Do…Loop Until，其具体用法比较见表 11-6。

表 11-6　不同形式循环结构用法比较

结　构	Do…Loop While	Do Until…Loop	Do…Loop Until
格式	Do <循环体> Loop While<条件表达式>	Do Until<条件表达式> <循环体> Loop	Do <循环体> Loop Until<条件表达式>
功能	首先选择执行<循环体>，遇到 Loop While 语句，则判断条件是否成立，成立则返回循环的开始语句，再次执行<循环体>，一直到 While 条件不成立时才退出循环	首先判断条件表达式的值是否为 False。若不是，则退出循环，执行 Loop 后面的语句。若是 False，则执行<循环体>，当执行到 Loop 语句时，返回到 Do Until 语句，继续判断条件表达式的值是否为 False，如此反复执行，直到条件表达式的值为 True 才退出循环	首先执行<循环体>，遇到 Loop Until 语句则判断条件是否为 False，为 False 则返回到循环的开始语句，再次执行<循环体>，这样一直到 Until 条件为 True 时退出循环
例子	Dim I as Integer I=1 Do Print I I=I+1 Loop While I<=100	Dim I as Integer I=1 Do Until I>100 Print I I=I+1 Loop	Dim I as Integer I=1 Do Print I I=I+1 Loop Until I>100

 说明：

> Do…Loop 循环的 3 种形式可以归纳为 Do…Loop 和 Do…Until 两大类型，其主要差别在于前者的循环条件为 True 而不是 False 时，才执行循环，后者正好相反。

（2）For…Next 语句

格式：

```
For 计数变量=初始值 To 终止值 [Step 步长值]
    <循环体>
```

Next 计数变量

功能：

计数变量由初始值开始，执行<循环体>，遇到 Next 语句则将计数变量加上步长值，判断计数变量的值是否已经超过终止值，不超过则继续执行循环，否则退出循环，执行 Next 语句的下一条语句。

 说明：

> 在格式中，初始值、终止值和步长值必须是数值型的。步长值可正可负，如果为正数，则初始值必须小于终止值，否则不执行<循环体>。如果为负，则初始值必须大于终止值，否则不能执行循环体，如果没有设置步长，默认为 1。

【例 11-2】求 1~10 之间所有奇数之和。

```
Dim I as Integer
Dim S as Integer
S=0
For I=1 To 10 Step 2
    S=S+I
Next I
Print S
```

（3）While…Wend 语句

格式：

```
While <条件表达式>
    <循环体>
Wend
```

功能：

当 While 的条件表达式的值是 True 时执行<循环体>，直到 While 后面的条件表达式为 False。

【例 11-3】输入 10 个 "I have a book." 字符串。

```
Dim N as Integer
N=1
While N<=10
    Print "I have a book."
Wend
```

（4）循环的退出

当循环目的完成之后，一般不必等循环结束就可以跳出循环。可以使用 Exit 语句直接退出 For 和 Do 循环，其语法分别为：Exit For、Exit Do，它们在循环中出现的次数没有限制。

格式：

```
Do [While|Until]<条件表达式>        For 计数变量=初始值 To 终止值 [Step 步长值]
    <循环体>                              <循环体>
Exit Do                              Exit For
    <循环体>                              <循环体>
Loop                                Next 计数变量
```

说明：

　　在实际应用过程中，Exit For 与 Exit Do 是非常有用的，在程序执行过程中遇到该语句立即退出循环，而不再执行循环中的其他任何语句。

　　Exit Do 语句可以在 Do 循环语句的所有形式中使用，而在 While…Wend 语句中不能使用 Exit 命令退出循环。

【例 11-4】计算从 1~10000 之间所有 8 的倍数的和，当和超过 10000 时停止计数，返回和的值。

```
Dim sum As Integer, I As Integer
sum = 0
For I = 8 To 10000 Step 8
    If sum > 10000 Then
        Exit For
    Else
        sum = sum + I
    End If
Next I
MsgBox "和为：" & sum
```

11.1.4　VBA 编程环境

　　在 Access 2007 中，编写和调试 VBA 程序代码离不开编程环境，需要了解 Access 2007 提供的 VBA 编程环境。

1．在窗体、报表中进入 VBA

　　在窗体、报表中进入 VBA，可以采用以下方法：

　　1）在设计视图中打开窗体或报表，然后选择需要编写代码的控件并单击鼠标右键，在弹出的快捷菜单中选择"事件生成器"菜单命令。

　　2）在设计视图中打开窗体或报表，打开需要编写代码控件的"属性"对话框，单击"事件"选项卡，单击某一事件属性右侧的"…"按钮，打开"选择生成器"对话框，如图 11-2 所示。

图 11-2　"选择生成器"对话框

2．在窗体、报表外进入 VBA

　　在窗体、报表外进入 VBA，可以采用以下方法：

1）在数据库窗口中，切换到"数据库工具"选项卡，在"宏"选项组中单击"Visual Basic"按钮。

2）在数据库窗口中，切换到"创建"选项卡，在"其他"选项组中单击"模块"按钮，选择"模块"菜单项。

11.1.5　VBA 的工作界面

当用户进入 VBA 之后，可以见到许多窗口和工具栏，使用好这些窗口和工具栏可以有效地提高编辑和调试程序的效率。

1．VBA 工具栏

VBA 界面中包括"标准""编辑""调试"和"用户窗体"等多种工具栏，通常可以执行"视图"→"工具栏"菜单命令下的显示或隐藏这些工具栏。

在窗口的上部有一个"标准"工具栏，用于编写 VBA 程序，如图 11-3 所示。

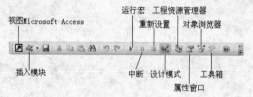

图 11-3　"标准"工具栏

"标准"工具栏中各按钮的功能如下。

①"视图 Microsoft Access"按钮：单击此按钮，返回到数据库窗口。

②"插入模块"按钮：单击此按钮的下三角按钮，打开下拉菜单，它有"模块""类模块"和"过程"3 个选项，选择其中一项即可插入一个新模块。

③"运行宏"按钮：单击此按钮，将开始执行宏，用户也可以在遇到断点后单击此按钮继续执行代码。

④"中断"按钮：单击此按钮，可以中止代码的执行。

⑤"重新设置"按钮：单击此按钮，可以重新开始执行代码。

⑥"设计模式"按钮：单击此按钮，可以打开或关闭设计模式。

⑦"工程资源管理器"按钮：单击此按钮，可以显示当前打开数据库所含有内容的等级列表。

⑧"属性窗口"按钮：单击此按钮，可以打开属性窗口，使用户能够浏览控件的属性。

⑨"对象浏览器"按钮：单击此按钮，会弹出"对象浏览器"窗口。该窗口会列出代码中可以使用的对象库类型、方法、属性、事件常量，以及在工作中定义的模块和过程。

除了"标准"工具栏外，Access 2007 还提供了"编辑"工具栏，如图 11-4 所示。用户可以在 Visual Basic 窗口中选择"视图"→"工具栏"→"编辑"命令打开该工具栏。下面介绍各按钮的功能。

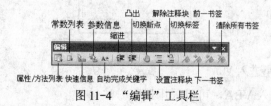

图 11-4　"编辑"工具栏

①"属性/方法列表"按钮：单击此按钮，可在代码窗口中打开相应对象的属性和方法列表。

②"常数列表"按钮：单击此按钮，可以在代码窗口中打开一个包含对应属性有效选择的常量列表。

③"快速信息"按钮：单击此按钮，在代码窗口中单击选择函数、方法或过程名称，然后单击此按钮，可提供基于其的变量、函数、方法或过程结构。

④"参数信息"按钮：单击此按钮，在代码窗口中会弹出快速信息框，显示选中的函数的参数信息。

⑤"自动完成关键字"按钮：单击此按钮，自动添加正在输入的 VBA 关键字字符。

⑥"缩进"按钮：单击此按钮，将所选行向后缩进。

⑦"凸出"按钮：单击此按钮，将所选行向前凸出。

⑧"切换断点"按钮：单击此按钮，可以在当前活动行设置或删除断点。

⑨"设置注释块"按钮：单击此按钮，可以在文本中所选块的每一行开始处添加注释符。

⑩"解除注释块"按钮：单击此按钮，可以解除所选行的注释块。

⑪"切换标签"按钮：单击此按钮，可以在代码窗口中为当前活动行设置或删除书签。

⑫"下一书签"按钮：单击此按钮，将焦点转移到块中的下一个书签。

⑬"前一书签"按钮：单击此按钮，将焦点转移到块中的前一个书签。

⑭"清除所有书签"按钮：单击此按钮，可以清除代码窗口中的所有书签。

2．VBA 窗口

VBA 使用不同窗口来显示不同对象或完成不同任务。VBA 窗口可以分为：代码窗口、立即窗口、本地窗口、对象浏览窗口、工程资源管理器、属性窗口和监视窗口等，若要使用这些窗口，可以使用"视图"菜单中的相应命令来显示或隐藏这些窗口。

1）代码窗口。代码窗口主要用来编写、显示以及编辑 VBA 代码，如图 11-5 所示。

2）立即窗口。立即窗口主要用来完成代码的输入或粘贴操作，在"立即窗口"中输入一行代码后，按<Enter>键便可立即执行该代码。

3）本地窗口。使用"本地窗口"可以自动显示出当前过程中的变量声明和变量值。

图 11-5　代码窗口

4）对象浏览器。使用"对象浏览器"可以查看和浏览 Access 和其他支持 VBA 应用程序中的可用对象，以及每一个对象的方法和属性。

5）工程资源管理器。它用来显示该工程所引入的全部模块，以分层列表的方式显示。

6）属性窗口。"属性窗口"列出所有对象的属性，可以按字母查看，也可以分类进行查看这些属性以及当前设置。

7）监视窗口。"监视窗口"用于显示当前工程中定义的监视表达式的值。当工程中定义了监视表达式时，"监视窗口"可自动出现。

11.2 过程和模块

11.2.1 过程

1．过程的概念

过程是由一系列的 Visual Basic 语句和方法组成的集合。一些较大的应用程序通常由许多过程组成，过程与过程之间可以使用专门的方法进行调用。

2．过程的分类

在 Access 中，过程分为 Sub 过程和 Function 过程两类。

（1）Sub（子程序）过程

Sub 过程一般执行某种操作或运算，但设有返回值。用户可以自己创建或使用 Access 已建立好的过程。

（2）Function（函数）过程

Function 过程能够返回一个计算结果。Access 提供了许多标准函数以供程序调用，Function 过程的优点是程序可以直接利用返回值。

3．过程的格式

```
[Public] [Private] [static] Sub <过程名> (参数表)
     语句
  End Sub
```

说明：

1）Private，表示本过程是模块级过程。

2）Public，表示本过程为全局过程，是在整个应用中都起作用。

3）Static，表示在该过程中所有声明的变量为静态变量，变量值始终保留。

4）如果在过程执行的过程中，如有数据需要传递，则在"参数表"中指出，否则会因省略"参数表"中的值，而形成无参数过程。

【例 11-5】编写一个名为"Welcome"的过程，将在屏幕上显示一个"欢迎使用本系统"提示框，该过程为无参数过程。

```
Sub Welcome()
    MsgBox"欢迎使用本系统"
End Sub
```

Function 过程：

```
[Public][Private][Friend][static]Function <过程名>[<变量表名> As <变量类型>]
     语句
End Function
```

 说明：

> 1）Public、Private 及 Friend 是可选项，若选择只能选择一个，默认为 Public。
> 2）Private，表示本过程是模块级过程。
> 3）Public，表示本过程为全局过程，是在整个应用中都起作用。
> 4）Friend，表示只能在类模块中使用。
> 5）Static，表示在该过程中所有声明的变量为静态变量，变量值始终保留。

【例 11-6】利用 Function 过程编写一个名为 "Sum-s" 的过程，求从 1 开始到 X 数的自然的和，最后返回值。

```
Dim x As Integer
    Function Sum-s(x)
        Sum-s=0
        For I=1 To X
            Sum-s=Sum-s+I
        Next I
    End Function
```

 说明：

> 过程不是 Access 的独立对象，不能单独使用，过程只能存在于某个模块中。

4．过程的调用

在程序中使用过程是通过调用来实现的，在调用时可以把所需数据传递过去，也可以在调用过程结束后返回并带回所需数据。被调用的过程还可以被另一个过程调用，从而产生过程的嵌套。如果在过程调用时没有数据传递，就是无参数过程。

过程调用格式：

```
Call <过程名> （参数表）
<过程名> （参数表）
```

（1）无参数调用

【例 11-7】建立一个 "显示信息" 模块，该模块中的过程 display_st()用于显示 3 行文字："Hello!" "I have a book." "How do you do!"，并且每行之间用一行 10 个 "*" 分隔。

模块代码如下：

```
Sub display_st()
Dim a, b, c As String
a = "Hello!": b = "I have a book.": c = "How do you do!"
Call xinghao
Debug.Print a
Call xinghao
Debug.Print b
Call xinghao
Debug.Print c
Debug.Print a + "      " + b + "      " + c
```

```
End Sub
Sub xinghao()
Dim i As Integer
For i = 1 To 10
    Debug.Print "*";
Next i
Debug.Print
End Sub
```

 说明：

代码运行结果可在立即窗口中显示出现，如图 11-6 所示。

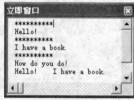

图 11-6　代码运行结果

（2）应用 Function 过程传递参数

【例 11-8】建立一个"函数调用"模块，该模块中的过程 Qiuhe 用于计算 3！+4！+5！的值，阶乘运算用 Function 过程 jiecheng 实现。

模块代码如下：

```
Sub qiuhe()
Dim i As Integer, qh As Single
For i = 3 To 5
    qh = qh + jiecheng(i)     '调用函数 jiecheng，并将 I 作为参数传递给函数 jiecheng
Next i
Debug.Print "qh=3!+4!+5!=" & qh
End Sub
Function jiecheng(x As Integer) As Long     '函数 jiecheng 的参数 X 接收 I 的值
Dim i As Integer, M As Long
M = 1
For i = 1 To x
    M = M * i
Next i
jiecheng = M                '将阶乘 M 的值赋给过程 jiecheng，用于返回计算结果
End Function
```

11.2.2　模块

1. 模块的概念

模块是将 VBA 的声明和过程作为一个单元进行保存的集合，它是由 Visual Basic 语言的

声明、语句和过程集合在一起的具有命名的程序。

模块可分为标准模块和类模块两类：标准模块包括一些 VBA 代码组成的过程，又可分为通用过程和常用过程。通用过程不与任何对象相关联，是一些"纯粹"的程序段，而常用过程可以在数据库的任何位置运行，它往往与某个数据库对象有关；类模块可以独立存在，也可以与窗体或报表同时出现。

2．模块的分类

在 Access 中，模块有 2 种基本类型，即标准模块和类模块。

1）标准模块。标准模块包含的是通用过程和常用过程。通用过程不与任何对象相关联，常用过程可以在数据库中的任何位置运行。

2）类模块。类模块可以包含新对象的模块。模块中定义的任何过程都会变成此对象的属性或方法。在 Access 中的类模块可以独立存在，也可以与窗体和报表共同存在。

3．创建新模块

【例 11-9】创建一个名为"Hello"的模块，并在其中加入"Welcome"过程。

操作步骤如下：

1）单击"教学管理"数据库窗口中的"其他"选项卡中的"宏"选项，单击其下面的三角按钮，选择"模块"按钮，系统出现"教学管理－模块 1（代码）"为标题的 VBA 编辑窗口。

2）在"模块 1"代码窗口中输入 Sub welcome()并按<Enter>键，在代码窗口中出现一个空的过程语句，如图 11-7 所示。

3）在过程 Sub welcome()与 End Sub 之间输入代码：MsgBox"欢迎使用本系统"。

4）单击代码窗口工具栏上的"保存"按钮，在"另存为"对话框中输入模块名"Hello"，然后单击"确定"按钮。

5）单击工具栏上的"运行子程序/用户窗体"按钮，运行该模块，结果如图 11-8 所示。

图 11-7 "模块 1"代码窗口

图 11-8 运行结果

 说明：

第一行"Option Compare Database"语句，它是一条模块级语句，应该放在第一位。

【例 11-10】在"Hello"模块中加入函数"First"。

操作步骤如下：

1）选择"教学管理"数据库窗口中的模块对象"Hello"模块，单击鼠标右键，从弹出的快捷菜单中选择"设计视图"命令，出现"Hello"模块代码窗口。

2）执行"插入"→"过程"命令，打开"添加过程"对话框，如图 11-9 所示。

3）在"类型"3个选项"子程序""函数"或"属性"中选择"函数"，然后为函数命名，输入"First"，然后在"范围"选项中选择"私有的"选项，单击"确定"按钮，如图 11-10 所示。

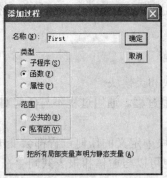

图 11-9 "添加过程"对话框

图 11-10 添加的过程"First"

 说明：

> 添加的过程或函数位于该模块的底部，用户可以为过程或函数添加新的代码。

4. 模块的调用

创建模块后，可以在数据库中使用该模块。对于事件过程，调用时可以将其与窗体的事件联系起来，当事件发生时，相应的过程即可执行。对于所建立的模块对象，可直接通过模块名进行调用。

11.3 在窗体中应用 VBA 编程

VBA 程序代码是由事件驱动的，在设计窗体时，需要向窗体中添加控件的事件处理过程。如果希望窗体中的控件以特殊的方式来响应事件，就需要 VBA 进行实现。

【例 11-11】设计一个窗体，用于录入学生四门课程的成绩。要求随着输入各课程的分数，同时显示出并计算出总分。

操作步骤如下：

1）在"窗体"选项组中单击"窗体设计"按钮，进入窗体设计区域。

2）在"控件"选项组中选择所需要的控件，并将控件添加到窗体的适当位置，设置控件的相应属性并保存，所设计窗体如图 11-11 所示。

3）在完成窗体的设计之后，可以开始编写事件代码过程。在窗体设计视图中单击鼠标右键，从弹出的快捷菜单中选择"事件生成器"菜单项，在打开的对话框中选择"代码编辑器"项，就可以在代码编辑器中编写事件代码。

4）窗体中所包含的事件代码过程如下。

```
Private Sub Form_Load()
Forms![计算学生成绩]![Text0] = "0"
Forms![计算学生成绩]![Text2] = "0"
Forms![计算学生成绩]![Text4] = "0"
```

```
Forms![计算学生成绩]![Text6] = "0"
Forms![计算学生成绩]![Text8] = "0"
End Sub
Private Sub Text0_LostFocus()
Call sums
End Sub
Private Sub Text2_LostFocus()
Call sums
End Sub
Private Sub Text4_LostFocus()
Call sums
End Sub
Private Sub Text6_LostFocus()
Call sums
End Sub
Private Sub sums()
Forms![计算学生成绩]![Text8] = Val(Forms![计算学生成绩]![Text0]) + Val(Forms![计算学生成绩]![Text2]) +
Val(Forms![计算学生成绩]![Text4]) + Val(Forms![计算学生成绩]![Text6])
End Sub
```

5）运行该窗体，其结果如图 11-12 所示。

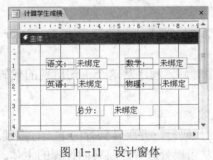

图 11-11　设计窗体

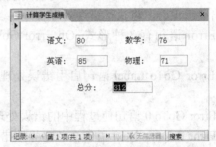

图 11-12　运行结果

11.4　VBA 程序调试与出错处理

程序调试是开发数据库应用系统不可缺少的环节。在应用系统编写完成之后，需要对程序进行调试，以便查出其中的错误。

11.4.1　VBA 程序调试相关知识

1．错误的种类

在 VBA 中，程序错误大致分为 3 类，即语法错误、运行错误、逻辑错误。

1）语法错误主要是指未按规定的语法规则编写程序。

2）运行错误主要是指在程序运行过程中发生的，主要进行一些非法操作。

3）逻辑错误是指由于代码中的逻辑错误引发的，但在程序运行中并没有进行非法操

223

作，只是运行结果错误，这是最难处理的，VBA 不能发现这种错误，只有在分析结果时才能发现。

2．编程原则

为了在编写程序的过程中避免出现错误，保持良好的编程习惯是非常必要的，通常要遵守以下基本原则。

1）对于具有独立作用的代码要将其置于 Sub 过程或 Function 过程中，以保持程序简洁并且功能明确。

2）编写代码时要添加注释，增加程序的可读性。

3）在每个模块中加入 Option Explicit 语句，在使用未定义的变量时，能够避免出现错误。

4）变量应采取的命名规则，变量名称应有含义，便于了解变量的作用。

5）在声明对象变量时，应使用确定的对象类型或数据类型，少用 Object 和 Variant，这样可以加快代码的运行速度，同时避免出现错误。

3．错误处理方法

如果没有做任何错误处理，在程序出错时，VBA 将停止程序的运行，并显示错误信息。通过将错误处理包含在程序代码中来处理任何可能产生的错误，可以预先防止出现问题。

1）On Error 语句。On Error 语句启用或禁止执行错误处理程序。如果启用了错误处理程序，当出现错误时，将执行错误处理程序。

On Error 语句有 3 种形式：On Error GoTo Label、On Error GoTo 0 和 On Error Resume Next。

On Error GoTo Label 语句启用错误处理程序时，该程序从这个语句出现的代码行开始执行。

On Error GoTo 0 语句使过程中的错误处理无效。

On Error Resume Next 语句会忽略导致错误的代码行，并跳转到行的下一行继续执行。

2）Resume 语句。Resume 语句使程序执行从错误处理程序跳转回过程的主体。错误处理代码中包含 Resume 语句可以从过程某一特定点上继续执行程序。

Resume 语句有 3 种形式：Resume Label、Resume 0 和 Resume Next。其中 Resume 和 Resume 0 将执行返回到发生错误的代码行。而 Resume Next 语句将执行返回到错误代码行的下一行。Resume Label 语句将返回到由 Label 参数指定的代码行。Label 参数必须指定一个行标签或一个行号。

3）退出。过程中在包含一个处理错误程序的同时，还应包括一个退出程序，用于只是在发生错误时才运行错误处理程序。

11.4.2　VBA 程序调试工具

VBA 提供了强大的调试工具，便于调试代码，查找程序中编写的错误。

在 Access VBA 中提供了"调试"菜单和"调试"工具栏，如图 11-13 和图 11-14 所示。

图 11-13 "调试"菜单　　　　　图 11-14 "调试"工具栏

下面分别介绍"调试"工具栏中各按钮的功能。

①"设计模式"按钮：单击此按钮，可以打开或关闭设计模式。

②"运行子过程/用户窗体"按钮：单击此按钮，如果光标在过程中则运行当前过程，如果用户窗体处于激活状态则运行窗体，否则运行宏。

③"中断"按钮：单击此按钮，将停止程序的运行，并转换到中断模式。

④"重新设置"按钮：单击此按钮，可以清除执行堆栈和模块级变量并重新设置工程。

⑤"切换断点"按钮：单击此按钮，可以在当前行设置或清除断点。

⑥"逐语句"按钮：单击此按钮，可以一次执行一句代码。

⑦"逐过程"按钮：单击此按钮，可以在代码窗口中一次执行一个过程或一条语句。

⑧"跳出"按钮：单击此按钮，执行当前执行点处的过程的其余行。

⑨"本地窗口"按钮：单击此按钮，显示"本地窗口"。

⑩"立即窗口"按钮：单击此按钮，显示"立即窗口"。

⑪"监视窗口"按钮：单击此按钮，显示"监视窗口"。

⑫"快速窗口"按钮：单击此按钮，显示所选表达式的当前值的"快速窗口"对话框。

⑬"调用堆栈"按钮：单击此按钮，显示"调用堆栈"对话框，在该对话框中列出当前活动过程的调用。

1．设置断点

在 Access 中，调试通常是在 VBA 的编辑窗口中进行，最常用的方法是在程序中设置断点来中断程序的运行，然后检查各变量、属性的值。设置断点有两种方式：

1）在"Visual Basic 代码编辑器"的代码窗口中，将光标移到要设置断点的行，单击调试工具栏中的"切换断点"按钮。

2）在"Visual Basic 代码编辑器"的代码窗口中，用鼠标单击要设置断点行的左侧边缘部分。

如果要继续运行代码，则可单击调试工具栏中的"运行"按钮。

2．单步跟踪

当程序运行到断点处暂停后，如果需要继续往下一步运行，则可以使用跟踪功能。单击工具栏中的"逐语句"按钮或按快捷键<F8>，使程序运行到下一行，这样可逐步检查程序的运行情况，直到找出问题。当不能跟踪一个程序的运行时，可以再次单击工具栏中的"逐语句"按钮。

本章小结

本章主要介绍了 VBA 基础知识、编程环境、过程与模块的调用和程序设计结构等相关内容。通过本章的学习，读者能够掌握 VBA 中表达式的书写方法，并熟悉过程与模块的建立及调用方法。VBA 作为面向对象编程的语言，数据库功能是非常强大的。本章限于篇幅不能对 VBA 的数据库编程进行深入讲解，有兴趣的读者可以参阅其他书籍，进行大量的实际编程实践，为进一步发挥 Microsoft Access 应用程序的设计功能做好准备。

习题

1. 填空题

1）过程可分为_____和_____两类。

2）模块可分为_____和_____两类。

3）VBA 中变量的作用域分为_____、_____和_____3 个层次。

4）在 VBA 中，_____函数的功能是显示信息；VBA 语法与_____编程语言互相兼容。

5）VBA 的运行机制是_____。

6）在使用 Dim 定义数组时，默认情况下数组下限的值为_____。

7）VBA 的全称是_____。

8）说明变量最常用的方法，可使用_____结构。

9）模块包含一个生命区域和一个或多个子过程或函数过程（以_____开头）。

10）子过程与函数过程的区别在于_____。

2. 选择题

1）当窗体启动时，将发生的事件有（   ）。

    A. Load   B. Click   C. Gotfocus   D. Open

2）当对 VBA 程序进行单步调试时，可以用快捷键（   ）来实现。

    A. F5   B. F6   C. F7   D. F8

3）VBA 表达式 4*6 MOD 16/4*(2+3)的运行结果是（   ）。

    A. 4   B. 10   C. 16   D. 80

4）在 VBA 中定义符号常量的关键字是（   ）。

    A. Count   B. Public   C. Private   D. Dim

5）在 VBA 中定义局部变量可以用关键字（   ）。

    A. Count   B. Public   C. Static   D. Dim

6）在 VBA 代码调试过程中，能够显示出所有在当前过程中变量声明及变量值信息的是（   ）。

    A. 快速监视窗口   B. 监视窗口   C. 立即窗口   D. 本地窗口

7）下列关于 VBA 面向对象中的"事件"，说法正确的是（   ）。

    A．每个对象的事件都是不相同的

    B．触发相同的事件，可以执行不同的事件过程

    C．事件可以由程序员定义

    D．事件是由用户操作的

8）VBA中不能进行错误处理的语句结构是（　　　）。

    A．On Error Then　标号　　　　　　　　B．On Error GoTo　标号

    C．On Error Resume Next　　　　　　　　D．On Error Goto 0

9）VBA编辑器中打开立即窗口的组合键是（　　　）。

    A．Ctrl+G　　　　　　B．Ctrl+R　　　　　C．Ctrl+V　　　　　D．Ctrl+C

10）关于模块，以下叙述错误的是（　　　）。

    A．是Access系统中的一个重要对象

    B．以VBA语言为基础，以函数和子过程为存储单元

    C．包括全局模块和局部模块

    D．能够完成宏所不能完成的复杂工作

11）VBA数据类型符号"&"表示的数据类型是（　　　）。

    A．整型　　　　　　　B．长整型　　　　　C．单精度　　　　　D．双精度

12）VBA的逻辑值进行算术运算时，True值被当作（　　　）。

    A．0　　　　　　　　　B．−1　　　　　　　　C．1　　　　　　　　D．任意值

13）下面关于过程的说法，错误的一项是（　　　）。

    A．函数过程有返回值

    B．子过程有返回值

    C．函数声明使用Function语句，并以End Function语句作为结束

    D．声明子程序以Sub关键字开头，并以End Sub语句作为结束

14）能被"对象所识别的动作"和"对象所执行的活动"分别称为对象的（　　　）。

    A．方法和事件　　　B．事件和属性　　　C．事件和方法　　　D．属性和事件

15）设有变量声明Dim TestDate As Date，变量TestDate正确赋值的表达式是（　　　）。

    A．TestDate=#1/1/2012#

    B．TestDate#"1/1/2012"#

    C．TestDate=date("1/1/2012")

    D．TestDate=Format("m/d/yy","1/1/2012")

3．简答题

  1）新建一个窗体，在窗体中创建一个按钮和一个文本框，添加事件过程，使得在窗体中单击该命令按钮时，将在文本框中显示"这是一个示范程序"，如何编写代码？

  2）若要使窗体中的某个按钮被禁有，则应如何在程序中实现？若要使某个按钮不可见，则应如何在程序中实现？

  3）面向对象程序设计相对于面向过程程序设计有哪些特点？

4．操作题

  1）从输入对话框中输入10个数据，计算出其中正数、负数和零的个数。

  2）设计一个窗体，能够录入学生情况包括姓名、学号、性别、出生日期、班级等信息。

第 12 章　应用系统的设计与开发

学习目标

知识：1）数据库及数据库设计原则；

2）切换面板、切换面板页、系统发布。

技能：1）了解应用系统开发流程；

2）掌握应用切换面板创建应用系统的方法；

3）掌握个性化的应用系统菜单的设计方法。

在前面大家已经学习了 Access 2007 中创建数据库、数据表、建立与使用查询、设计窗体、报表、宏和 VBA 等内容，学习以上这些内容是为了更好地设计数据库应用程序。本章重点介绍如何建立应用系统的方法。

12.1　应用系统开发流程

开发应用系统，首先要明确系统的开发过程，这样才能开发出高质量、高效率的应用系统。一般来说，一个应用系统的开发主要由需求及可行性分析、框架设计、详细设计、编写代码、软件测试等几个步骤组成。

1. 需求及可行性分析

需求分析主要是详细调查系统的现状，了解业务处理的功能和流程。如一个学校的教务部门要对学生及课程进行管理，如果利用传统的"花名册"手工进行管理，则非常麻烦，费时费力，易出错。若利用计算机来管理将更有效率，且出错少。

在开发一个系统之前要对系统开发的可行性进行分析，目的是为了避免盲目投资，减少损失。从前面的需求分析可以看出，利用现代化管理手段进行管理可以提高工作效率，同时为决策提供准确可靠的信息。Access 2007 是一个简单实用的数据库管理系统，对于中小型数据库管理系统可以很容易地实现，而且不会造成资源的浪费。

2. 框架设计

框架设计的主要任务是建立软件的总体结构，划分软件的各组成部分，以及它们之间的相互关系，就是解决目标系统"如何做"的问题。

3. 详细设计

详细设计是针对每一个模块的设计，目的是确定模块内部的过程结构。详细设计包括以下几个方面：①对系统所需要的数据库进行设计，在设计数据库时，应当遵循数据库设计原则。②对应用系统的输入、输出和代码等进行设计。输入设计主要包括操作界面设计、输入校验等。既要保证操作界面美观大方，又要保证在系统提供的界面上能够灵活、方便地进行输入。输出设计主要包括输出格式、输出内容、输出方式等设计。代码设计是将系统中所使用的数据代码化，合理的代码设计是系统是否具有生命力的一个重要因素，代码设计过程应全面考虑各数据的特征、功能、需要、计算机处理特点，同时还要遵循代码设计原则来进行编码设计。

4．编写代码

编写代码就是用特定的编程语言，将对模块的详细设计反映为源程序。对于 Access 2007 而言，编写代码工作就是设计查询、窗体、模块等，与其他开发语言相比，使用 Access 2007 来设计应用系统是非常容易的，使用向导可以完成大多数的设计工作。

5．软件测试

软件测试是开发过程的最后阶段，当系统的编码工作完成后，需要对软件进行周密、细致的调试和测试，这才能保证开发出的系统在实际使用时不会出现问题，为了保证测试工作的顺利完成，测试人员最好选择非专业人员来进行。

12.2　使用切换面板创建应用系统

当系统的表、窗体、查询、报表等设计测试完成之后，还需要将它们连接起来，以便成为一个完整的系统，Access 2007 提供了切换面板管理器，它可以很容易地完成这一工作。切换面板是一种带有按钮的特殊窗体，用户可以通过单击这些按钮在数据库的窗体、报表、查询和其他对象中查看、编辑和添加数据。

应用切换面板管理器创建应用系统，实际上就是制作控制菜单，通过选择菜单中的各项功能，完成相应的操作，每级控制菜单对应一个切换面板页。使用切换面板管理器，就是将所有切换面板页及每页下的切换项定义出来。

12.2.1　启动切换面板管理器

【例 12-1】启动切换面板管理器。

操作步骤如下：

1）切换到"数据库工具"选项卡，在"数据库工具"选项组中单击"切换面板管理器"按钮。由于是第一次使用切换面板管理器，Access 2007 会弹出"切换面板管理器"提示框，如图 12-1 所示。

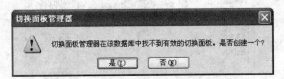

图 12-1　"切换面板管理器"提示框

2）单击"是"按钮，打开"切换面板管理器"对话框，如图 12-2 所示。

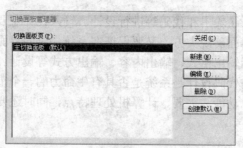

图 12-2 "切换面板管理器"对话框

除"关闭"按钮外，对话框中的其他按钮的功能如下。

① "新建"按钮：打开能生成一个新页面的对话框。

② "编辑"按钮：允许用户在对话框中编辑选定的页面。

③ "删除"按钮：从切换面板系统中取消选定的页面。

④ "创建默认"按钮：将选定的切换面板页面指定为默认值，启动数据库时将显示该切换面板。

目前在"切换面板页"列表框中有一个由 Access 2007 自动的"主切换面板（默认）"。

12.2.2 创建与编辑切换面板页

【例 12-2】利用切换面板管理器创建"人事档案管理系统"中的新的切换面板页。

操作步骤如下：

1）在"切换面板管理器"对话框中，单击"新建"按钮，打开"新建"对话框，在对话框中的"切换面板页名"文本框中输入"人事档案管理系统"，单击"确定"按钮。系统会弹出名为"人事档案管理系统"的切换面板页，如图 12-3 所示。

图 12-3 创建"人事档案管理切换页"对话框

2）按照同样的方法创建"基本操作""查询操作""辅助功能""退出系统"等其他切换面板页，创建后的"切换面板管理器"对话框，如图 12-4 所示。

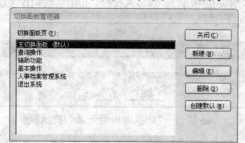

图 12-4 利用"切换面板管理器"对话框其他切换面板页

12.2.3 设置默认的切换面板页

默认的切换面板页是启动切换面板时最先打开的切换面板页，它是由"默认"来标识。

【例12-3】利用"切换面板管理器"将"人事档案管理系统"设置为默认的主切换面板页。

操作步骤如下：

1）在"切换面板管理器"对话框中，单击"人事档案管理系统"，然后单击"创建默认"按钮，在"人事档案管理系统"后面会自动加上"（默认）"，如图12-5所示。说明"人事档案管理系统"切换面板已变为默认的切换面板页。

图 12-5 设置"人事档案管理系统"为默认

2）在"切换面板管理器"对话框中选择"主切换面板"项，然后单击"删除"按钮，出现提示框，确认是否删除此切换面板页。

3）单击"是"按钮，删除"主切换面板"项，此时切换面板管理器对话框中的内容发生了变化，如图12-6所示。

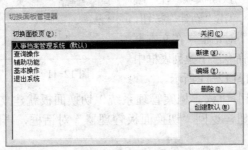

图 12-6 利用"切换面板管理器"设置"人事档案管理系统"为默认的主切换面板页

12.2.4 建立打开切换面板页的切换面板项

【例12-4】为"人事档案管理系统"切换面板页加入切换面板项使其在不同的切换面板之间进行切换。

操作步骤如下：

1）在"切换面板管理器"对话框中，选择"切换面板页"列表中的"人事档案管理系统"项，然后单击"编辑"按钮，此时弹出"编辑切换面板页"对话框，如图12-7所示。

2）单击"新建"按钮，打开"编辑切换面板项目"对话框，在文本框中输入"基本操作"，在"命令"下拉列表框中选择转至"切换面板项"，在"切换面板"下拉列表框中选择

"基本操作",如图12-8所示。

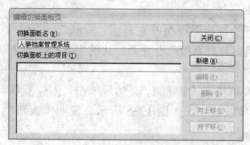

图12-7 "编辑切换面板页"对话框 　　　　图12-8 "编辑切换面板项目"对话框

3）单击"确定"按钮,"基本操作"切换面板项创建完成,如图12-9所示。

4）按照同样的方法,在"人事档案管理系统"切换面板中加入"查询操作""辅助功能"
"退出系统"等切换面板项,此时的"编辑切换面板页"对话框如图12-10所示。

图12-9 创建"基本操作"切换面板项 　　图12-10 创建"人事档案管理系统"其他切换面板项

5）建立"退出系统"切换面板项。在"编
辑切换面板页"对话框中,单击"新建"按钮,
打开"编辑切换面板项目"对话框,在文本框
中输入"退出系统",在"命令"下拉列表框中
选择"退出应用系统",如图12-11所示。

图12-11 创建"退出系统"切换面板项

6）单击"确定"按钮,"人事档案管理系统"切换面板就建立完成了。

7）单击"关闭"按钮,返回"切换面板管理器"对话框,再单击"关闭"按钮,关闭
"切换面板管理器"。

 说明：

　　1）切换面板项目中3个选项的含义如下。

　　①"文本"选项：将想在项目表中出现的文本输入到该文本框中。

　　②"命令"选项：用于选择所需要的命令。

　　③"切换面板"选项：用来选择需要的命令变量,该选项标题会因所选择命令的不
同而不同。

　　2）在"切换面板管理器"中共提供了8个命令,这些命令涉及用户要从切换面板
启动的大多数操作,相关命令所需要的变量见表12-1。

　　3）如果对切换面板项目的先后顺序不满意,则可选中此项目,然后单击"向上移"
"向下移"按钮,使该项目进行移动,对不需要的项目可通过单击"删除"按钮来删除。

表 12-1　切换面板管理器中提供的命令

命　令	说　明	变　量
转至"切换面板	打开另一个切换面板并关闭该切换面板	目标切换面板的名称
在"添加"模式下打开窗体	打开数据输入用的窗体，出现一个空记录	窗体名
在"编辑"模式下打开窗体	打开查看和编辑数据用的窗体	窗体名
打开报表	打开"打印预览"中的报表	报表名
设计应用程序	打开切换面板管理器以对当前切换面板进行更改	无
退出应用程序	关闭现有的数据库	无
运行宏	运行宏	宏名
运行代码	运行一个 Visual Basic 过程	过程名

12.2.5　测试与修改切换面板

1．测试切换面板

【例 12-5】测试切换面板。

操作步骤如下：

1）选择数据库中的"窗体"列表中一个名为"切换面板"的窗体。

2）双击"切换面板"窗体，打开新建的切换面板窗口，如图 12-12 所示。

通过测试发现，在图 12-12 可以看出，该切换面板并不美观，缺少一个使其美观的图片，可以在切换面板项目左边空白区域加入一张图片，与其他窗体一样，可以将一张图片添加到切换面板窗体上。如果把一张图片添加到一个切换面板页面，则同样的图片就会出现在所有的页面上。

要将图片添加到切换面板上，先用设计视图打开该切换面板并在相应的区域添加一个图像控件，保存退出后，添加图片的切换面板如图 12-13 所示。

　　图 12-12　新建切换面板窗口　　　　图 12-13　添加图片后的切换面板窗口

2．修改切换面板

如果想修改已建立好的切换面板，则可以切换到"数据库工具"选项卡，在"数据库工具"选项组中单击"切换面板管理器"按钮，在弹出的"切换面板管理器"对话框中选中要修改的切换面板，然后单击"编辑"按钮，在弹出的"编辑切换面板页"对话框中可以进行如下操作：

1）如果要添加一个项目，则可以单击"新建"按钮。

2）如果要更改一个项目，则选中该项目后，可以进行以下操作。

① 如果要更改显示的文本、命令或变量，则单击"编辑"按钮。

② 如果要删除该项目，则单击"删除"按钮。

③ 如果要在列表中移动该项目，则可以单击"向上移"或"向下移"按钮。

12.2.6　在切换面板上打开窗体及项目

【例12-6】编辑"基本操作"切换页中的"编辑档案"项。

操作步骤如下：

1）打开"切换面板管理器"对话框，选中"基本操作"切换面板项，然后单击"编辑"按钮，打开"编辑切换面板页"对话框。

2）单击"新建"按钮，打开"编辑切换面板项目"对话框。

3）在文本框中输入"编辑档案"，在"命令"下拉列表中选择"在"编辑"模式下打开窗体"项，在"窗体"下拉列表中选择"编辑窗体"，如图12-14所示。

4）单击"确定"按钮，便完成"编辑档案"切换面板项的创建工作。

图12-14　设置"编辑档案"切换面板项

 说明：

> 在每个切换面板页中都应创建"返回主菜单"切换项，这样才能保证各切换面板之间进行相互切换。

12.2.7　设置应用系统启动属性

【例12-7】设置"人事档案管理"的启动属性。

操作步骤如下：

1）单击左上角圆形按钮，从弹出的菜单中选择并单击"Access 选项工具"按钮，弹出"Access 选项"对话框。

2）在对话框中的"应用程序标题"中输入"人事档案管理"，这样在打开数据库时，在窗口的标题栏上会显示"人事档案管理"。

3）单击"应用程序图标"右边的"浏览"按钮，找到所需图标并打开。这样将会用该图标代替 Access 系统图标。

4）在"显示窗体"下拉列表中，选择"切换面板"窗体，作为启动窗体。这样在打开"人事档案管理"数据库时，Access 会自动打开"切换面板"窗体，直接进入"人事档案管理"主菜单。

5）清除各复选框的标记，这是为了彻底关闭 Access 特有的窗口特征，应将对话框中所有的复选框均设置为"未选中"。"Access 选项"对话框的选项设置，如图12-15所示。

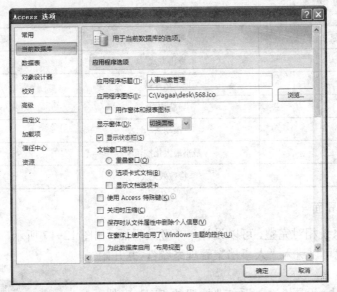

图 12-15 "切换面板"的启动设置

6）最后，单击"确定"按钮。

12.3 创建个性化的应用系统菜单

利用"切换面板管理器"创建应用系统界面虽然很方便，但也存在不足之处。比如，界面单调、缺乏灵活性、缺乏创新性，无法完全满足开发者的意愿。本节将介绍如何建立具有个性化的应用系统菜单。下面以"人事档案管理系统"为例进行说明。

1．主控界面设计

"人事档案管理系统"由三大功能模块组成，分别是"基本操作""查询操作""辅助功能"，主控窗体的界面如图 12-16 所示。

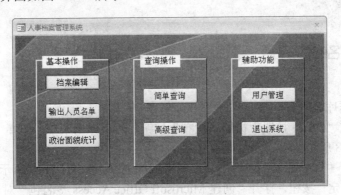

图 12-16 主控窗体界面

通过图 12-16 可以看出，主控窗体界面主要由矩形、命令按钮、标签等组成，并对其属性进行不同的设置。其关键属性设置见表 12-2。

235

表 12-2 主控窗体对象属性设置

对　象	属　性	属　性　值
窗体	弹出方式	是
窗体	记录选择器	否
窗体	导航按钮	否
窗体	滚动条	否
窗体	最小最大化按钮	无
矩形	特殊效果	凸起

2. 系统开始界面

为了使应用系统相对完整，可以设计一个登录界面，如图 12-17 所示，单击界面中的"进入系统"按钮，就可以进入"人事档案管理系统"，并开始进行相应工作。

在编辑操作时，设置"进入系统"按钮的 Click 事件，输入代码：DoCmd.OpenForm（主界面）；设置"退出系统"按钮的 Click 事件，输入代码：DoCmd.Quit。

通过简单的实例可知，在创建系统时可以使用多页窗体实现功能选择，这种方法可以使工作界面美观、灵活，更容易发挥设计者的想象力和创造力。

图 12-17 "人事档案管理系统"登录界面

12.4 Access 2007 打包与数据签名

Access 2007 可以方便快捷地签名和分布数据库。创建.accdb 文件或.accde 文件时，可以将文件打包，再将数字签名应用于该包，然后将签名的包分布给其他用户。打包和签名功能会将数据库放在 Access 部署（.accdc）文件中，再对该包进行签名，然后将经过代码签名的包放在指定的位置。

12.4.1 创建签名的包

操作步骤如下：

1）打开数据库。

2）依次单击"Office 按钮"按钮"发布"按钮，然后弹出菜单，选择"打包并签署"菜单项，如图 12-18 所示。

3）然后打开"选择证书"对话框，选择对应的证书，如图 12-19 所示。

4）单击"确定"按钮，打开"创建 Microsoft Office Access 签名包"对话框，如图 12-20 所示。在"保存位置"列表中，为签名的数据库选择一个位置，在"文件名"文本框中为签名包输入名称"教学管理"，然后单击"创建"按钮，Access 将创建.accdc 文件，并将其保存在相应位置。

图 12-18　"打包并签署"菜单项

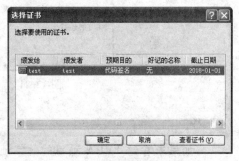

图 12-19　"选择证书"对话框

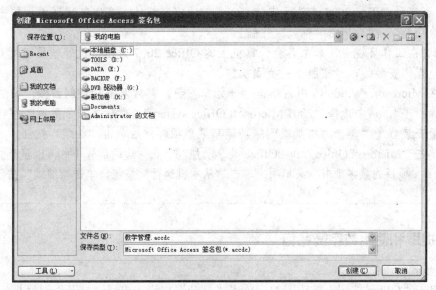

图 12-20　"创建 Microsoft Office Access 签名包"对话框

 说明：

　　若要添加数字签名，则必须先获取或创建安全证书。如果没有安全证书，则可以使用 SelfCert 工具（随 Microsoft Office 一起提供）创建一个。创建自签名证书方法如下：

　　1）在 Microsoft Windows 中，单击"开始"按钮，依次执行"所有程序"→"Microsoft Office" 和 "Microsoft Office 工具"，然后单击 "VBA 项目的数字证书"。

　　2）通过浏览找到 Office 2007 专业版程序文件所在的文件夹，其默认文件夹是驱动器：\Program Files\Microsoft Office\Office12。在该文件夹中，请找到 "SelfCert.exe" 文件，并双击，打开 "创建数字证书" 对话框，如图 12-21 所示。在 "您的证书名称" 框中，输入新的测试证书的名称，单击两次 "确定" 按钮。

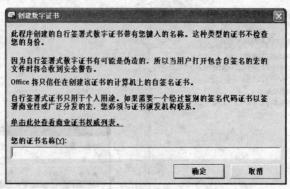

图 12-21 "创建数字证书"对话框

 说明：

如果未看到"VBA 项目的数字证书"命令或找不到 SelfCert.exe，则可能需要安装 SelfCert.exe 文件。安装 SelfCert.exe 方法如下：

1）启动 Office 2007 专业版安装 CD 或其他安装媒体。在安装程序中，单击"添加或删除功能"，然后单击"继续"按钮。

2）在工作环境中，如果各台计算机上的 Office 2007 是由微机管理员通过 CD 之外的其他媒体安装的，请按照下列步骤操作。

在 Microsoft Windows 中，单击"开始"按钮，然后双击"控制面板"中的"添加或删除程序"，从中选择"2007 Microsoft Office system"，然后单击"更改"按钮。此时将启动安装程序，单击"添加或删除功能"菜单项，然后单击"继续"按钮。

单击"Microsoft Office"和"Office 共享功能"节点旁边的加号（+），以展开它们。单击"VBA 项目的数字证书"菜单项，单击"从本机运行"按钮，单击"继续"按钮安装该组件。

12.4.2 提取和使用数字签名包

操作步骤如下：

1）单击"Office 按钮"按钮，然后单击"打开"按钮，出现"打开"对话框。

2）在"文件类型"列表中，选择"Microsoft Office Access 签名包（*.accdc）"，在"使用范围"列表找到包含.accdc 文件的文件夹，选择该文件，然后单击"打开"按钮。

3）打开"Microsoft Office Access 安全声明"对话框，如图 12-22 所示。

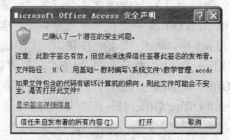

图 12-22 "Microsoft Office Access 安全声明"对话框

4）在图 12-22 中，如果信任数据库，则单击"打开"按钮；如果信任提供商的证书，则单击"信任来自发布者的所有内容"按钮，打开"将数据库提取到"对话框。

5）在"保存位置"列表中，为提取的数据库选择一个位置，然后在"文件名"文本框中为提取的数据库输入另一个名称。

6）单击"确定"按钮。

12.5　信用中心

当数据库打开时，Access 可能会尝试载入加载项或者运行向导，以便在打开数据库时创建对象。在载入和启动向导时，Access 会将证据传递到信用中心，信用中心将作出其他信用决定，并启用或禁止对象的操作。

12.5.1　使用信任位置中的 Access 2007 数据库

当 Access 2007 数据库放在受信任位置时，所有的 VBA 代码、宏和安全表达式都会在数据库打开时运行，不必在数据库打开时作出信任决定。使用受信任位置中的 Access 2007 的过程可分为以下几个步骤：

1）使用信任中心查找或创建受信任位置。

2）将 Access 2007 数据库保存、移动或复制到受信任的位置。

3）打开并使用数据库。

12.5.2　查找或创建受信任位置、将数据库添加到该位置

1．启动信任中心

操作步骤如下：

1）单击"Office 按钮"按钮，然后执行"访问选项"按钮，不需要打开数据库，即出现"Access 选项"对话框。

2）单击"信任中心"按钮，打开"Microsoft Office Access 信任中心"对话框，单击"信任中心设置"按钮。

3）单击"受信任中心位置"按钮，然后执行下面的操作：

① 刻录一个或多个受信任位置的路径。

② 创建一个新的受信任位置。单击"添加新位置"按钮。完成"Microsoft Office 受信任位置"对话框中的选项。

2．将数据库放置在受信任的位置

将数据库文件移动或复制到指定位置。如可以使用 Windows 资源管理器复制或移动文件，也可在 Access 中打开文件，然后将其保存在信任位置。

3．在受信任位置打开数据库

打开数据库文件，可以在 Windows 资源管理器中找到并双击该文件，或如果 Access 处

于运行状态时，可以单击 Office 按钮找到并打开该文件。

12.5.3　打开数据库时启用禁用项目

通常情况下，如果不信任数据库且没有将数据
库放在受信任位置，则 Access 将禁用数据库中所有
可执行的内容。打开数据库时，Access 将禁用该内
容，并显示"消息栏"，如图 12-23 所示。

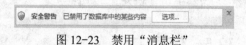

图 12-23　禁用"消息栏"

与 Access 2003 不同，打开数据库时，Acces 2007 不会显示一组模式对话框。但是，如
果希望 Access 2007 恢复这种早期版本行为，则可以添加注册表项并显示旧的模式对话框。其操
作方法如下：

1）在"消息栏"上单击"选项"按钮，将打开"Microsoft Office 安全选项"对话框。

2）选择"启用此内容"，单击"确定"按钮。

 说明：

> 如果在使用 Access 2007 时没有见到消息栏，则可以在"数据库工具"选项卡下的"显示/隐藏"选项组中选择"消息栏"选项。
>
> 执行以上这些步骤时，Access 将启用所有禁用的内容，包括潜在的恶意代码，直至关闭数据库。如果恶意代码损坏了数据，Access 将无法恢复弥补。

本章小结

本章主要介绍了应用系统开发流程、使用切换面板创建应用系统的方法和步骤、创建个性化的应用系统菜单、Access 打包与数据签名及 Access 信任中心等内容，通过这些内容的学习，使读者更进一步明确使用 Access 2007 创建数据库应用系统的方法，为进一步加深理解掌握 Access 的操作方法提供了有力的保障。

习　题

1. 填空题

1）一个应用系统的开发主要由_____、_____、_____、_____和_____等几个步骤
组成。

2）Access 2007 数字签名包的扩展名是_____。

3）默认情况下，如果不信任数据库且没有将数据库放在受信任位置，则 Access 将_____
数据库中所有可执行的内容。

4）设置"切换面板"窗体的启动属性通过设置_____来实现的。

5）应用程序的图标可以通过_____设置来完成。

2．选择题

1）（　　）不是 Access 2007 安全性的格式文件。

A．信任中心

B．使用以往算法加密

C．以新方式签名和分布 Access 2007 格式文件

D．更高的易用性

2）将 Access 2007 数据库放在受信任位置时，所有 VBA 代码、宏和安全表达式都会在（　　）运行。

A．数据库打开时 　　　　　　　　　 B．数据库关闭时

C．数据表打开时 　　　　　　　　　 D．数据表关闭时

3）为了帮助使数据更安全，每当打开数据库，Access 2007 和（　　）都将执行一组安全检查。

A．检查中心 　　　 B．沙盒模式 　　　 C．安全向导 　　　 D．信任中心

4）创建.accdb 文件或（　　）文件时，可以将文件打包，再将数字签名应用于该包，然后将数字签名的包发给其他用户。

A．.accde 　　　 B．accdf 　　　 C．accdm 　　　 D．accda

5）将数据库打包以及对该包进行签名是传递（　　）的方式。当用户收到包时，可以通过签名来确认数据库未经篡改。

A．安全 　　　　 B．信任 　　　　 C．权限 　　　　 D．数据

3．简答题

1）简述利用切换面板管理器创建系统菜单的方法。

2）如何进行数字签名？

4．操作题

1）利用切换面板管理器创建简单的应用系统菜单。

2）将上题所创建的应用系统进行发布。

第 13 章　Access 2007 数据库管理系统综合设计

╔══════════ 学 习 目 标 ══════════╗

知识： 1）数据表、窗体、子窗体；

2）查询、报表；

3）事件代码。

技能： 1）掌握数据库系统开发的过程和步骤；

2）掌握 Access 2007 基本操作方法。

　　数据库应用软件开发是对 Access 2007 的综合应用，根据 Access 自身的特点，其开发过程可分为系统需求分析、数据库设计、数据库的创建、窗体的创建、报表的创建、系统的调试与发布。本章主要以人事档案管理系统为例，介绍该系统的设计全过程。

13.1　综合设计的目的

　　人事档案管理系统的主要任务是应用计算机对人事档案资料进行查询、修改、增加、删除以及存储，并能快速准确地完成各种档案资料的统计和汇总工作以及快速地打印出各种报表资料以供用户使用。

13.2　系统功能介绍

　　本系统主要功能包括：档案编辑、简单查询、高级查询、数据统计与输出、密码维护与用户管理等功能，其模块结构如图 13-1 所示。

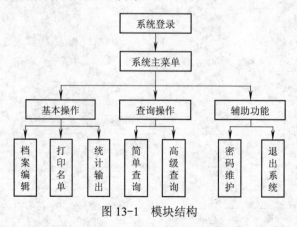

图 13-1　模块结构

档案编辑用于对职工信息、个人简历、会费缴纳、奖惩信息、家庭成员和社会关系进行添加、删除、修改等编辑操作。

简单查询用于对职工信息进行单一查询，并显示符合条件的查询结果。

高级查询用于对职工信息进行复杂的多条件的查询，并显示符合条件的查询结果。

数据统计与输出用于统计政治面貌等，并以图表的形式显示比例人数。

密码维护与用户管理用于系统启动时检测用户是否具有使用该系统的权限等。

依据上述系统的功能描述，首先建立应用系统主菜单，设置不同功能的命令按钮，然后分别对各按钮进行功能设计。

13.3　创建数据库及其数据表

13.3.1　创建数据表

表 13-1～表 13-8 各表分别是人事档案管理系统所涉及的数据表，它们分别用于存放所需数据。

表 13-1　职工信息

字　段　名	数 据 类 型	字　段　名	数 据 类 型
职工编号	数字	文化程度	文本
部门	文本	外语水平	文本
姓名	文本	毕业院校	文本
性别	是/否	健康状况	文本
民族	文本	婚姻状况	文本
出生年月	日期/时间	入会时间	日期/时间
籍贯	文本	工资	货币
政治面貌	文本	家庭住址	文本
现任职务	文本	相片	OLE 对象
职称	文本	备注	文本

表 13-2　职工个人简历

字　段　名	数 据 类 型	字　段　名	数 据 类 型
编号	自动编号	工作单位	文本
职工编号	数字	起始年月	日期/时间
姓名	文本	结束年月	日期/时间
部门	文本	离开原因	文本
职务	文本	证明人	文本

表 13-3　会费缴纳信息

字　段　名	数 据 类 型	字　段　名	数 据 类 型
编号	自动编号	交费时间	日期/时间
职工编号	数字	会费	货币
姓名	文本	备注	文本
部门	文本		

表 13-4　家庭成员

字 段 名	数 据 类 型	字 段 名	数 据 类 型
编号	自动编号	出生日期	日期/时间
职工编号	数字	婚姻状态	文本
姓名	文本	文化程度	文本
成员姓名	文本	政治面貌	文本
性别	文本	工作单位	文本
称谓	文本	联系电话	数字

表 13-5　用户信息

字 段 名	数 据 类 型	字 段 名	数 据 类 型
用户名	文本	密码	文本

表 13-6　奖惩信息

字 段 名	数 据 类 型	字 段 名	数 据 类 型
编号	自动编号	奖惩级别	文本
职工编号	数字	授予单位	文本
姓名	文本	授予原因	文本
奖惩日期	日期/时间	备注	文本
奖惩名称	文本		

表 13-7　社会关系

字 段 名	数 据 类 型	字 段 名	数 据 类 型
编号	自动编号	与本人关系	文本
职工编号	数字	政治面貌	文本
姓名	文本	工作单位	文本
关系姓名	文本	备注	文本
性别	文本		

表 13-8　高级查询

字 段 名	数 据 类 型	字 段 名	数 据 类 型
职工编号	数字	性别	文本
姓名	文本	职称	文本
部门	文本	政治面貌	文本
年龄	文本		

13.3.2　创建表间关系

　　在人事档案管理系统中，表与表之间的关系是通过"职工信息表"作为主表连接起来的，其他表与此表的关系是通过"职工编号"为关键字段进行连接的，其关系视图如图 13-2 所示。

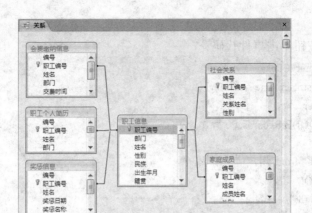

图 13-2　各表之间关系

13.4　创建系统功能模块

13.4.1　系统登录窗体设计

1．登录窗体界面设计

新建一个窗体，命名为"系统登录"，其设计形式如图 13-3 所示。窗体各控件及其属性见表 13-9。

图 13-3　"系统登录"设计界面

表 13-9　"系统登录"窗体中涉及控件及其属性

控 件 类 型	控 件 标 题	控 件 名 称	控 件 类 型	控 件 标 题	控 件 名 称
标签框	用户名	Lblusername	文本框	密码	Txtpassword
标签框	密码	tetpassword	命令按钮	确定	Cmdenter
文本框	用户名	Txtusername	命令按钮	退出	cmdexit

打开 Txtpassword 文本框的属性对话框，选择"数据"选项卡，选择"输入掩码"，进入"输入掩码向导"对话框，选择"密码"项即可。这样，在 Txtpassword 文本框中输入数据时就不会显示出所输入的数据，而显示"*"号，这有利于保护密码。

2．登录窗体各事件代码

（1）窗体"打开"事件代码

```
Private Sub form_open(Cancel As Integer)
Form.KeyPreview = True
```

End Sub

（2）"确定"按钮单击事件代码

```
Private Sub cmdenter_Click()
Dim strpassword, strusername As String
Dim flag As Integer
Dim record As ADODB.Recordset
flag = 0
openrecord "select * from 用户信息", record
Do Until record.EOF
strusername = record("用户名")
strpassword = record("密码")
If UCase(Me.txtusername.Value) <> UCase(strusername) Then
record.MoveNext
Else
flag = 1
Exit Do
End If
Loop
If flag = 0 Then
MsgBox "没有这个用户名，请重新输入", vbOKOnly + vbExclamation,"请注意"
Me.txtpassword.Value = ""
Me.txtusername.Value = ""
Me.txtusername.SetFocus
Exit Sub
Else
If UCase(Me.txtpassword.Value) <> UCase(strpassword) Then
MsgBox "密码错误，请重新输入", vbOKOnly + vbQuestion, "警告信息"
Me.txtpassword.Value = ""
Me.txtpassword.SetFocus
Exit Sub
End If
End If
DoCmd.Close
DoCmd.OpenForm "系统主窗体"
End Sub
```

 说明：

从数据库中取出"用户名""密码"并分别与文本框中的"用户名""密码"进行比较，如果正确，则打开"系统主窗体"，否则，根据相应提示进行操作。由于使用了 Ucase() 函数，登录窗体的用户名和密码是不区分大小写的。

（3）"退出"按钮单击事件代码

```
Private Sub cmdexit_Click()
    y = MsgBox("是否退出人事档案管理系统！", vbOKCancel + vbQuestion, "请选择")
    If y = 1 Then
    DoCmd.Quit
    End If
End Sub
```

（4）函数引入

在该窗体中引入自定义函数 openrecord(),该函数可以打开任意一个以 SQL 形式表示的表，使程序在运行时更方便、灵活。

```
Public Function openrecord(str1 As String, record As ADODB.Recordset)
Set record = New ADODB.Recordset
record.Open str1, CurrentProject.Connection, adOpenKeyset,
adLockOptimistic
End Function
```

13.4.2　系统主窗体设计

"系统主窗体"的功能是用于实现与其他窗体和报表的连接，系统用户可以根据自己的需要单击相应的按钮进行选择操作。

1．窗体界面设计

新建一个窗体，命名为"系统主窗体"，其设计形式如图 13-4 所示。窗体中各控件及其属性见表 13-10。

图 13-4　"系统主窗体"设计界面

表 13-10　"系统主窗体"窗体中涉及控件及其属性

控件类型	控件标题	控件名称	控件类型	控件标题	控件名称
命令按钮	档案编辑	Cmd2	命令按钮	密码维护	Cmd1
命令按钮	打印名单	cmd6	命令按钮	退出系统	cmdexit
命令按钮	政治面貌统计	cmd5	矩形控件		
命令按钮	简单查询	cmd3	矩形控件		
命令按钮	高级查询	cmd4	矩形控件		

利用命令按钮向导分别为"档案编辑""打印名单""政治面貌统计""简单查询""高级查询""密码维护""退出系统"等添加操作代码。

2. 主窗体代码

```
Option Compare Database
Private Sub cmd1_Click()
On Error GoTo Err_cmd1_Click
Dim stDocName As String
Dim stLinkCriteria As String
stDocName = "密码维护"
DoCmd.OpenForm stDocName, , , stLinkCriteria
Exit_cmd1_Click:
Exit Sub
Err_cmd1_Click:
MsgBox Err.Description
Resume Exit_cmd1_Click
End Sub
```

```
Private Sub cmd2_Click()
On Error GoTo Err_cmd2_Click
Dim stDocName As String
Dim stLinkCriteria As String
stDocName = "档案编辑"
DoCmd.OpenForm stDocName, , , stLinkCriteria
Exit_cmd2_Click:
Exit Sub
Err_cmd2_Click:
MsgBox Err.Description
Resume Exit_cmd2_Click
End Sub
```

```
Private Sub cmd3_Click()
On Error GoTo Err_cmd3_Click
Dim stDocName As String
Dim stLinkCriteria As String
stDocName = "简单查询"
DoCmd.OpenForm stDocName, , , stLinkCriteria
Exit_cmd3_Click:
Exit Sub
Err_cmd3_Click:
MsgBox Err.Description
Resume Exit_cmd3_Click
```

```
End Sub
```

```
Private Sub cmd3_Click()
On Error GoTo Err_cmd3_Click
Dim stDocName As String
Dim stLinkCriteria As String
stDocName = "简单查询"
DoCmd.OpenForm stDocName, , , stLinkCriteria
Exit_cmd3_Click:
Exit Sub
Err_cmd3_Click:
MsgBox Err.Description
Resume Exit_cmd3_Click
End Sub
```

```
Private Sub cmd5_Click()
On Error GoTo Err_cmd5_Click
Dim stDocName As String
Dim stLinkCriteria As String
stDocName = "政治面貌统计"
DoCmd.OpenForm stDocName, , , stLinkCriteria
Exit_cmd5_Click:
Exit Sub
Err_cmd5_Click:
MsgBox Err.Description
Resume Exit_cmd5_Click
End Sub
```

```
Private Sub cmd6_Click()
On Error GoTo Err_cmd6_Click
Dim stDocName As String
stDocName = "全体职工名单"
DoCmd.OpenReport stDocName, acPreview
Exit_cmd6_Click:
Exit Sub
Err_cmd6_Click:
MsgBox Err.Description
Resume Exit_cmd6_Click
End Sub
Private Sub cmdexit_Click()
On Error GoTo Err_cmdExit_Click
y = MsgBox("是否退出人事档案管理系统！", vbOKCancel + vbQuestion, "请选择")
```

```
If y = 1 Then
DoCmd.Quit
End If
Exit_cmdExit_Click:
Exit Sub
Err_cmdExit_Click:
MsgBox Err.Description
Resume Exit_cmdExit_Click
End Sub
```

13.4.3　密码维护

"密码维护"窗体可以对用户名和密码进行添加、删除和修改等操作。

1."密码维护"窗体界面设计

新建一个窗体，命名为"密码维护"，其设计形式如图 13-5 所示。窗体中各控件及其属性设置见表 13-11。

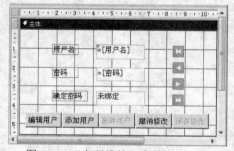

图 13-5　"密码维护"窗体界面设计

表 13-11　"密码维护"窗体中涉及控件及其属性

控件类型	控件标题	控件名称	控件类型	控件标题	控件名称
文本框	用户名	Texusername	命令按钮	删除用户	cmddel
文本框	密码	Tetpassword	命令按钮	撤消修改	cmdcancle
文本框	确认密码	Tet	命令按钮	保存修改	cmdsave
标签框	用户名	Lblusername	命令按钮	位图"移至第一项"	Cmdfirst
标签框	密码	Txtpassword	命令按钮	位图"移至前一项"	Cmdbefore
标签框	确认密码	Lbl	命令按钮	位图"移至下一项"	Cmdnext
命令按钮	编辑用户	cmdedit	命令按钮	位图"移至最后一项"	Cmdlast
命令按钮	添加用户	cmdadd			

2."密码维护"窗体各控件事件代码

略。

13.4.4　档案编辑窗体设计

"档案编辑"窗体的功能是对职工信息、个人简历、会费缴纳信息、奖惩信息、家庭成员和社会关系进行添加、删除、修改等编辑操作。该窗体包括 6 个子窗体，各子窗体的相关说明见表 13-12。

表 13-12　"密码维护"窗体中涉及控件及其属性

窗 体 名 称	数据源（查询）	窗 体 名 称	数据源（查询）
档案编辑子窗体 1	职工信息查询	档案编辑子窗体 4	奖惩信息按职工编号查询
档案编辑子窗体 2	个人简历按职工编号查询	档案编辑子窗体 5	家庭成员按职工编号查询
档案编辑子窗体 3	交纳信息按职工编号查询	档案编辑子窗体 6	社会关系按职工编号查询

1．创建查询

（1）创建职工信息查询

打开"简单查询向导"对话框，在"表/查询"下拉列表中选择"表：职工信息"，然后单击">>"按钮，将所有字段添加到选定的字段中，将查询命名为"职工信息查询"，单击"完成"按钮。打开查询设计视图，选择"部门"列，单击菜单栏中的"插入"按钮，再在下拉菜单中单击"列"项。当插入一列后，在新列的字段栏中输入表达式：年龄：IIf(IsNull([出生年月]),Null,Year(Date())-Year([出生年月]))，如图 13-6 所示。

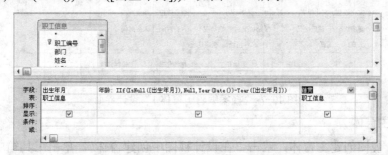

图 13-6　添加列内容之后的查询

说明：

> 　　列的名称是"年龄"，如果"职工信息查询表"中的职工出生日期为空，则"年龄"字段的值为空。否则，"年龄"字段的值为现在的年份减去职工的出生的年份。Year(riqi)函数是将日期型参数 riqi 的年份返回给函数。

（2）创建其他同类查询

其他几个同类查询的生成过程与之完全相似。"个人简历按职工编号查询""交纳信息按职工编号查询""奖惩信息按职工编号查询""家庭成员按职工编号查询""社会关系按职工编号查询"，其数据源分别为表"个人简历""会费缴纳信息""奖惩信息""家庭成员"和"社会关系"。

2．创建子窗体

（1）创建编辑档案子窗体 1

"档案编辑子窗体 1"的窗体主要是添加、删除和编辑职工的一些基本信息。

在向导中创建窗体，数据源为"职工信息查询"，窗体名称为"档案编辑子窗体 1"。"档案编辑子窗体 1"各控件的主要属性见表 13-13，其界面设计如图 13-7 所示。

表 13-13 "档案编辑子窗体1"窗体属性设置

属 性 名 称	属 性 值	属 性 名 称	属 性 值
默认视图	单个窗体	自动调整	是
记录选定器	否	自动居中	是
导航按钮	是	边框样式	细边框
分隔线	否		

（2）创建其他子窗体

参照"档案编辑子窗体1"的建立过程，创建"档案编辑子窗体1""档案编辑子窗体2"
"档案编辑子窗体3""档案编辑子窗体4""档案编辑子窗体5"和"档案编辑子窗体6"。
这些窗体与"档案编辑子窗体1"的不同在于"默认视图"为"数据表"，"导航按钮"值为
"是"，不用添加记录操作按钮。

图 13-7 "档案编辑子窗体1"设计界面

3. 创建主窗体

使用设计视图创建主窗体，双击"在设计视图中创建窗体"，单击工具箱中的"选项卡
控件"，插入选项卡，给选项卡控件添加不同的标题，标题分别设置为"职工信息""个人简
历""交费信息""奖惩信息""家庭成员"和"社会关系"等，如图13-8所示。

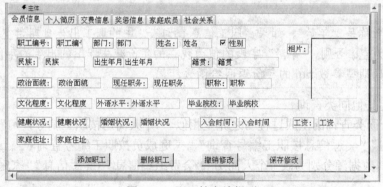

图 13-8 职工档案编辑页

4. 添加代码

```
Option Compare Database
Private Sub 档案编辑子窗体2_Enter()
'当进入档案编辑子窗体2时，重新更新一次数据
档案编辑子窗体2.Requery
```

```
End Sub
```

```
Private Sub  档案编辑子窗体 3_Enter()
'当进入档案编辑子窗体 3 时，重新更新一次数据
档案编辑子窗体 3.Requery
End Sub
```

```
Private Sub  档案编辑子窗体 4_Enter()
'当进入档案编辑子窗体 4 时，重新更新一次数据
档案编辑子窗体 4.Requery
End Sub
```

```
Private Sub  档案编辑子窗体 5_Enter()
'当进入档案编辑子窗体 5 时，重新更新一次数据
档案编辑子窗体 5.Requery
End Sub
```

```
Private Sub  档案编辑子窗体 6_Enter()
'当进入档案编辑子窗体 6 时，重新更新一次数据
档案编辑子窗体 6.Requery
End Sub
```

13.5　系统使用

1．系统登录

"系统登录"窗体如图 13-9 所示，操作员在使用系统前，只要输入正确的用户名和密码，才能进入"人事档案管理系统"。

2．系统主界面

"系统主界面"窗体如图 13-10 所示。当操作员通过系统登录验证之后，就可以进入"系统主界面"窗体，操作人员可以完成系统提供的各项功能。

图 13-9　"系统登录"窗体

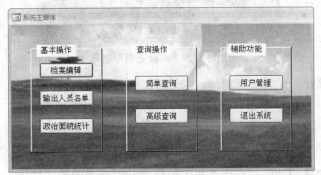

图 13-10　"系统主界面"窗体

3．密码维护

运行"密码维护"窗体，出现如图 13-11 所示的窗口。当操作员需要对"人事档案管理系统"的用户名和密码等使用权限进行限制时，可以通过此窗体对用户进行添加、删除和修改等操作。

图 13-11 "密码维护"窗体

4．档案编辑

当操作员需要对职工信息、个人简历、会费缴纳信息、奖惩信息、家庭成员和社会关系等进行添加、删除、修改等编辑性操作时可以通过此窗体实现这些功能。

5．简单查询

在窗体中，操作员可以按照职工编号、姓名、部门、职称、性别和年龄等方式进行职工信息查询。

6．高级查询

"高级查询"窗体如图 13-12 所示。在此窗体中操作员可以按照部门、职称、性别和政治面貌等方式进行查询职工信息。在主窗体中包括"按职工编号查询子窗体 1""按职工编号查询子窗体 2""按职工编号查询子窗体 3""按职工编号查询子窗体 4""按职工编号查询子窗体 5""按职工编号查询子窗体 6"等窗体。

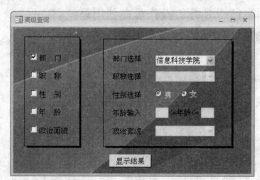

图 13-12 "高级查询"窗体

7．政治面貌统计

"政治面貌统计"就是完成各部门党员、团员和群众的人数的功能，用户可以从数字和图表中掌握这些信息。

8．打印名单

"打印名单"窗体的功能是查询各职工的信息并以报表的形式输出。

本章小结

　　本章制作"人事档案管理系统"数据库的主要目的是对企事业单位现有人事档案进行编辑、修改和查询等操作，同时提供了报表输出功能。通过介绍"人事档案管理系统"数据库的制作，来介绍使用中文版 Access 2007 进行数据库设计的方法和使用技巧。

习题

操作题

编写一个类似于人事档案管理系统的应用系统，其具体要求如下。

1）员工管理：在此可以添加、修改、查阅员工的基本资料和档案资料，并设定员工的离职和在职状态。

2）人事报表：系统定义了多个报表，如在职员工报表、离职员工报表和员工考勤报表。可以根据实际情况输出各种报表。

第 14 章　Access 2007 实验项目

　　Access 2007 是 Microsoft Office 2007 软件的一个重要组成部分，它操作简单，功能全面，界面友好，使用方便。本章通过实验的形式，对 Access 2007 各个功能做进一步的强化，使用户更好地掌握 Access 数据库的基本使用方法和应用技能。

14.1　实验 1　创建数据库

1．实验目的
1）掌握数据库的创建方法和创建过程。

2）了解设置数据库默认文件夹的方法。

2．实验内容
1）用 Access 2007 数据库管理系统创建一个"职工工资管理系统"数据库。

2）设置数据库所在位置为默认文件夹。

3）退出 Access 2007 数据库管理系统。

3．实验报告
1）实验时间、实验地点、参加人员。

2）按实验内容作出详细记录。

3）实验心得。

14.2　实验 2　创建数据表

1．实验目的
1）掌握数据表的多种创建方法和创建过程。

2）掌握数据表各字段的属性设置方法。

3）掌握数据表间关系的创建方法和创建过程。

2．实验内容

1）打开"实验 1"所创建的"职工工资管理系统"数据库文件，在此数据库中建立"职工基本信息""科室信息""职工工资""文化程度""用户信息"，其结构见表 14-1～表 14-5。

表 14-1　职工基本信息

字　段　名	数 据 类 型	字　段　名	数 据 类 型
职工编号	数字	民族	文本
科室	文本	文化程度	文本
姓名	文本	婚姻状况	文本
性别	是/否	家庭住址	文本
出生年月	日期/时间	联系电话	文本

表 14-2　科室信息

字　段　名	数 据 类 型	字　段　名	数 据 类 型
科室编号	数字	科室名称	文本

表 14-3　职工工资

字　段　名	数 据 类 型	字　段　名	数 据 类 型
职工编号	数字	粮煤补贴	货币
年月	日期/时间	住房补贴	货币
部门	文本	岗位补贴	货币
姓名	货币	独生子女费	货币
基本工资	货币	住房公积金	货币
职务补贴	货币	水电费	货币
工龄工资	货币	应发工资	货币
交通补贴	货币	实发工资	货币

表 14-4　文化程度

字　段　名	数 据 类 型	字　段　名	数 据 类 型
文化程度编号	数字	文化程度	文本

表 14-5　用户信息

字　段　名	数 据 类 型	字　段　名	数 据 类 型
用户名	文本	密码	文本

2）表建立完成之后，对数据表分别输入 5 组数据。

3）保存所建立的数据表，并要求职工编号、科室编号、文化程度编号字段不允许为空，性别字段默认为"男"。

4）设计各表之间的关系。

3．实验报告

1）实验时间、实验地点、参加人员。

2）按实验内容作出详细记录。

3）实验心得。

14.3　实验 3　创建查询

1.实验目的

1）掌握创建查询的各种方法。

2）利用查询向导和 SQL 实现对数据的操作。

2.实验内容

1）输出所有职工的工资信息。

2）查询科室为"计算机"的所有职工的基本信息。

3）查询性别为"男"的所有职工的基本信息。

4）查询实发工资大于 1500 的所有职工的基本信息。

3.实验报告

1）实验时间、实验地点、参加人员。

2）按实验内容作出详细记录。

3）实验心得。

14.4　实验 4　创建窗体

1.实验目的

1）掌握窗体的各种创建方法。

2）掌握窗体中各种控件的使用方法。

2.实验内容

1）建立纵栏式窗体，其名称为"职工基本信息"。

2）建立表格式窗体，其名称为"职工工资"。

3）建立"职工基本信息"窗体，要求在窗体上可以浏览职工基本信息，并通过"添加""删除""关闭窗体"等按钮来实现对数据的添加、删除和关闭窗体等操作。对于科室、文化程度字段应用组合框来实现。

3.实验报告

1）实验时间、实验地点、参加人员。

2）按实验内容作出详细记录。

3）实验心得。

14.5　实验 5　创建子窗体

1.实验目的

1）掌握子窗体的创建方法。

2）了解利用子窗体创建维护窗体的方法。

2. 实验内容

1）利用设计视图，创建按"文化程度"进行浏览"职工基本信息"的子窗体，对窗体进行适当的修饰，其名称为"按文化程度浏览职工基本信息"。

2）创建一个按出生日期进行查询的窗体，其数据源为职工基本信息，布局和样式自定，其名称为"按出生日期查询职工基本信息"。

3）创建一个具有"条形图"的窗体，按政治面貌进行统计，其数据源为职工基本信息，布局和样式自定，其名称为"按政治面貌统计职工基本信息"。

3. 实验报告

1）实验时间、实验地点、参加人员。

2）按实验内容作出详细记录。

3）实验心得。

14.6　实验 6　创建报表

1. 实验目的

1）掌握创建报表的各种方法。

2）掌握利用设计视图创建报表的方法。

2. 实验内容

1）以职工工资表为依据，创建一个表格式报表。

2）以职工基本信息表为依据，创建一个纵栏式报表。

3）以职工工资表为依据，并按科室对职工工资表中各数值项进行汇总。

4）以职工不同职称为分组字段，创建一个具有汇总不同工资项目功能的报表。

3. 实验报告

1）实验时间、实验地点、参加人员。

2）按实验内容作出详细记录。

3）实验心得。

14.7　实验 7　创建子报表

1. 实验目的

1）掌握创建主子报表的方法。

2）掌握利用设计视图创建报表的方法。

2. 实验内容

1）在实验 6 已有的报表中创建子报表。

2）将一个已有的报表添加到已有的报表中创建子报表。

3. 实验报告

1）实验时间、实验地点、参加人员。

2）按实验内容作出详细记录。

3）实验心得。

14.8 实验 8 宏

1. 实验目的

1）掌握宏的创建和保存方法。

2）掌握宏的使用和运行方法。

3）掌握创建、调试和运行宏组的方法。

2. 实验内容

1）设计一个名为"查询"的宏，将它链接到"查询实发工资大于 1500"的职工工资窗体。

2）利用宏设计一个记录浏览窗体，其 4 个按钮控件标题分别为："首记录""上一个"、"下一个""尾记录"，通过单击不同按钮可以浏览表中数据。

3）创建更新记录宏组，并将宏组加入到"更新记录"窗体中。

3. 实验报告

1）实验时间、实验地点、参加人员。

2）按实验内容作出详细记录。

3）实验心得。

14.9 实验 9 Web 发布与 OLE 应用

1. 实验目的

1）掌握 Web 发布的方法。

2）掌握 OLE 对象应用的方法。

2. 实验内容

1）利用向导将"职工基本信息"窗体发布到网页上。

2）利用设计视图将信息图标插入到"职工基本信息"窗体。

3. 实验报告

1）实验时间、实验地点、参加人员。

2）按实验内容作出详细记录。

3）实验心得。

14.10 实验 10 数据库的维护

1. 实验目的

掌握数据库的保护、压缩、备份及恢复的方法。

2．实验内容

1）为"职工工资管理系统"数据库设置密码保护。

2）将"职工工资管理系统"数据库加密。

3）将"职工工资管理系统"数据库保存为 MDE 文件。

4）删除"职工工资管理系统"数据库密码。

5）分别压缩、备份"职工工资管理系统"数据库。

6）恢复"职工工资管理系统"数据库的备份。

3．实验报告

1）实验时间、实验地点、参加人员。

2）按实验内容作出详细记录。

3）实验心得。

14.11　实验 11　VBA 编程

1．实验目的

1）掌握 VBA 编程基本方法。

2）了解 VBA 中与数据表联合使用的方法。

2．实验内容

设计一个"系统登录"窗体，当所输入的用户名和密码正确时，弹出一个正确消息框来提示用户，错误时同样弹出一个错误消息框来提示用户。

3．实验报告

1）实验时间、实验地点、参加人员。

2）按实验内容作出详细记录。

3）实验心得。

14.12　实验 12　综合应用设计

1．实验目的

1）通过设计，掌握数据库系统开发的过程和步骤。

2）培养学生对所学知识的综合运用能力。

3）培养学生从系统的实际出发，设计一个完整的结构合理、层次分明的数据库应用系统的能力。

2．实验内容

具体设计一个小型数据库管理系统。

3．实验步骤

（1）确定题目

用户可以根据自己的实际情况进行选择题目，题目内容不要过大，要能解决实际工作、

生活中存在的问题，题目确定之后，就要对题目进行需求及可行性分析。

（2）需求及可行性分析

本阶段主要对所建立的数据库要求和处理要求进行全面的描述。需求分析主要是详细调查原有系统的现状，了解业务处理的功能和流程。对用户的需求与用户达成共识，明确所设计的数据库应具备的主要功能。

（3）框架设计

在需求分析之后，确定软件的总体结构，划分软件的各功能模块以及它们之间的相互关系，为进一步设计做准备。

（4）详细设计

详细设计是针对每一个模块的设计，确定模块内部的过程结构。

（5）编写代码

应用 Access 编写代码工作就是设计查询、窗体、模块等，与其他开发语言相比，使用 Access 来设计应用系统是非常容易的，使用向导可以完成大多数的设计工作。

（6）软件测试

软件测试是开发过程的最后阶段，运行系统所建立的各个功能模块，并修改已发现的所有错误，再分别调试各模块之间的连接，进行试运行。

4．实验报告

1）实验时间、实验地点、参加人员。

2）按实验内容作出详细记录。

3）实验心得。

本章小结

本章作为全书的最后一章，共设计了 12 个具体的实践项目，这些项目涵盖了 Access 2007（中文版）的基本功能，通过对不同的实践项目的操作，使读者更好地了解并掌握 Access 2007 的使用方法，为今后的实际工作做好充足的准备。

参 考 文 献

[1]　巫张英. Access 数据库基础与应用教程[M]. 北京：人民邮电出版社，2009.

[2]　王卫国. Access 2007 中文版入门与提高[M]. 北京：清华大学出版社，2009.

[3]　丁卫颖，付瑞峰. Access 2007 图解入门与实例应用[M]. 北京：中国铁道出版社，2008.

[4]　张强. Access 2007 中文版入门与实例教程[M]. 北京：电子工业出版社，2007.

[5]　任芳芳. 图解精通中文版 Access 2007[M]. 北京：中国水利水电出版社，2008.

[6]　祁大鹏. Access 2007 实用教程[M]. 北京：电子工业出版社，2010.

[7]　黎文锋. Access 2007 数据库管理[M]. 北京：清华大学出版社，2009.

[8]　杨继萍. Access 2007 数据库应用与开发从新手到高手[M]. 北京：清华大学出版社，2009.

[9]　李书真. 数据库应用技术（Access 2007）[M]. 北京：中国铁道出版社，2010.

[10]　杨涛. 中文版 Access 2007 实用教程[M]. 北京：清华大学出版社，2007.